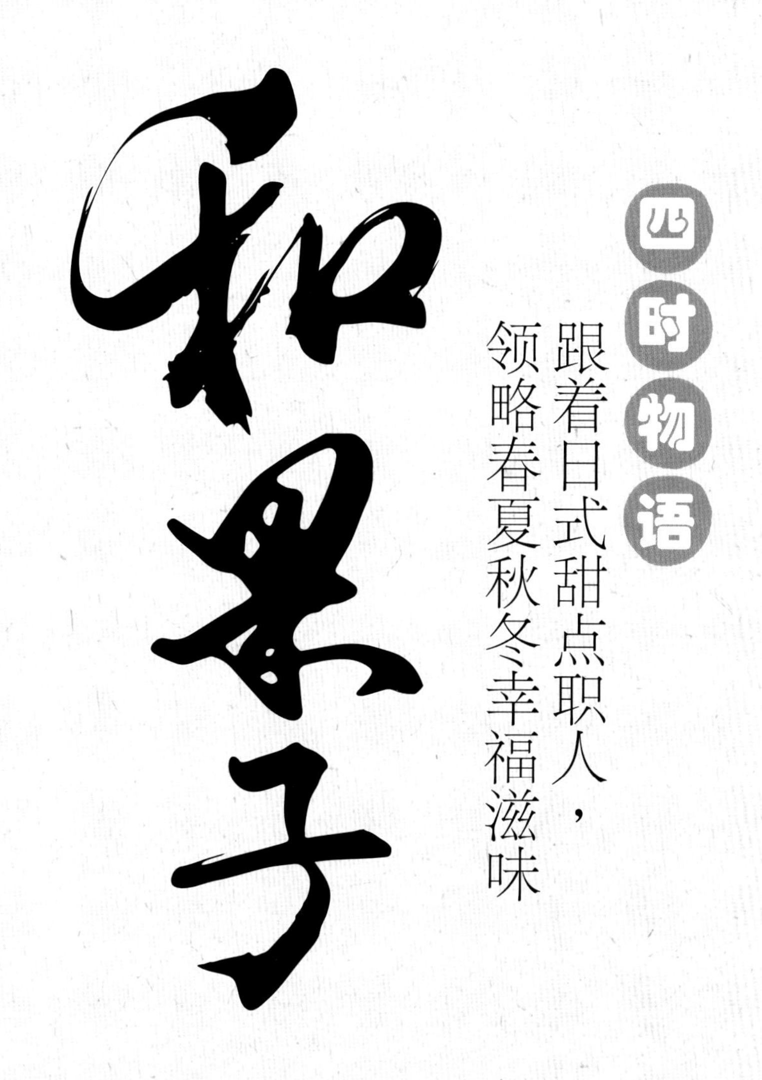

（日）渡部弘树 傅君竹 著　杨志雄 摄影

河南科学技术出版社
·郑州·

推荐序一

丰富食生活的和果子

『我们要出第二本书了。』听到这个消息，我由衷感到开心。

这次是要出版什么样内容的书呢？是以一年四季、节庆为主轴的果子书。

想到和果子在台湾的拓展，就感到很兴奋。二位感受到什么样的季节变化、撰写什么样的祭典仪式，作为一位读者光是想象就非常期待。

非常感谢和果子的存在丰富了食生活。如果可能，希望大家在这本书中能够找到制作和果子的小确幸，抱着这样的祝福，写了这篇序文推荐。

新しいお菓子の本が第2弾として出来上がります。とのご報告に対しまして心よりお喜び申し上げます。

今度はどのようなご本ですか？と尋ねましたら、季節や行事のお菓子を中心に出版されるとのこと、台湾での和菓子の広がりを想い、うれしい気持ちになりました。お二人が感じる季節感や行事にどんなお菓子が提案されるのか想像するだけでも読者の一人として楽しみになります。

お菓子が存在する素晴らしい食生活に感謝し、できたら皆様も自分で作る喜びをこの本の中から見つけて頂けたら良いな・・・と思いを込めてお祝いの言葉といたします。

梶山浩司
东京制果学校校长

推荐序二

现代茶席的果子

关于茶道，是茶会的基础，而在喝茶时佐以食用的料理与和果子也一起被研发出来。

现今的和果子，是以季节感为主或配合茶席设计制作，使参加茶会的客人们能够品尝并打从心里感到满足。我也对岁时亭的和果子非常期待。

和果子内含的优雅与深层味道的感受，与品茶时的心情是一样的吧！

茶の湯では、初めは茶事を基本として、その際にお茶を美味しく頂くために料理と共に和菓子も考案されて参りました。

現在は季節を主として、又茶席に合わせ用いられる和菓子。茶事に参加して下さるお客様が味わい心から喜んで下さる様に、私も歳時亭の和菓子を楽しみにしております。

和菓子に込められた優雅で味わい深い気持ちは茶室で茶を点てる時の心と同じでは無いでしょうか。

关宗贵
日本里千家茶道名誉师范教授
日本里千家茶道正教授

推荐序三

用心款待的和果子

和果子，单纯从字面上来看，指的是和风的点心。

『和』虽然在这里为日本风之意，但此汉字，在日文也可发音为和み（音同 NAGOMI）。和み意为『心平气和』，感受到和み的人，便能缓缓地平静下来。

茶席中，人们享用着和果子，享受这一个瞬间，能从繁忙的生活中得到一点点放松，让心中感到安定，而职人抱持这样的诚意来迎接客人，便是日文中的『おもてなし』，即用心款待之意。

换言之，和果子便是在这非日常的放松时间里，端出心平气和的果子，以诚心来款待每一位客人。

前往拜访过岁时亭的我，看到了隐藏着日本用心精神的和果子越过海洋，离开日本，远到台湾，真实地感受到抱持『和心』制作出来的果子，让我非常震撼。

和菓子とは、読んで字のごとく「和風の菓子」を指します。

この場合の「和」とは「日本風」の事を意味しますが、この漢字は日本語で「和み（なごみ）」とも読みます。「なごみ」とは「心のゆとり」の事であり、それは感じる人の心が、「緩やかに落ち着く」事を意味します。

和菓子の多くが嗜まれる茶席では、お招きしたお客様に「少しでも忙しない日常から解放された心穏やかなひと時を楽しんでもらおう」という、「おもてなし」の心を持ってお出迎えします。

そんな非日常的な心穏やかな時間を演出してお出迎えする為に、「和やかな菓子」つまり「和菓子」があります。

歳時亭に訪れた私は、そんな日本のおもてなしの心がこもった「和菓子」が、海を越え、遠く離れたこの台湾という国で、しっかりと「和の心」を持って作られている事に大変驚愕しました。

日常から解き放たれる心の解放とは、日常を忘れる事の出来る繊細な心配りから始まります。

为了让客人从日常生活中放松，岁时亭用心专注于细微之处。除了店内的清洁、装饰之外，在贩售的果子中，尤其注重表现技法、雕工的纤细度，品尝之后更加理解他们对食材与做法的用心、坚持，这是在岁时亭的各个角落都能感受到的。

在岁时亭感受到的『非日常』，简直就是日本道地的『用心款待』。无论是在食材、制法、呈现，全部都是为了迎接客人所展现的用心专注，这才是有着日本精神的、真正的道地和果子。

这本书所介绍的和果子配方、做法，也是表现和み的技法之一，请从这本书上学习，创造出属于自己的小憩时间。

向一起将如此精彩的和果子，推广至世界的朋友，表达我的敬意与感谢。

それはお店の掃除やディスプレイは勿論の事、販売している和菓子表現技法の繊細さや、食べて見て初めてわかる素材や調理へのこだわりと、その心は随所に現れます。

歳時亭にて私が感じた「非日常」は、まさに「日本のおもてなし」そのものでした。

素材、製法、演出その全てにおいて、お客様を迎え入れるための心配りが行き届いた菓子。

それこそが日本の「おもてなし」の心がこもった本当の和菓子です。

この本で書かれている和菓子のレシピや製法は、そんな「和み」を表現する技法の一つです。

どうかこの本から学んだお菓子を持って、あなたのお茶の時間に「和み」のひと時を。

この素晴らしい和の菓子を、共に世界へ広めてくれている朋友へ、敬意と感謝の意を込めて。

三堀纯一
日本果道家

推荐序四

荟萃日本与中国台湾文化的果子工艺

中国台湾与日本之间的文化交流渊源已久，无论基于历史脉络或地缘关系，汉文化在两地所开展的风貌，经过时间的选洗与在地的演化，虽然留下了不少相仿的印记，例如文字、风俗、宗教；但却也在先人的智慧中各自迸发出令人惊艳的独特内涵。而随着近代两地的互动益加频繁，台湾在许多方面受日本文化影响之深，已经是不争的事实。但普罗大众尤其是年轻一辈，对日本的了解，多半仍从书籍报导与观光旅游中认识，不免有雾里看花之憾。

可喜的是，近年来越来越多的交流，不再囿于商务上之大宗，文化方面的触角，尤其日渐热络，许多宗师及流派的互访，也为文化的深度体验，带来了近距离的视野，同时也强化了两地人才交集的意愿和动机。

与岁时亭的弘树、君竹虽然认识的时间不长，但在友人的引荐下，却在数年间透过他们对于和果子的演绎，深刻了解作品的精致与细腻的进化，背后不仅在于技法，更必须勃发根植于传统精神中创新的热忱与使命感。这些不仅是自我淬炼的养分，也是对于传统工艺致敬必须的态度。

欣闻这对夫妻即将出版他们的第二本书，内容除了和果子教学外，更融合了对于日本节庆、民俗文化的描绘，让喜欢和果子的朋友，更近一步明了这门世胄工艺也有质朴可爱的庶民风华。今蒙作者不弃，邀我从文化工作者的角度，推荐给阅听大众，深感荣幸。

李咸阳
文化工作者

作者序

品味和果子的四季与节庆

和果子由古至今都与人们的生活息息相关。这次回到原点，集结了关于季节变化、节庆祭典的和果子。

日常生活中，因为常常接触到节庆祭典，因此多数人无意中大概知道其中故事，但论起由来、意义等，了解其中深远缘由的人应该不多。

这次为了出版此书，对这些资料做了更深的研究，对我们来说也是种学习。其中有让人很意外的起源、有富含深远的渊源等，对节庆祭典越是了解，也越会对它产生兴趣。

当然除了和果子的制作方法，也可以了解其中由来与意义，希望读者会喜欢这本书。

和菓子は古来より人々の生活と共に存在してきました。今回は原点に帰って、季節や年中行事の和菓子に焦点を当てました。

日々の生活の中で年中行事に触れることでなんとなく知っているという方は多いと思いますが、由来や意味合いなど、深いところまで知っている方はなかなか少ないと思います。

今回の出版にあたり資料を研究し、我々もまた勉強致しました。中には意外なところから始まったものや深い意味合いが込められたものなど、年中行事は知れば知るほど興味深いものです。

この本を手にとって下さった皆様も、和菓子の作り方は勿論ですが、由来や意味合いも知っていただき、楽しんでいただけたら、と思います。

渡部弘樹
傅君竹

目录

推荐序

作者序

前置篇——和果子的事前准备

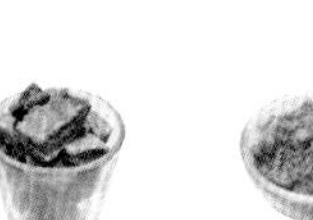

Chapter 1 春之和果子

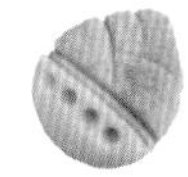

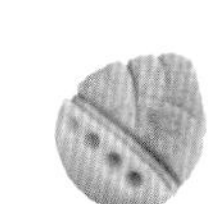

Chapter 2 夏之和果子

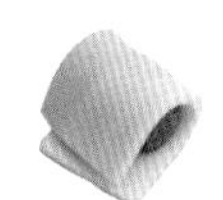

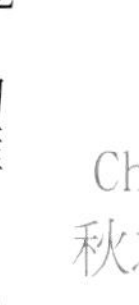
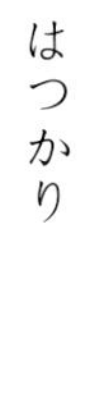

Chapter 3 秋之和果子

目录

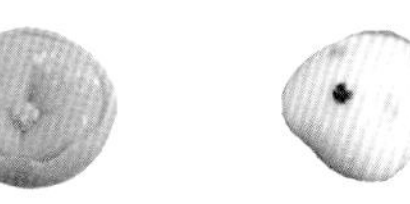

和果子的事前准备

主原料

粉类／米类

上南粉

糯米清洗后，蒸煮、干燥、粉碎、研磨，最后煎烤制成。

糯米

黏性高的米，在和果子中，常被捣捶用于大福外皮或直接包馅，以保留原始的米香。

味甚粉

糯米经过清洗、蒸煮、干燥、煎或烤后，再研磨制成。

道明寺粉

糯米清洗后，蒸煮、干燥、再将其捣碎，又依大小不同区分。

上新粉

粳米干燥后研磨制成。

白玉粉

糯米经过清洗、浸泡、水磨、脱水、捣碎等步骤后，再进行干燥。

上用粉（蓬莱米粉）

粳米经过清洗、脱水、研磨等步骤而制成，也称为『薯蓣粉』。

糯米粉

糯米经过清洗、干燥、研磨等步骤后，再进行过筛。

黄奈粉（烘焙黄豆粉）

大豆经过拌炒、冷却、去皮、捣碎、过筛等程序制作而成。

青大豆粉

与黄奈粉不同的是，以青大豆为原料，呈现淡绿色，也被称为『黄莺黄奈粉』。

苏打粉

苏打粉的学名为『碳酸氢钠』，可分为药用、食用、工业用，日本称作『重曹』，一般来说有中和、膨胀的功用。

小麦粉

小麦经过研磨制作，在谷物中最常被使用。依蛋白质多寡可区分为低筋面粉、中筋面粉、高筋面粉。

浮粉

小麦粉淀粉的抽出物。即是无筋面粉，也可称作『澄粉』。

片栗粉

从一种称为片栗的植物的根茎中精制，但由于数量稀少、成本过高，目前市售品大多为马铃薯淀粉。

抹茶粉

避免阳光照射，茶叶经过手摘、当日蒸煮、低温干燥，最后使用茶臼碾碎成粉末状。

糖粉

将纯度高的白砂糖研磨成粉状，广泛被制果使用。

白双糖

蔗糖去杂质后再结晶而成，大小约1～3毫米，又称为『粗目糖』。

水麦芽

使用酵素使淀粉糖化成液态状，大多取自于谷类或芋类。保湿性佳，多呈现透明状。

细砂糖

蔗糖去杂质后再结晶而成，为烘焙最常被使用的糖。

黑砂糖

也称为『黑糖』。由甘蔗榨取熬煮后，一边搅拌一边冷却，使其结块。内含丰富的矿物质，糖度较白砂糖低。

白砂糖

由甘蔗榨取熬煮后，利用远心分离器使其糖蜜分离，再将粗糖再次熬煮过滤。

和三盆糖

由甘蔗榨取熬煮、去除杂质、沉淀分离后，再次熬煮冷却结晶成白下糖。放置一周后进行研磨工程，『以麻布巾扭拧去除杂质后放置一天，次日于盆上再度加水揉捏。』重复此步骤三次以上后过滤干燥，因此称为和三盆糖。主要产自日本的香川县、德岛县，风味独特、化口性佳，内含丰富矿物质（如铁质），为最高级的砂糖。

豆类

红豆

也称为小豆，是和果子最重要的原料。内含丰富的蛋白质、糖类、维生素、植物纤维等营养素。淀粉约占 57%，称为『馅粒子』，与一般淀粉不同，没有馅粒子就没有办法制作成馅。

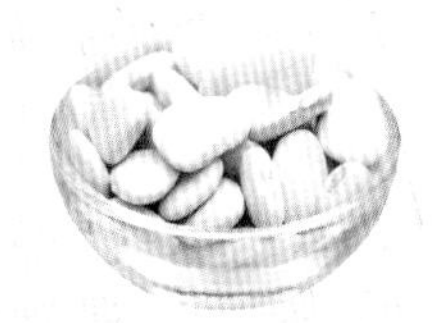

白豆

包括手亡豆、大福豆、白凤豆等。颜色淡白，日本大多使用手亡豆、大福豆，台湾则可用白凤豆代替。

其他

蕨粉

蕨粉是由蕨根部萃取的淀粉物质，经过捣碎、清洗、沉淀等反复步骤，再加以脱水干燥。市售有混合其他植物类淀粉，称为『蕨混合粉』，若 100% 蕨粉成分，称之为『本蕨』。

葛粉

从葛根部萃取的淀粉物质，经过捣碎、清洗、沉淀等反复步骤，再加以脱水干燥。市售有混合马铃薯淀粉、地瓜淀粉的葛粉，若 100% 葛粉成分，则称为『本葛』。葛粉经过加工加热后，会呈现透明感，看起来清新凉爽、口感滑溜 Q 弹，因此常被用在夏天的和果子上。

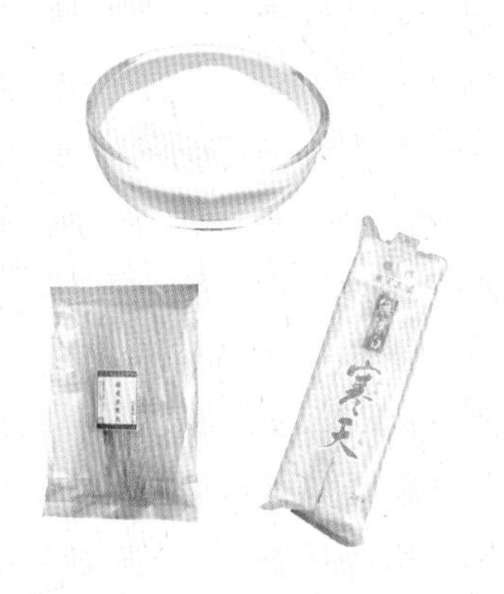

寒天

以海藻之一的天草、海发为原料萃取，属植物性食物纤维。与洋果子常使用的明胶作用类似，但明胶属于动物性蛋白，两者完全不相同。寒天由外形可分为粉寒天、丝寒天及角寒天三种。

其他

大和芋

日本山药，水分多带黏性。

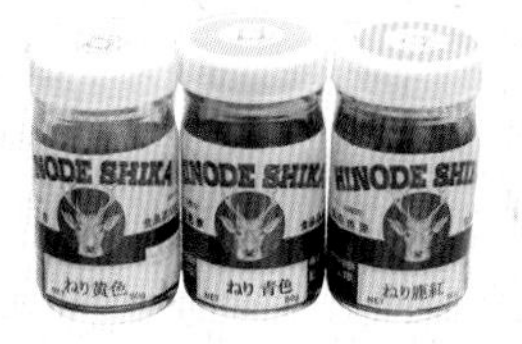

食用色素

食品添加剂的一种，增加视觉效果的可食用着色料。分为粉末状、膏状、液状三种。

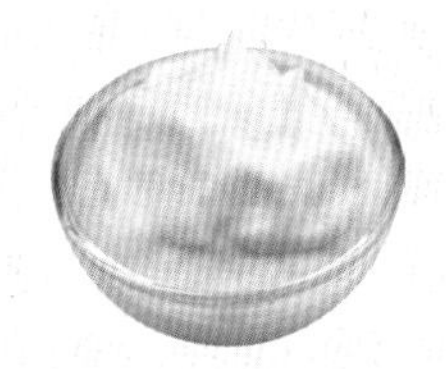

酒粕

日本酒（清酒）等的发酵固形物。

艾草

大多以艾草嫩芽制成，市售的冷冻或干燥皆可使用。

常用工具

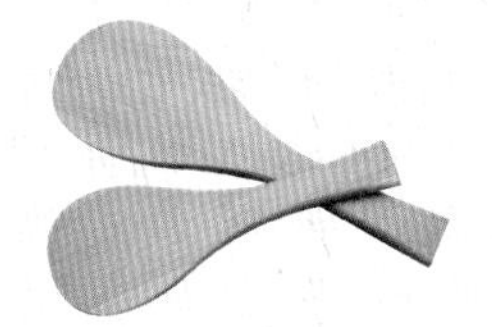

木勺子

拌炒外皮、内馅的木工具。

番重

将手粉平均筛于此容器中，以便包馅之用。

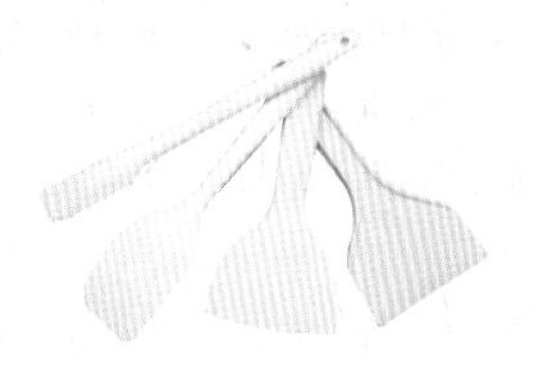

刮勺

用来拌炒外皮、内馅或将食材移位。

不锈钢盆

测量材料重量或制作搅拌材料之容器。

铜锅

受热较均匀，用来拌炒外皮或内馅的铜制锅具。

竹笼

米、豆子等清洗后的沥水工具。

布巾

内馅待凉时，将其置于布巾中，防止干燥，或蒸煮外皮时将食材包入其中。

片手锅（丸锅／雪平锅）

拌炒外皮或内馅的锅具。

毛刷

用来去除多余手粉或涂上蛋液。

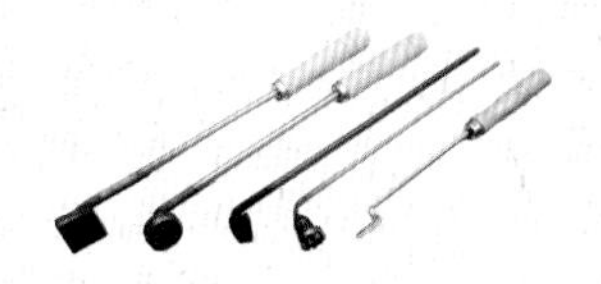

烧印

经过火烤，于馒头表面烙印或于上生果子表面直接压出图案。

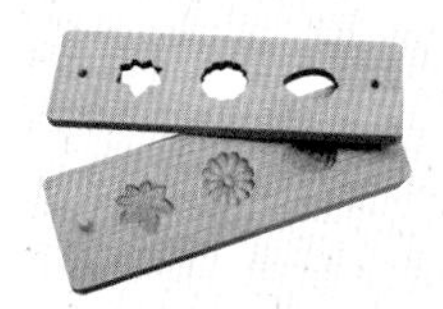

木型

干果子用，糖类、粉类压进木型后打出，直接呈现可爱的图样。

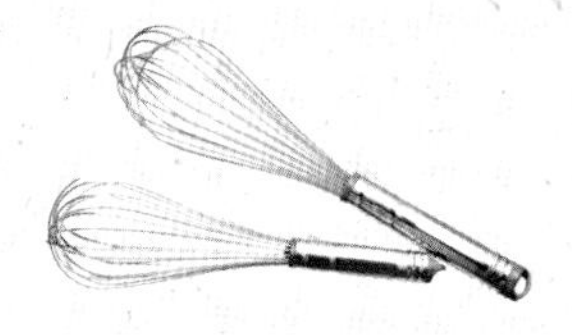

打蛋器

将蛋液等液态食材搅拌均匀或打发蛋白时所使用的工具。

滤网

将粉类或液态类食材过筛，使其更为细致之工具。依每英寸（英寸是非法定计量单位，1英寸约为2.54厘米）所包含的网孔数，可分成不同目数，目数越高，滤网越细。本书常用的为30目、60目。

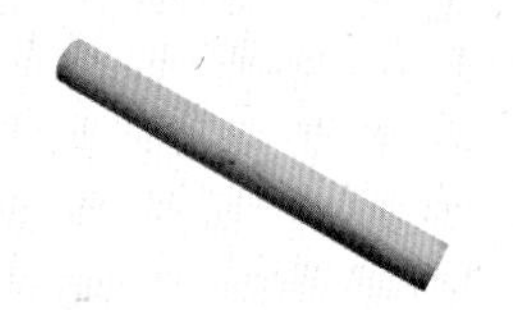

擀面棒

用来将外皮擀平或搅拌。

羊羹舟

羊羹注入，等待凝固的容器。

定量器

控制液体流量的操作器。

铜锣匙

捞取面糊的专用匙。

羊羹刀

切割羊羹专用的刀子，其为双面刃。

馅抹刀

涂抹铜锣烧内馅的工具。

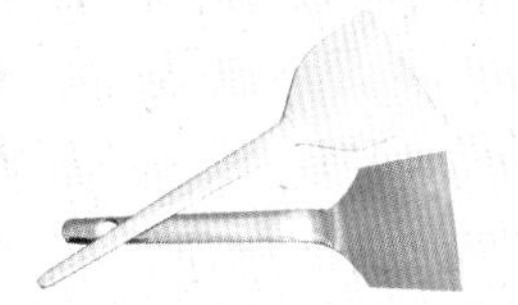

金小板

翻转铜锣烧外皮的工具。

上生果子工具

汤匙

大多用来表现花瓣。

平板

大多用于将练切推成陀螺形之手法。

蛋型

大多用于表现凹槽。

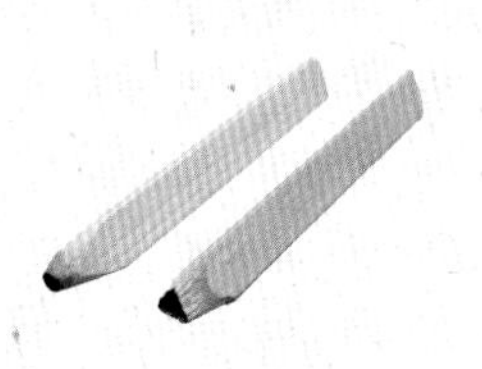

三角刀

用于切割线条之工具。

滤网

表现花蕊的工具。

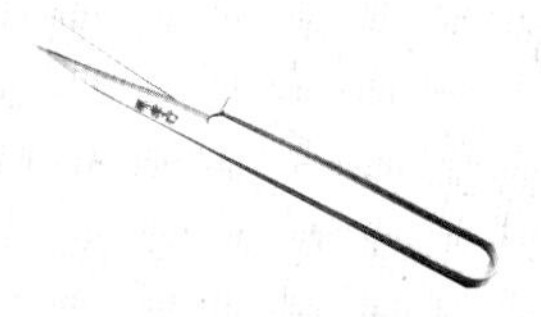

细工铗

大多用于剪菊。

绢布

鸟类塑形或将练切擀平时所需要的工具。

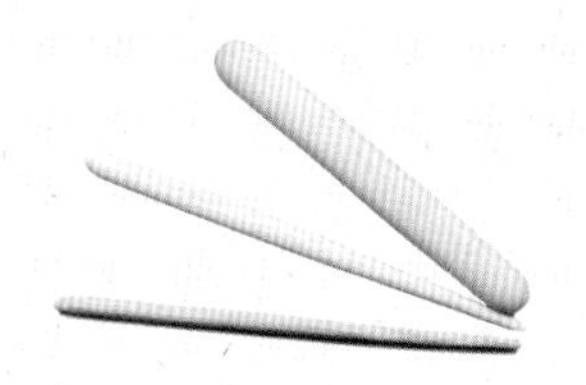

丸棒

大多用于推出花瓣或表现凹洞。

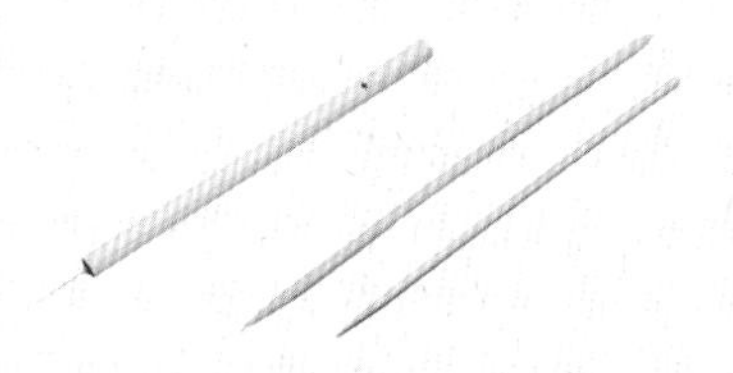

针 / 竹签

针常用于表现叶脉或拿取细小练切。竹签则是拿取花蕊或芝麻等细小食材所使用的工具。

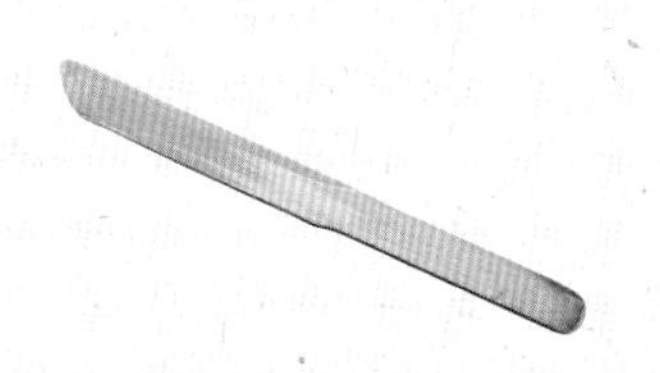

细工竹刀

大多用于拿取叶片（细小练切）。

小田卷

将练切放入小田卷内，可压出细绳状。

切模

有叶子、小花等图案，方便直接表现。

食用和果子工具

果子器

茶道活动进行时，将按人数准备的和果子排列于果子器中，以方便客人间传递。

果子切

食用和果子时所使用的叉子，材质有木头、竹片、象牙、银、不锈钢、漆器等。黑文字也是果子切的其中一种，用黑文字的木头所制造。

怀纸

茶道活动进行时，置于和服胸口前，食用和果子前取出，代替铭铭皿之工具。

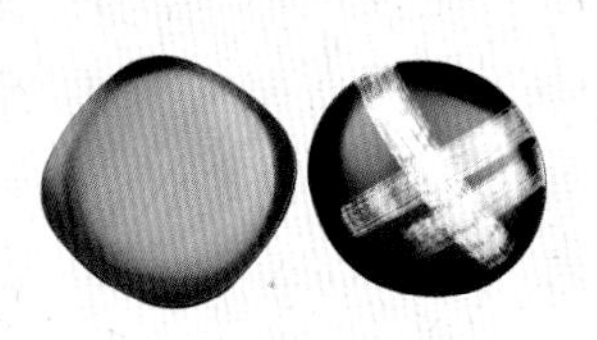

铭铭皿

放置和果子之盘子。

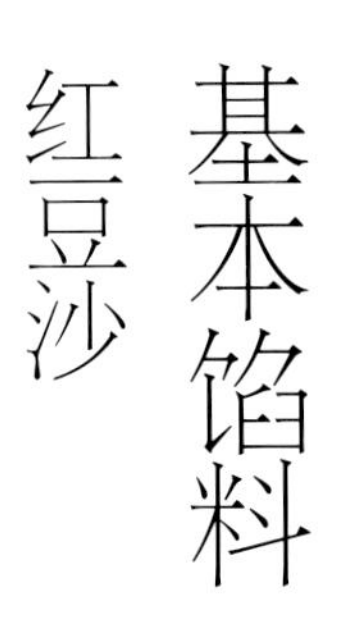

基本馅料
红豆沙

※一般内馅的硬度是炒至小山状，但用于上生果子的内馅，须炒至不粘手背的硬度。

※冷藏约可保存两周，冷冻约可保存一个月。

材料

红豆　600克

砂糖　生馅重量的60%

水　砂糖重量的60%

做法

01 红豆浸泡清水一个晚上（约8小时），清洗后沥水。

02 加入盖过红豆的水量，煮至沸腾后更换热水，此步骤进行2次。

03 盖上盖子，小火焖煮至红豆软化（约40～50分钟）。

04 将红豆放至食用水龙头下，慢慢流至水色清澈。

05 使用30目滤网搓揉以去除外皮，再换60目滤网过滤。

06 加入食用水等待沉淀，接着倒掉多余的水，此步骤连续进行2次。

Ⓣ 味道、香气、颜色取决于此步骤的次数，次数越多，味道、香气则越淡，颜色也越白。

07 倒入布巾后，扭拧去除多余水分。布巾内的无糖豆沙即为生馅。

08 准备生馅重量60%的砂糖及砂糖重量60%的水。放入锅中，开火煮至沸腾后，放入生馅。炒至小山状即可起锅，置于湿布巾上待凉。

白豆沙

材料

白凤豆　600克

砂糖　生馅重量的60%

水　砂糖重量的60%

做法

01 白凤豆浸泡清水一个晚上（约8小时），清洗后沥水。

02 加入盖过白凤豆的水量，煮至沸腾后更换热水，此步骤进行3次。

03 盖上盖子，小火焖煮至豆子软化（约60分钟）。

04 将白凤豆放至食用水龙头下，慢慢流至水色清澈。

05 使用30目滤网搓揉以去除外皮，再换60目滤网过滤。

06 加入食用水等待沉淀，再倒掉多余的水，此步骤进行3 ~ 5次。

味道、香气、颜色取决于此步骤的次数，次数越多，味道、香气则越淡，颜色也越白。

07 倒入布巾，扭拧去除多余水分，此时布巾内的无糖豆沙称为生馅。

08 准备生馅重量60%的砂糖及砂糖重量60%的水，放入锅中，开火煮至沸腾后，加入生馅，炒至小山状即可起锅，置于湿布巾上待凉。

颗粒红豆馅

材料

红豆 500克

砂糖 500克

水麦芽 50克

做法

01 将红豆清洗干净后沥水。

02 加入盖过红豆的水量，煮至沸腾后，倒入大量的冷水，使温度下降，再将水舀出，留下盖过红豆的水量，继续熬煮至沸腾，此步骤需重复进行3～5次，直至红豆吸饱水分。

T 反复换水熬煮是为了去除红豆的涩味。

03 更换热水。将红豆与红豆水分离，加入盖过红豆的热水量后，盖上盖子，继续以小火焖煮。

04 煮至可以用手指轻易捏碎的状态后（约40～50分钟），关火闷30分钟。

T 期间无须一直搅拌，但若水量变少，必须加入一些热水避免烧焦。

05 加入砂糖后，开火轻轻拌炒至沸腾，关火闷30分钟以上。

06 开火拌炒直至沸腾，将红豆与红豆糖蜜分开。

07 拌炒红豆糖蜜直至呈现勾芡状。

T 炒糖蜜的时候，红豆用布盖着备用。

08 放入红豆后，再度拌炒至水收干。

09 加入水麦芽，炒至小山状后起锅，置湿布巾上待凉。

夹心红豆馅

材料

红豆 500克
砂糖 750克
水 225克
水麦芽 50克

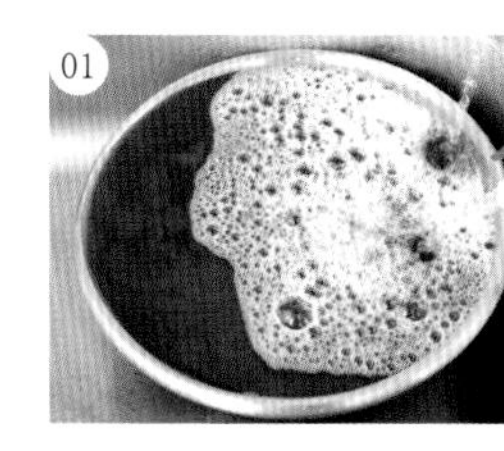

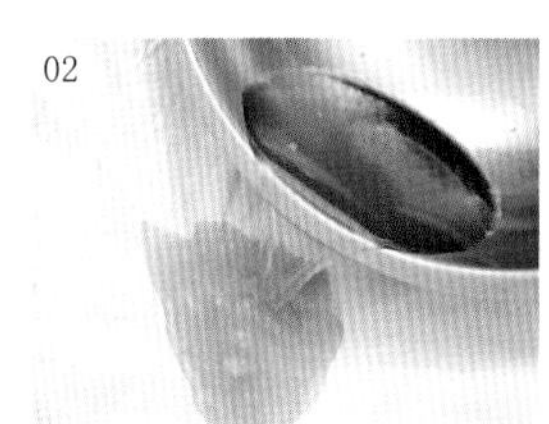

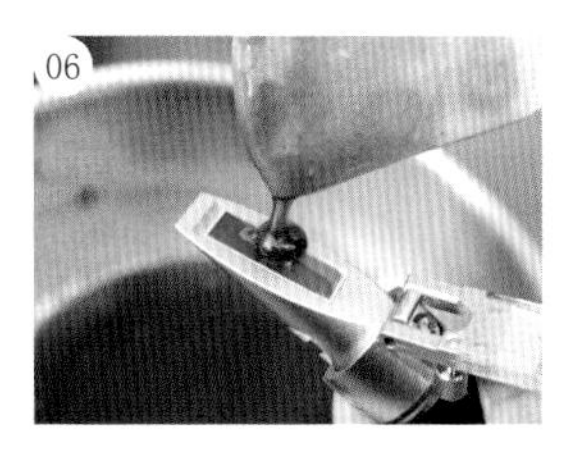

做法

01 先进行颗粒红豆馅的做法01～04，接着将红豆放至食用水龙头下，慢慢流至水色清澈。

02 将红豆与清水过滤分离。过滤后的清水，静置使其沉淀，倒入布巾，扭拧去除多余水分，可得些许生馅。

03 水与砂糖混合，开火拌炒至沸腾后，放入过滤后的红豆与生馅。

04 继续拌炒至沸腾，关火闷30分钟。

05 开火轻轻拌炒，同时将浮在水面的白色气泡捞除。

06 以糖度计测量，糖度约47度左右加入水麦芽，糖度50度时即可起锅。

求肥

材料

白玉粉（或糯米粉） 270克

水 540克

砂糖 270克

水麦芽 135克

片栗粉 适量

T 片栗粉即我们所熟知的日本太白粉，是熟的太白粉，如果使用生的太白粉，可能有中毒疑虑，千万要小心选择。

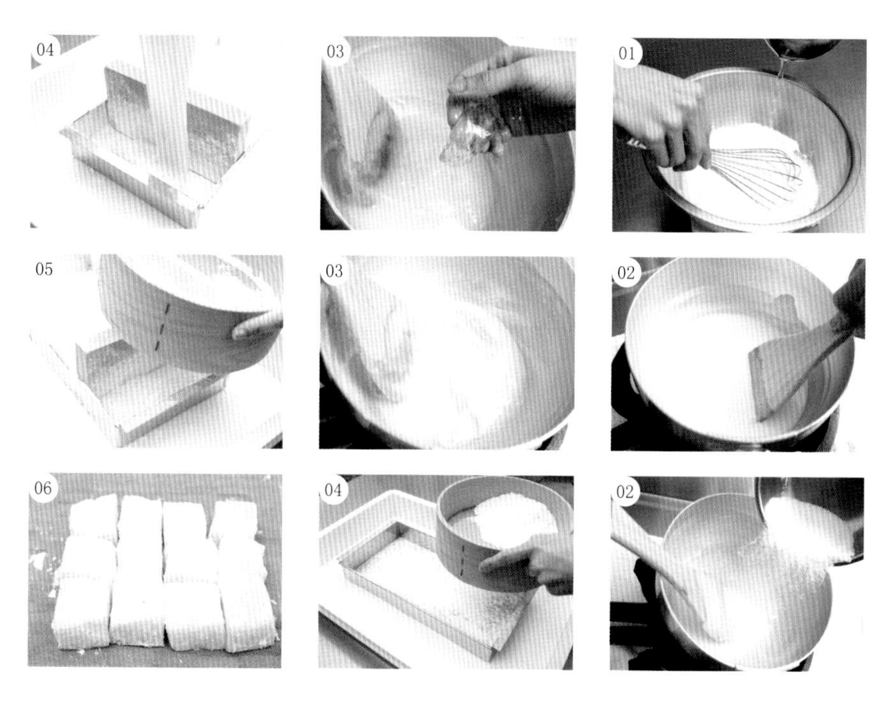

做法

01 白玉粉与水混合搅拌均匀。

02 开火拌炒直至黏稠、呈现透明感后，将砂糖分三次慢慢倒入，搅拌至溶化。

03 加入水麦芽，煮至木勺子舀起时，会成倒三角形缓慢滴落之状态，即可起锅。

04 将片栗粉均匀撒于羊羹舟内，倒入做法03的求肥。

Ⓣ 可喷一些水在羊羹舟内，让片栗粉粘于羊羹舟上。

05 表面也平均撒上片栗粉，再放入冰箱冷冻凝固。

06 将求肥取出切块，冷冻保存。

Ⓣ 冷冻约可保存一个月喔！

基本动作

〔分割〕

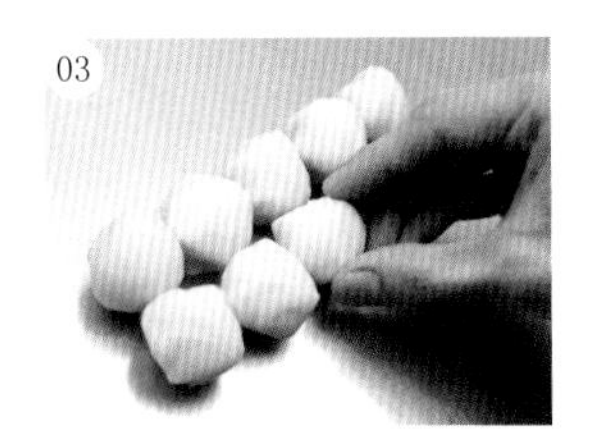

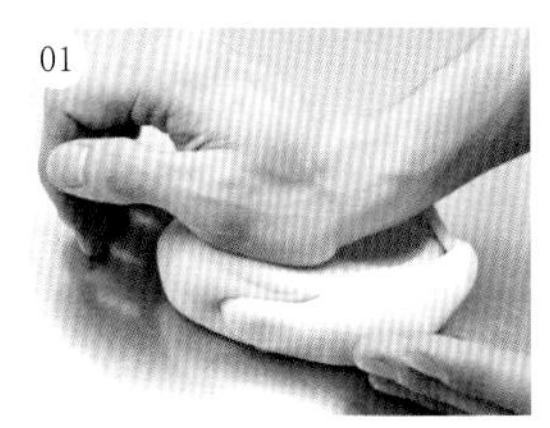

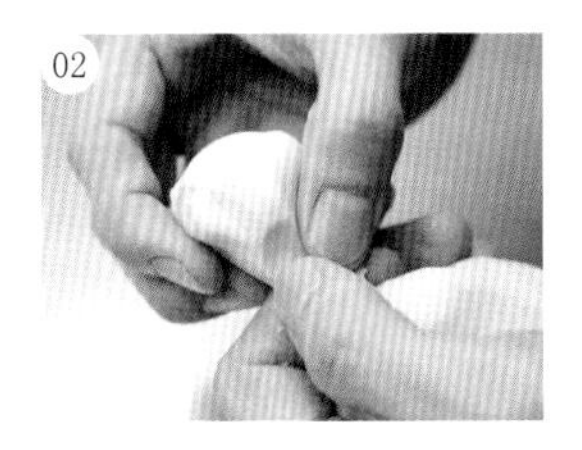

做法

01 将外皮或内馅揉匀。

02 取单手好拿的分量，左手的大拇指与食指捏出适当的大小，右手将左手捏出的部分尽可能地以球形取出。

03 称重后排列整齐。

〔包馅〕

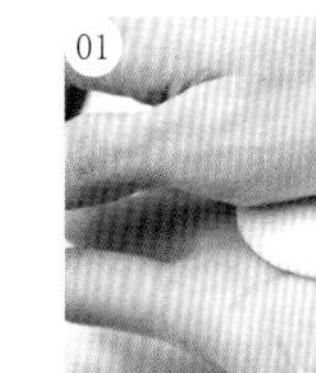

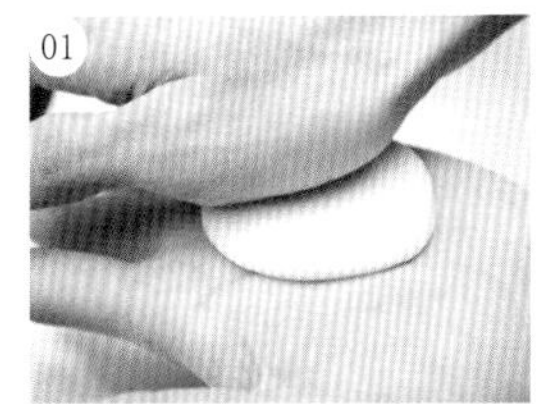

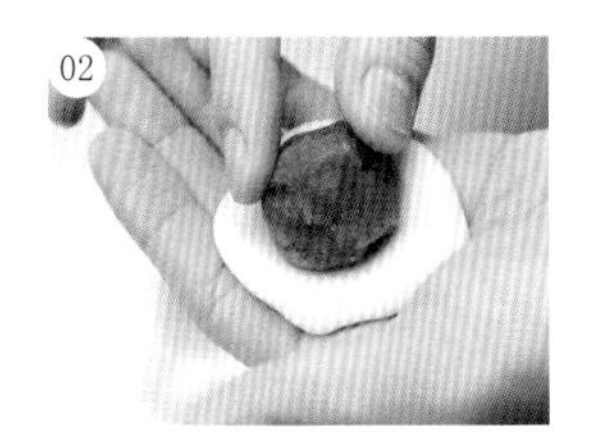

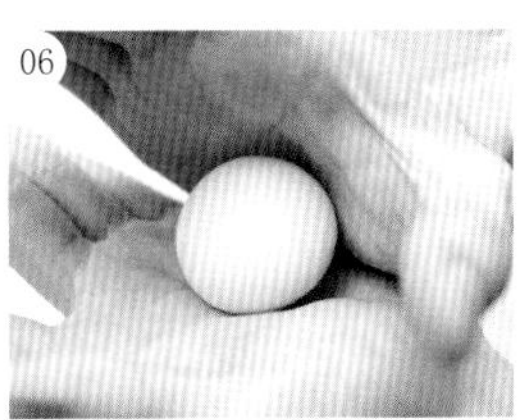

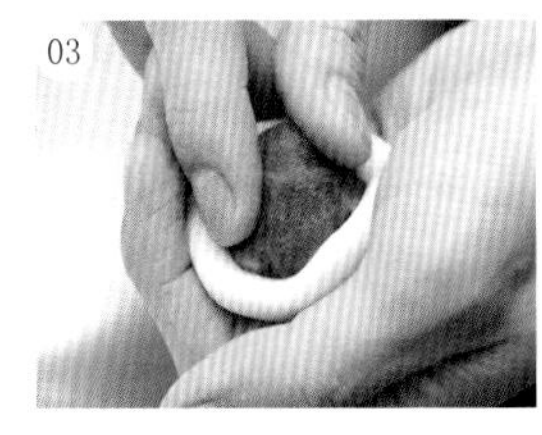

做法

01 准备好已分割的外皮与内馅，将外皮压平，内馅置于外皮上方。

02 用右手的大拇指与食指轻压内馅。

03 左手抓紧外皮，维持握拳状，同时顺时针旋转将外皮往上推。

04 当外皮比内馅高一点点时，右手大拇指、食指与左手大拇指逆时针往中心收口。

05 接近收口中心点时，确实将收口压紧，使之密合。

06 将收口翻转朝下，搓圆。

基本外皮：练切

求肥使用

材料

白豆沙 500克

求肥 40～50克

水麦芽 25克

做法

01 准备求肥，用清水将表面的片栗粉洗掉后滤水。

02 于白豆沙内加入适量的水，开火拌炒至呈现小山状后，再加入求肥。

03 求肥融入白豆沙后，加入水麦芽，并拌炒均匀。

04 用手拉开练切，当练切成细尖状即可起锅。

05 分成小块放于工作台上待凉、揉匀、分割。

06 使用30目滤网过滤即完成。

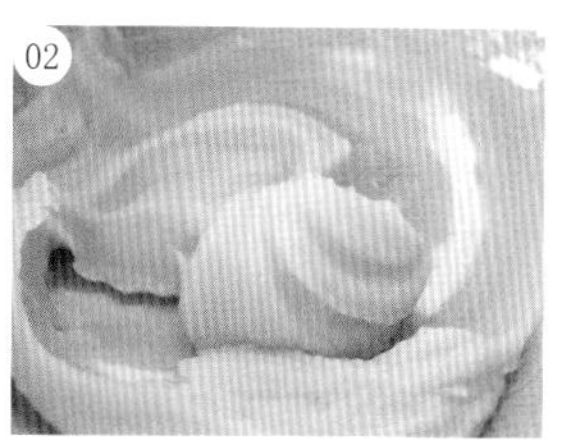

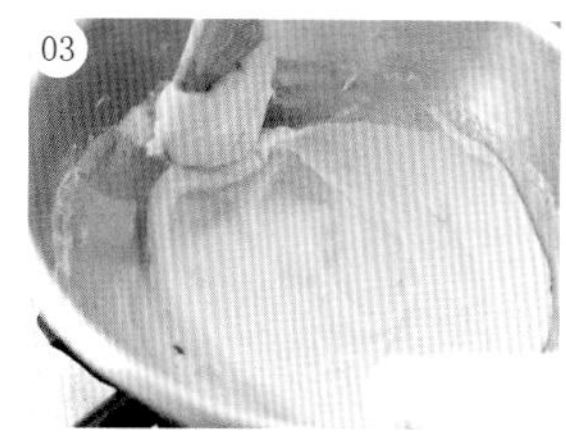

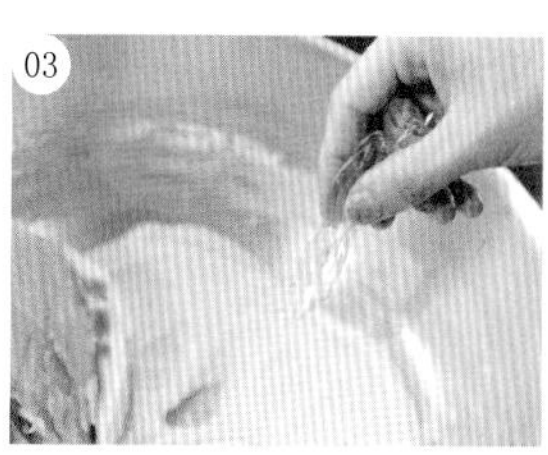

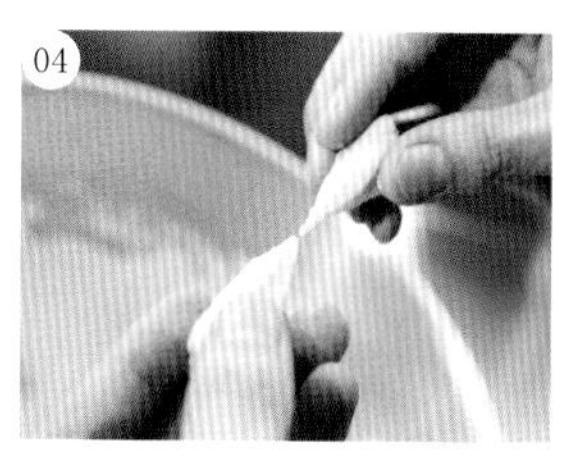

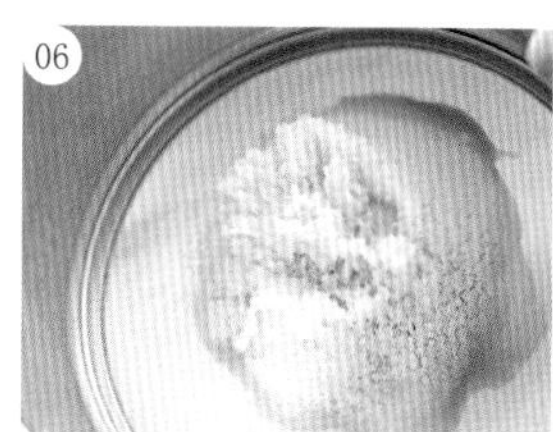

薯蓣使用

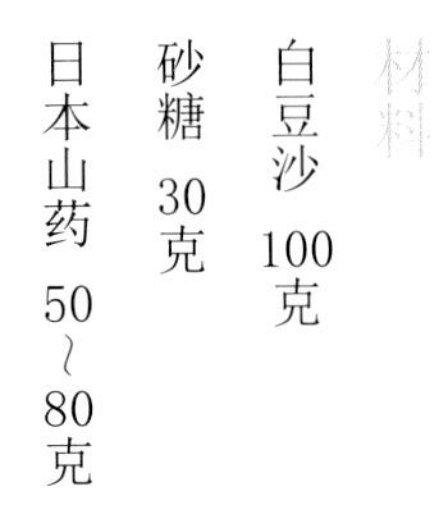

材料

白豆沙 100克

砂糖 30克

日本山药 50~80克

做法

01 清洗日本山药后，去皮。

02 将山药切成约1厘米厚的片，放置于布巾上，布巾覆盖山药，以大火蒸20分钟。

03 准备滤网，将蒸熟的山药以木勺子按压，过滤。

04 使用刮勺将附着于滤网的山药归拢，备用。

05 准备白豆沙拌炒，至热度均匀后，加入砂糖，拌炒至不粘手背的硬度后，再加入山药拌炒。

06 用手拉开练切，当练切成细尖状时，即可起锅。

07 分小块置于工作台上待凉后，进行揉匀、分割。

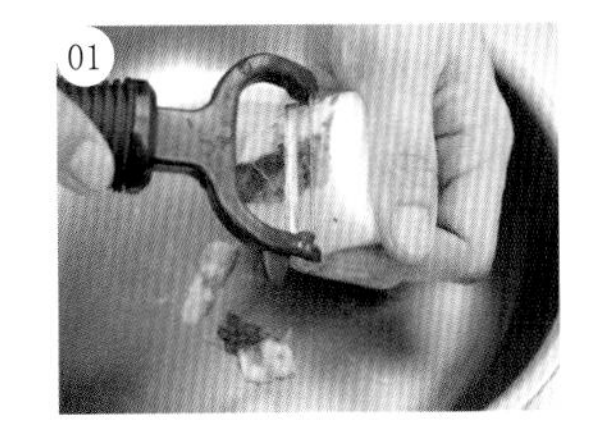

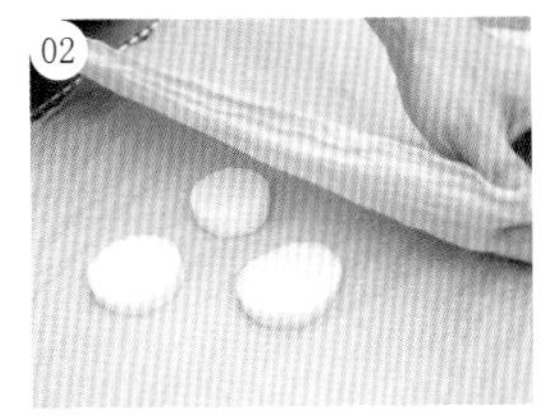

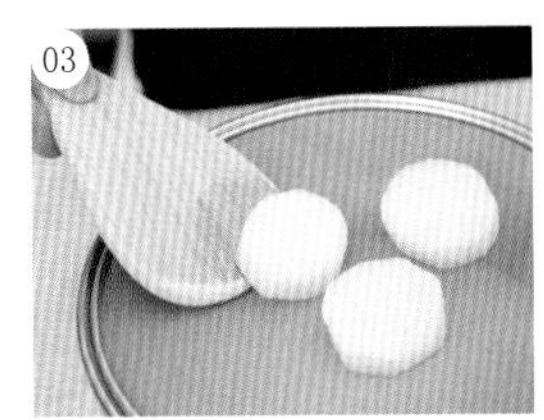

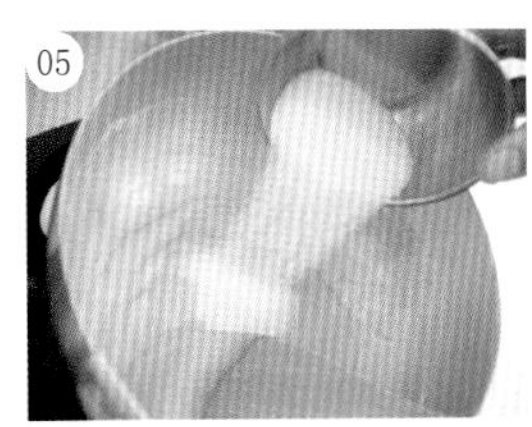

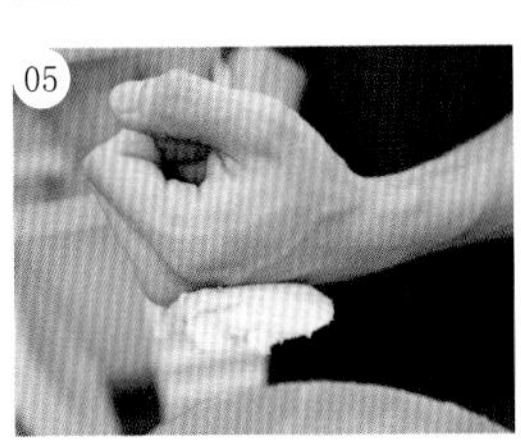

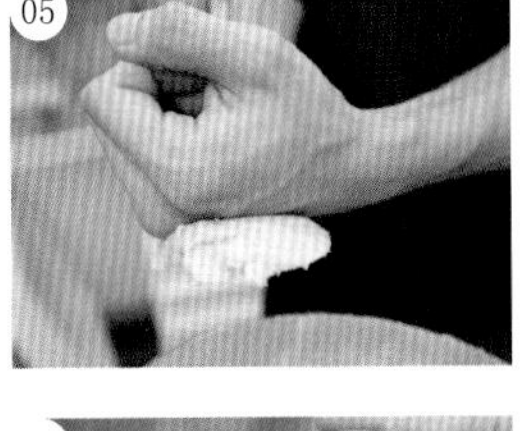

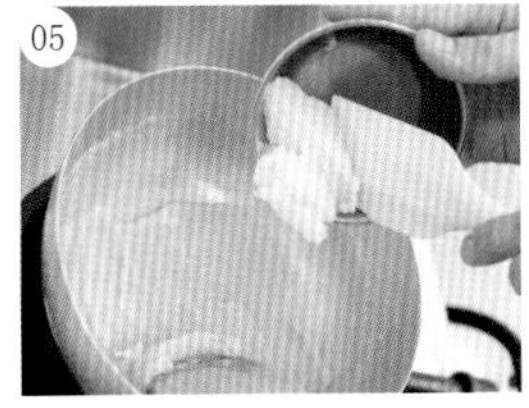

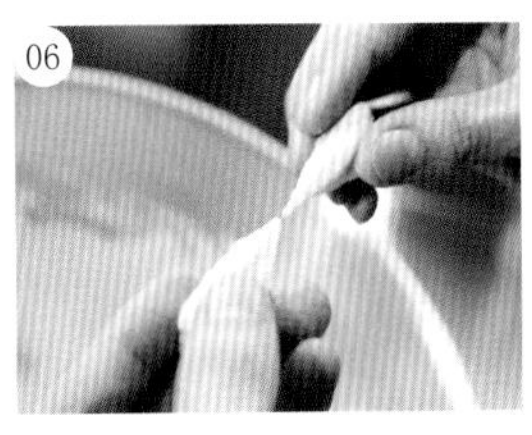

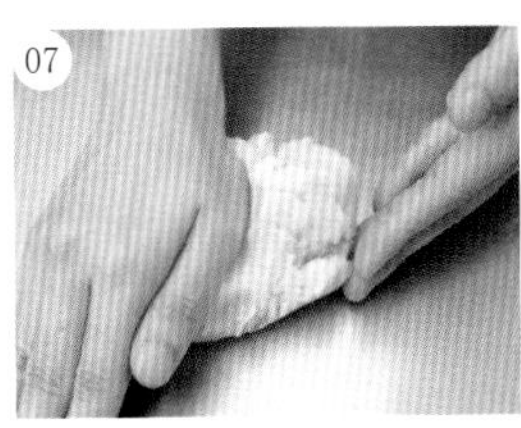

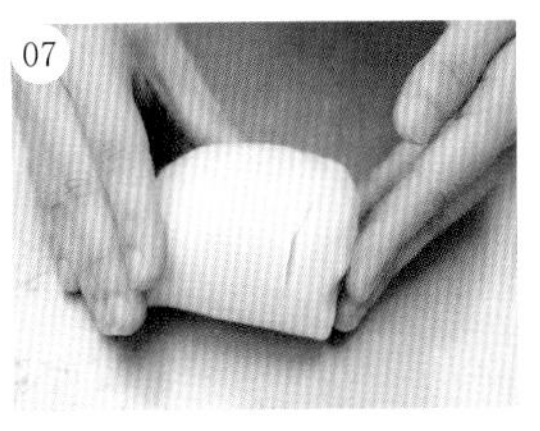

基本着色

〔单色着色〕

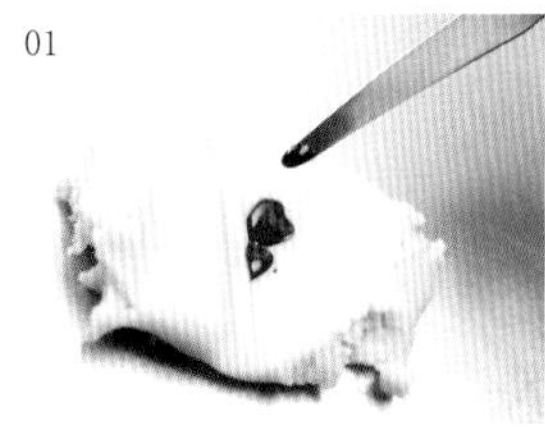

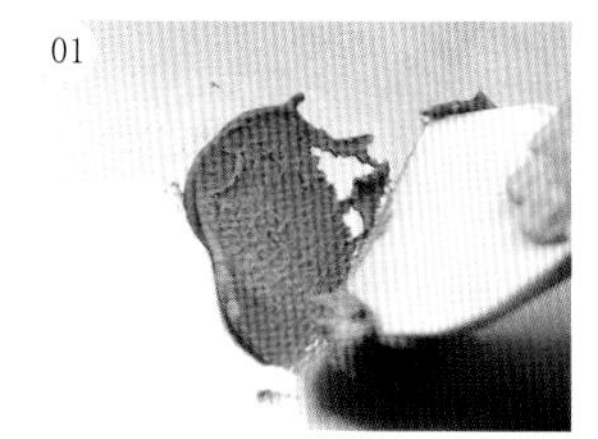

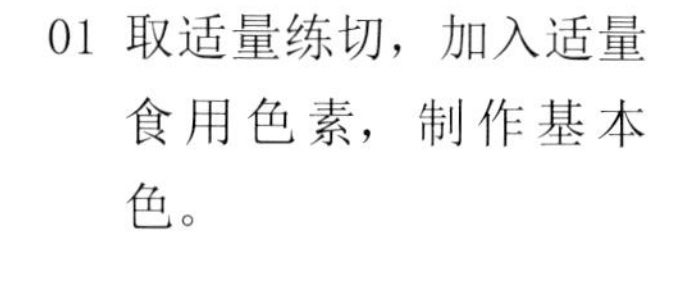

做法

01 取适量练切，加入适量食用色素，制作基本色。

02 取欲使用的练切量，加入不同的基本色。可依个人喜好调整颜色浓度，揉匀。

T 着色完成的练切，可用保鲜膜包起来备用。

〔混合着色〕

做法

大多由粉色、黄色、蓝色三色混合。

橙色练切：粉＋黄

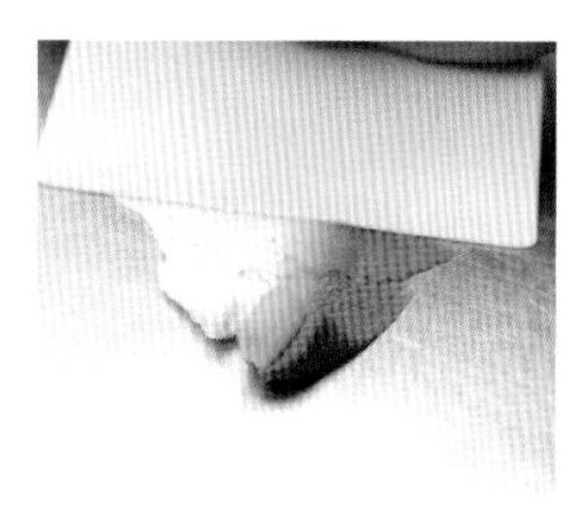

〔混合着色〕

紫色练切：粉＋蓝

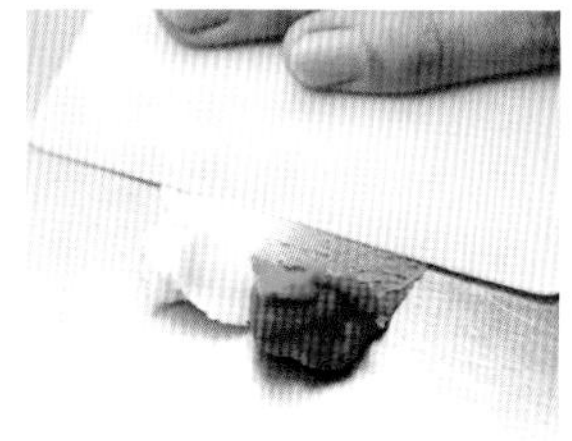

绿色练切：黄＋蓝

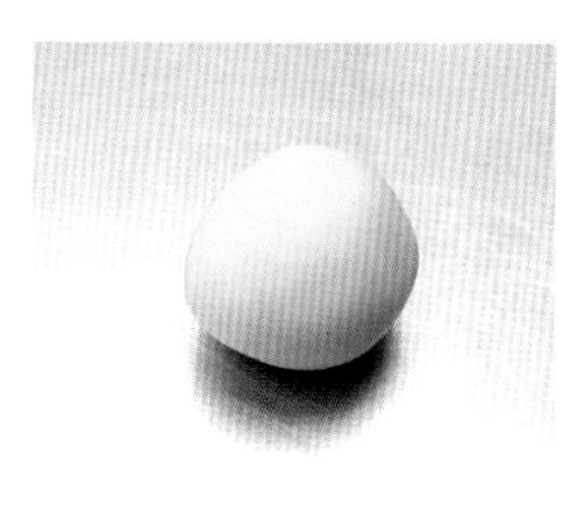

茶色练切：橙＋绿

基本渐层技法

〔贴合渐层法〕

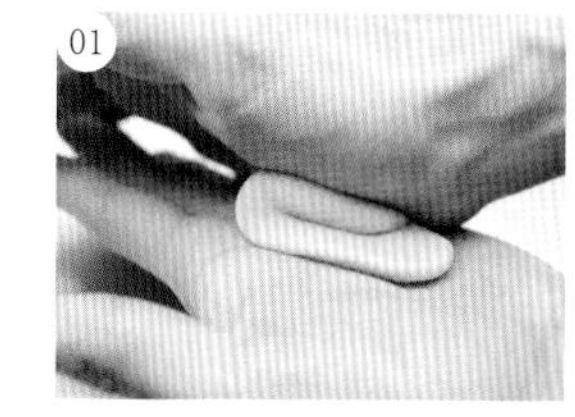

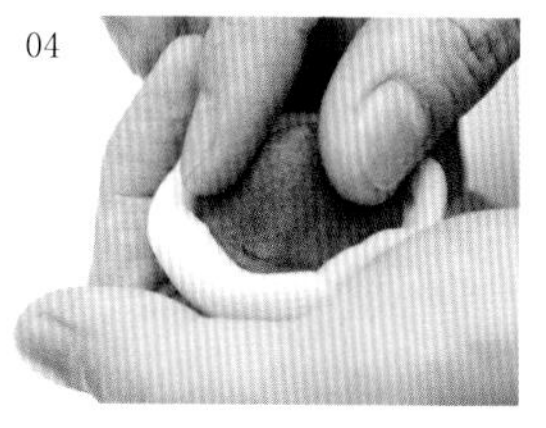

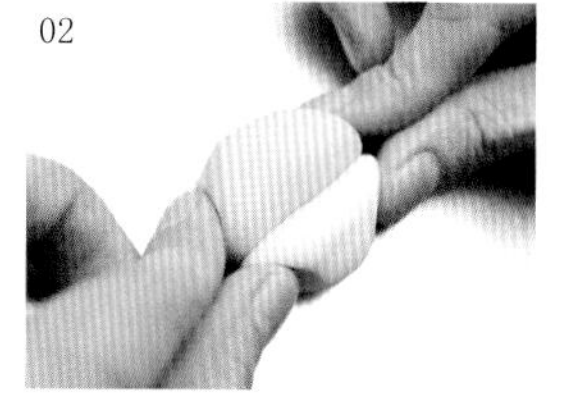

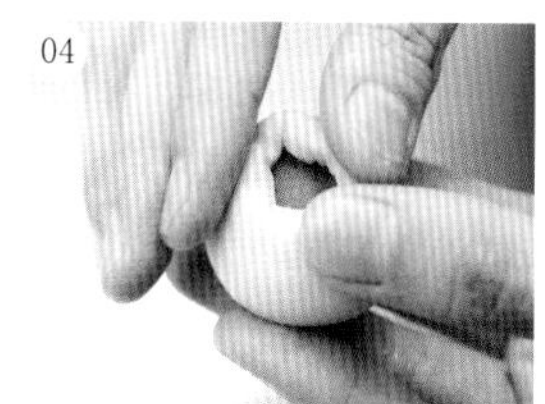

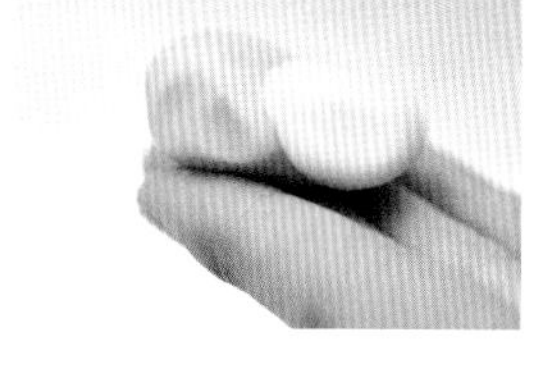

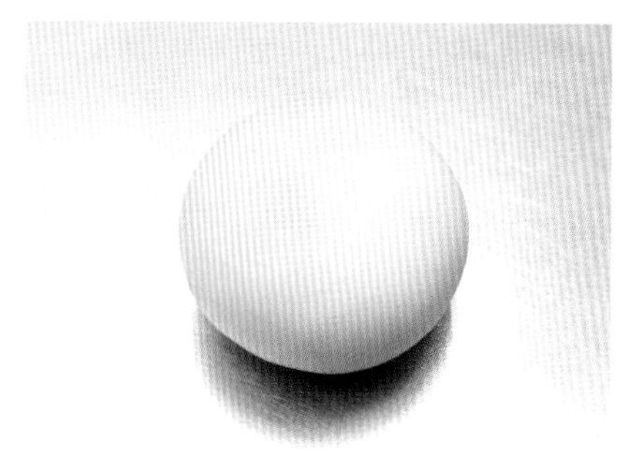

做法

01 将白色、有色练切分别塑成椭圆形。

02 白色练切与有色练切叠在一起。

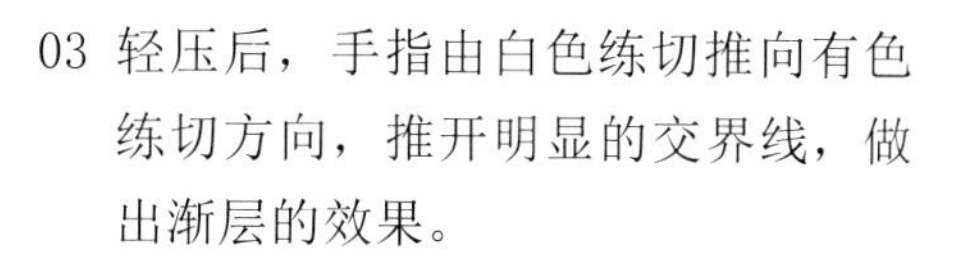
03 轻压后，手指由白色练切推向有色练切方向，推开明显的交界线，做出渐层的效果。

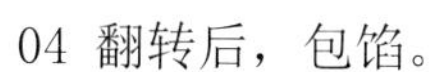
04 翻转后，包馅。

〔三分渐层法〕

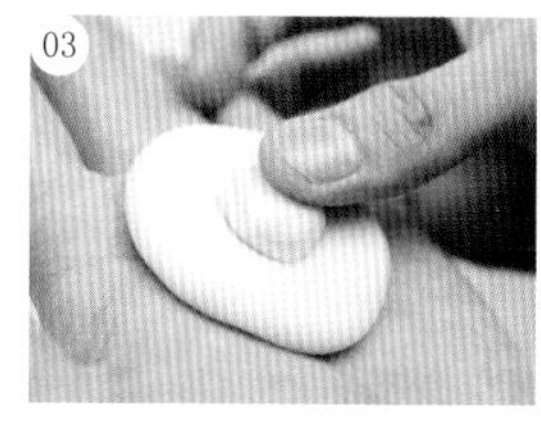

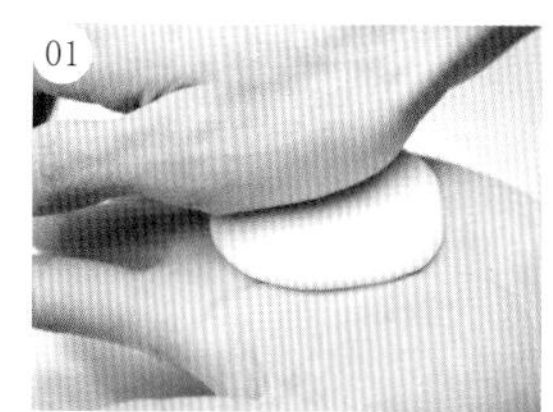

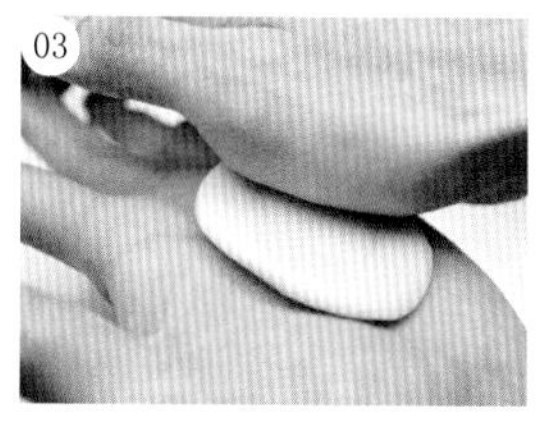

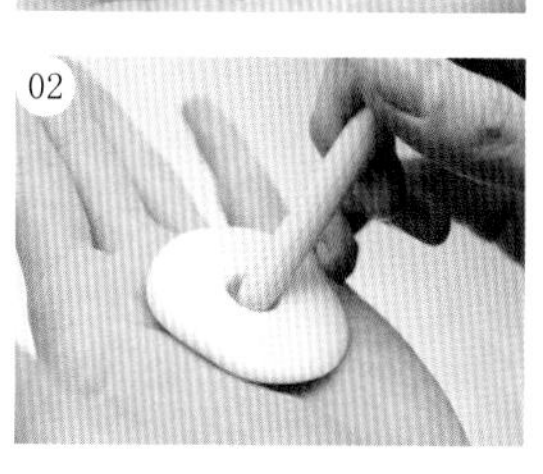

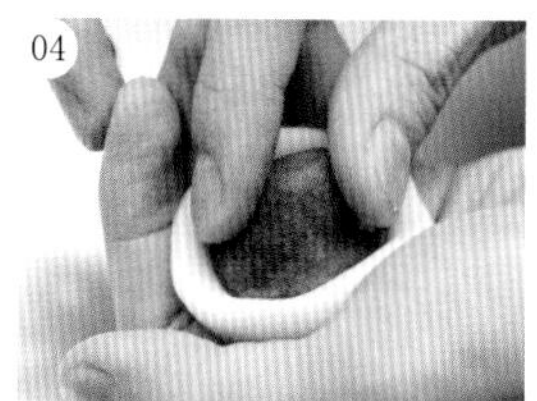

做法

01 将搓圆的白色练切于掌心压平。

02 使用丸棒于中间做出小凹槽，并填入有色练切。

03 少量白色练切贴于有色练切上，再次压平。

04 包馅。

〔包馅渐层法〕

做法

01 将搓圆的白色练切于掌心压平。

02 有色练切置于白色练切上，半包馅。

03 再次压平，包馅。

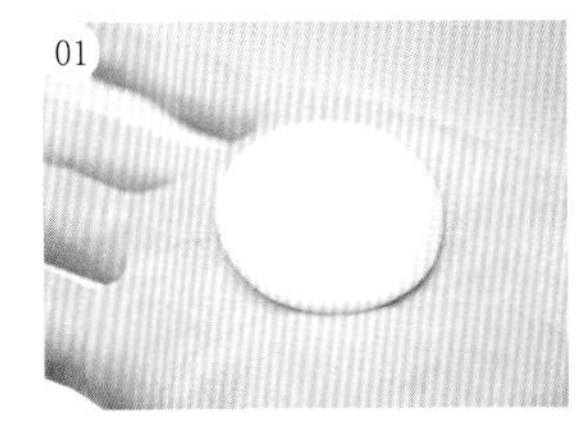

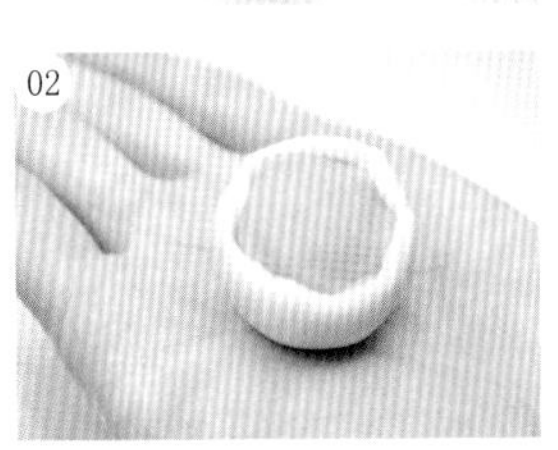

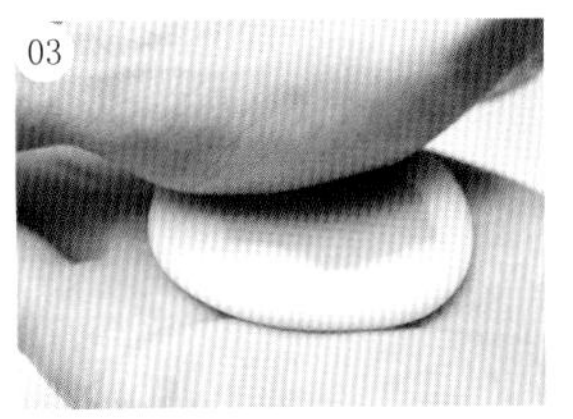

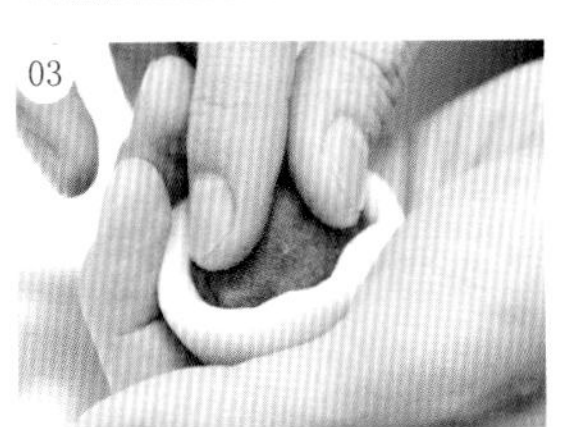

〔一部渐层法〕

做法

01 将搓圆的有色练切于掌心压平后，包馅。

02 白色练切压平贴于有色练切表面。

03 拇指由白色练切推向有色练切方向，推开明显的交界线，做出渐层的效果。

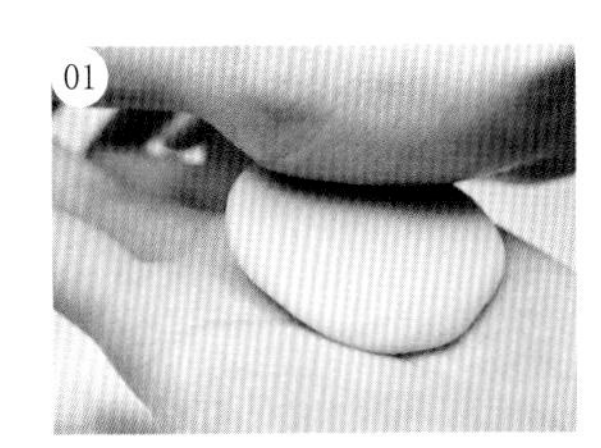

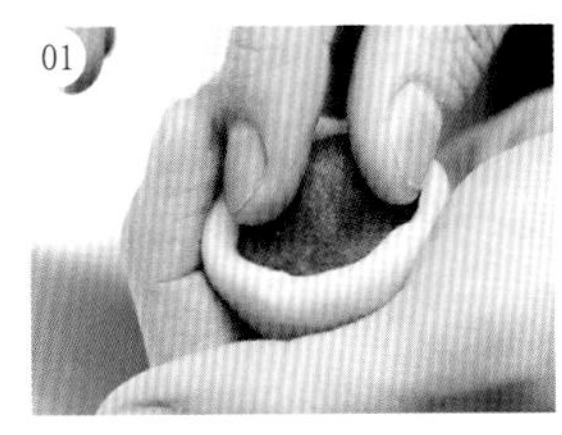

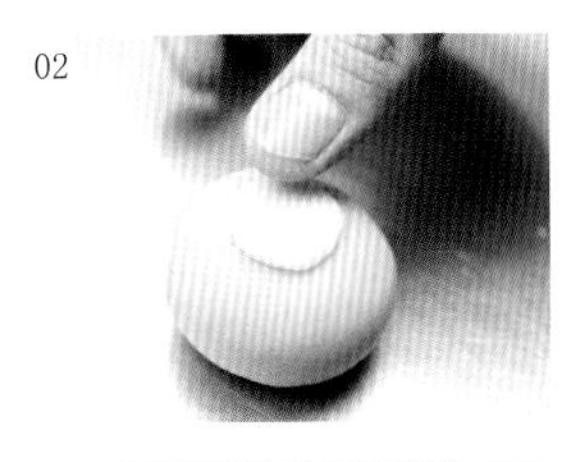

春之和果子

3月

雏人偶 ひなにんぎょう

女儿节是祈祷家中女孩能够顺利成长的节日。江户时代前，是农历三月三日举行，明治维新后，改为新历三月三日；此时正于桃花绽放的季节，又名『桃之节日』。

材料（8个）

砂糖 115克
水 125克
上用粉 60克
糯米粉 15克
浮粉 15克
粉色食用色素 适量
绿色食用色素 适量
白豆沙 52克
红豆沙 52克

工具

量尺、滤网、布巾、打蛋器、擀面棒、羊羹刀、方形模具

分割

外皮长8厘米、宽4厘米
白豆沙 13克
红豆沙。13克

准备

白豆沙、红豆沙分割备用。
片栗粉手粉适量备用。

使用技法

分割（第34页）

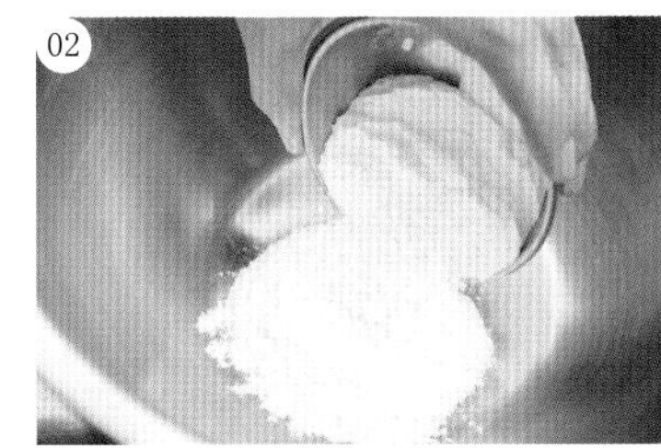

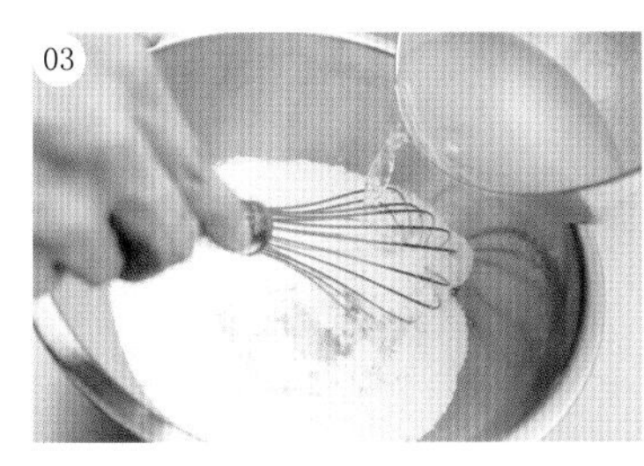

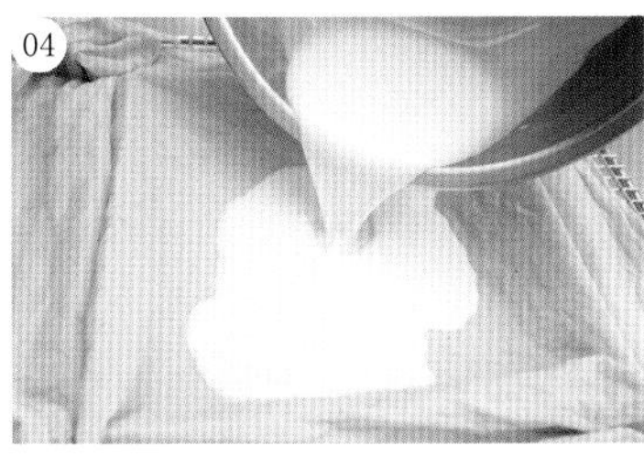

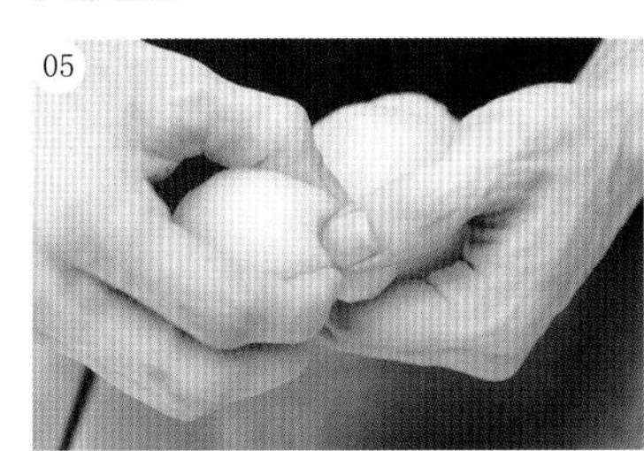

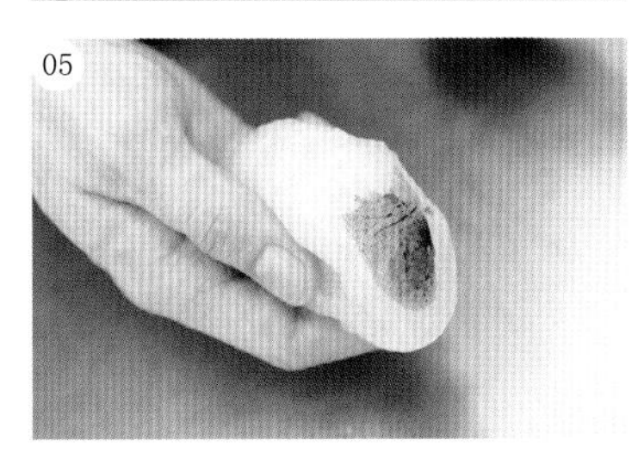

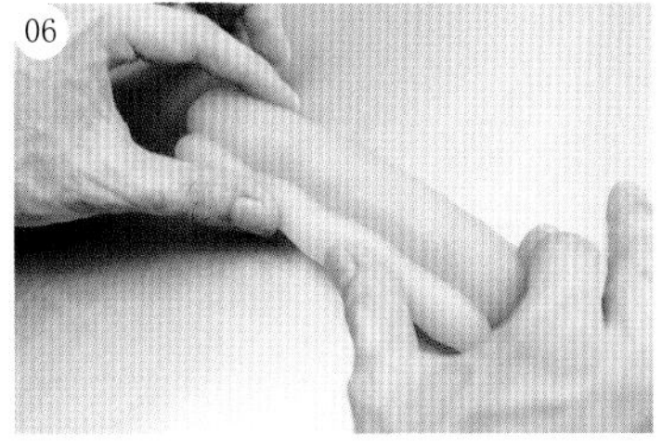

做法

01 将砂糖和水混合，以小火煮至砂糖溶化。

02 上用粉、糯米粉、浮粉混合。

03 将做法01加入做法02中，使用打蛋器搅拌均匀。

04 倒入方形模具，上方覆盖烘焙纸以大火蒸35分钟。

T 先将方形模具铺上布巾，并空蒸3分钟，以防渗漏。

05 出锅后分割60克为白色外皮，其余分成两等份，分别使用粉色、绿色食用色素着色，并均匀揉合。

06 将白色与粉色（绿色）外皮搓成长条状后贴合，使用擀面棒擀平，厚度约0.2厘米。

T 擀平前撒上片栗粉手粉避免沾黏。

07 切割，卷上内馅。

果子典故

女儿节从何时开始已无法考证，但有两种说法：其一，平安时代记载，一开始并不是仪式，而是京都贵族女孩们之间的人偶家家酒，因此有『人偶节』之名。其二，于平安时代，受唐朝影响，将纸人偶流放于河中可将晦气转移，称为『上巳节』。江户时代两个节日已结合，转变成人偶装饰。现今的女儿节，装饰人偶之风俗，一样可将厄运转移至人偶，代替女儿受难。

3月
菱饼 ひしもち

人们在三月三日女儿节装饰人偶与吃菱饼已成为一种习惯。三色重叠，各有不同的含意。绿色：除厄运、健康；白色：世代繁荣、长寿；桃色：避邪。

材料

上新粉 100克

热水 约70克

艾草 4克

粉色食用色素 适量

T 上新粉与热水需重复量三次，白、绿、桃三色分开制作。

工具

布巾

擀面棒

羊羹刀

菱形纸片

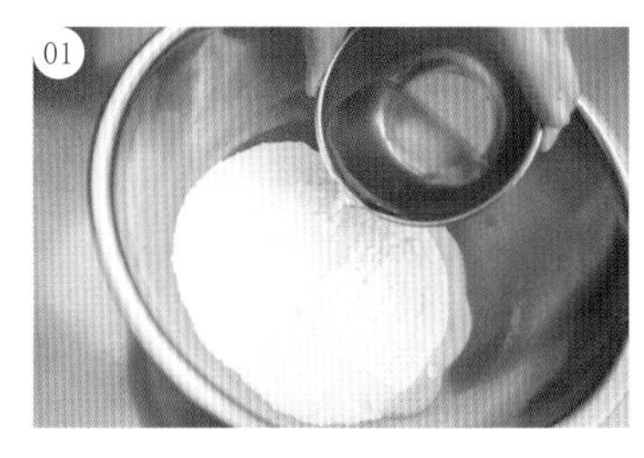

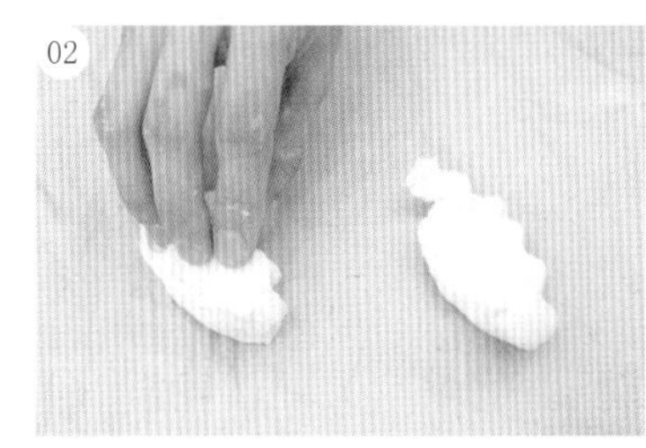

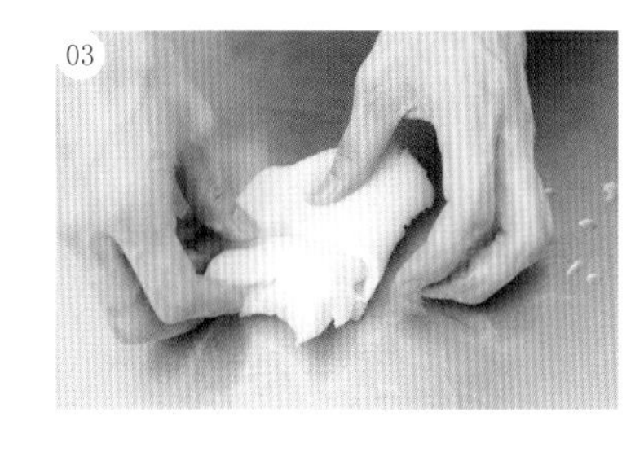

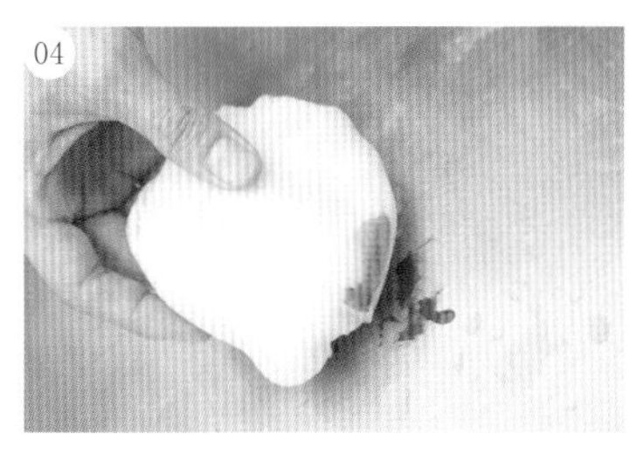

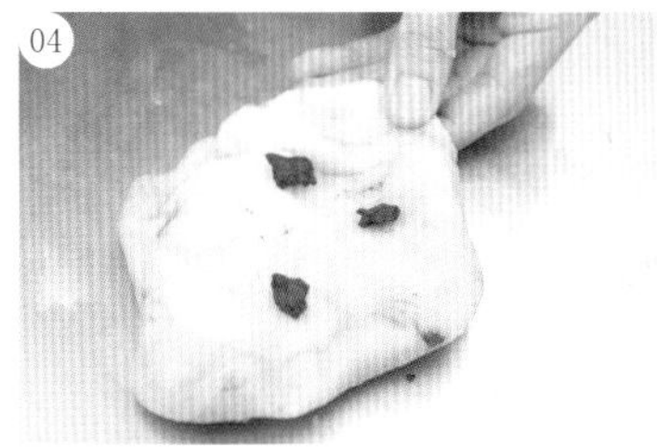

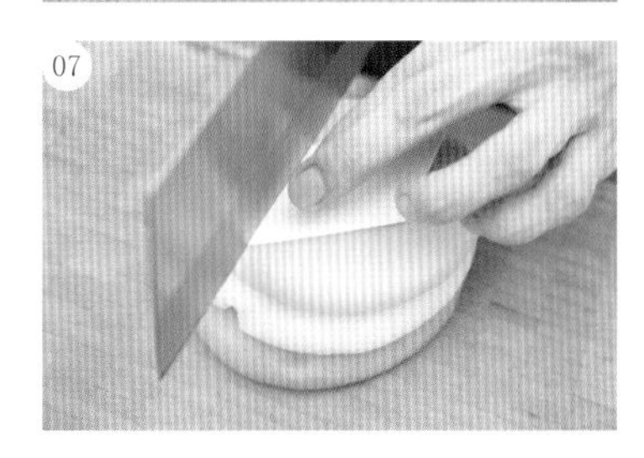

做法

01 上新粉加入适量热水混合揉匀。（硬度至耳垂般即可）

02 移至布巾上，并覆盖，以大火蒸30分钟。

03 出锅后，待温度略降，双手蘸水反复揉匀。（适量加水调整硬度）

04 重复做法01～03两次，出锅后分别使用粉色食用色素和艾草着色。

05 各别放置在抹好离型油的底盘中，使用擀面棒擀平，厚度约1厘米。

06 绿、白、粉贴合后，放入冰箱冷藏一晚。

07 依照菱形纸片，使用羊羹刀切割出菱形即完成。

果子典故

颜色顺序有两种排列，其一是由下往上——绿、白、桃，象征残雪下有着新芽，残雪上桃花绽放。其二是由下往上——白、绿、桃，象征新芽从白雪中冒出，桃花同时间花开绽放。

菱形的角度有避邪的效果，保佑平安生活。另外一说，从边角开始食用，变成圆形，保佑与人之间相处不起风波，圆融平稳。

3月 草饼 くさもち

女儿节的代表果子之一，虽然现今提到女儿节，最先想到的是樱饼及雏霰，但一开始出现的是草饼。

材料（6个）
上新粉 100克
热水 约80克
砂糖 25克
艾草 适量
热水 适量
颗粒红豆馅 120克

准备
颗粒红豆馅分割准备。

使用技法
分割（第34页）
包馅（第34页）

工具
布巾

分割
外皮 30克
颗粒红豆馅 20克

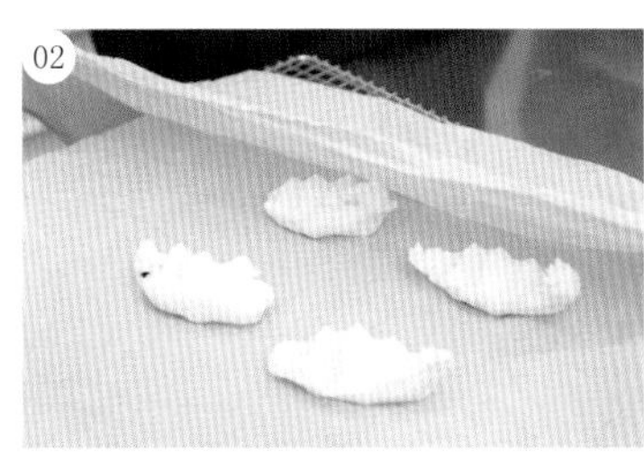

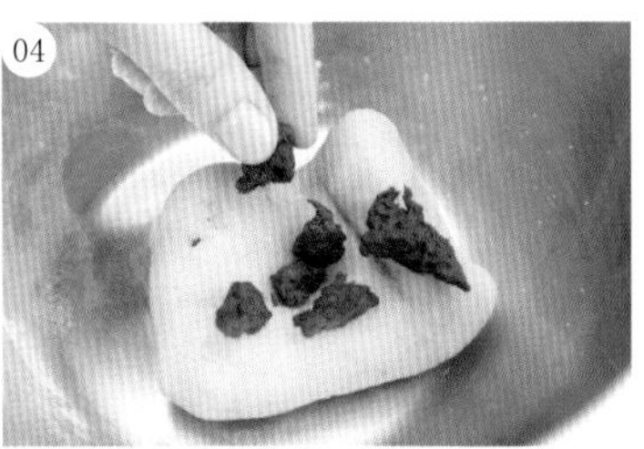

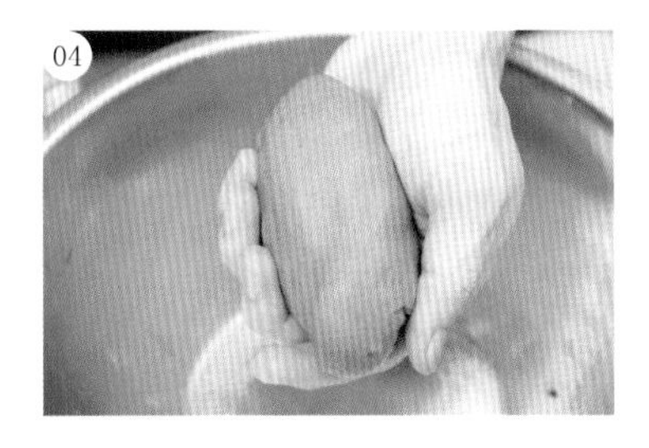

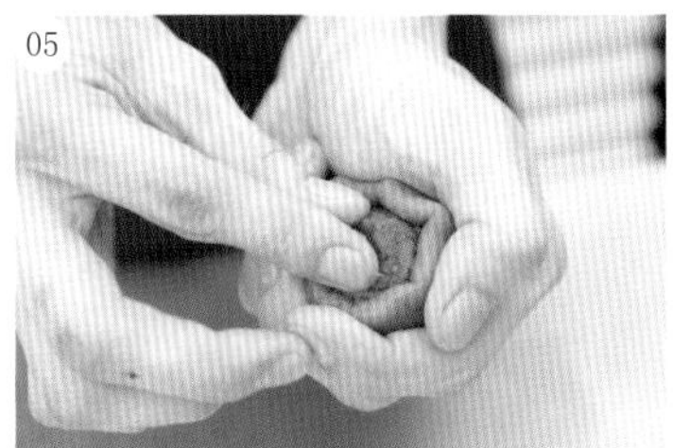

做法

01 上新粉加入适量热水混合揉匀。（硬度至耳垂般即可）

02 移至布巾上，并覆盖，以大火蒸30分钟。

03 出锅后，趁尚有热度时，分三次加入砂糖揉匀。

04 加入艾草后，加入热水调整硬度，再次揉匀。（艾草量依个人喜好添加）

05 双手蘸适量离型油，分割外皮、包馅。

06 以食指与中指往上拉出细尖形状即完成。

果子典故

母子草（春天七草之一）在中国有着避邪的力量，食用母子草制作的草饼，在上巳节已成风俗习惯。于平安时代传至日本，但是将『母与子』捣碎，显得有些无情。室町时代，传说艾草也有同样的避邪效果，因此取代了母子草。

江户时代，草饼成了女儿节的代表果子，同时艾草也被使用于菱饼之中。

3月 小鼓

こつづみ

小鼓是雏人偶中的『五人嗍子』之一手上拿的乐器。而『嗍子』是伴奏的意思，小鼓则是日本的传统文化『能乐』演奏形式之一。

材料（1个）

黄色练切 22克
白色练切 适量
红色练切 适量
红豆沙 18克
芝麻 18颗

工具

竹签
平板
擀面棒
小田卷

使用技法

一部渐层法（第40页）

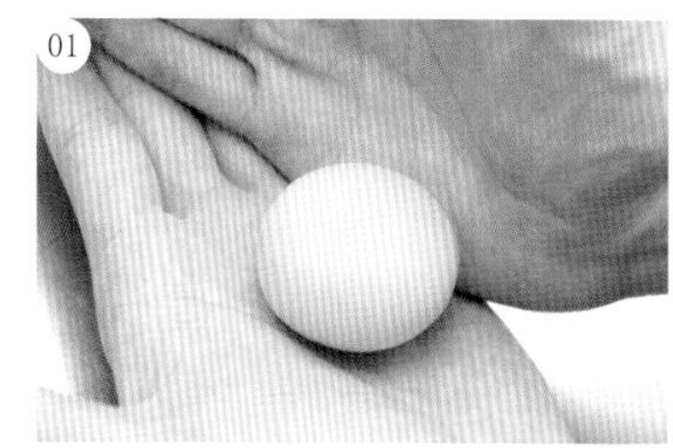
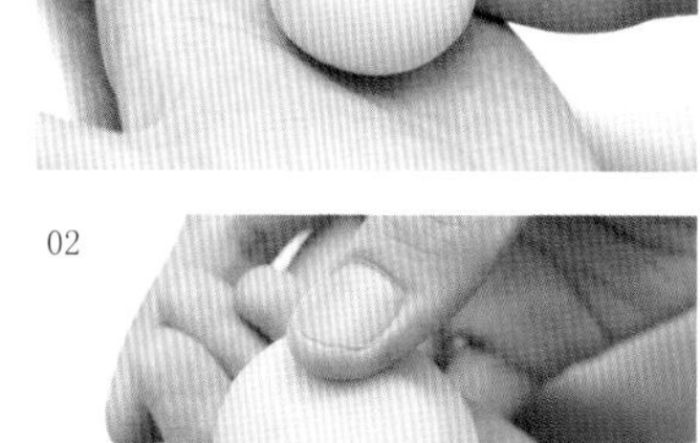

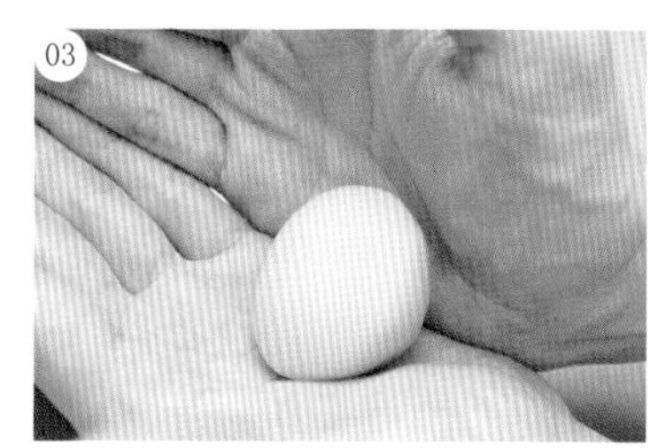
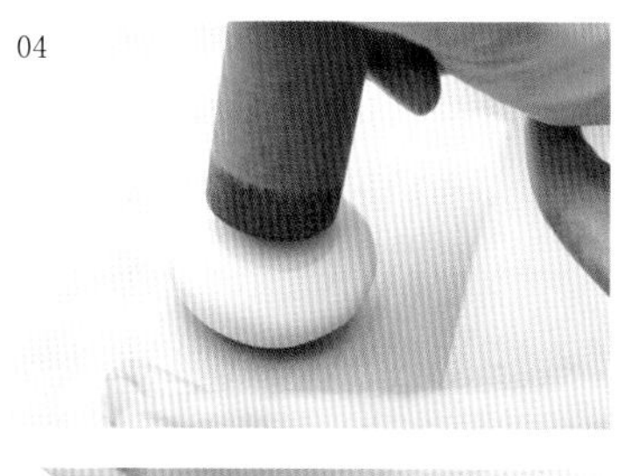
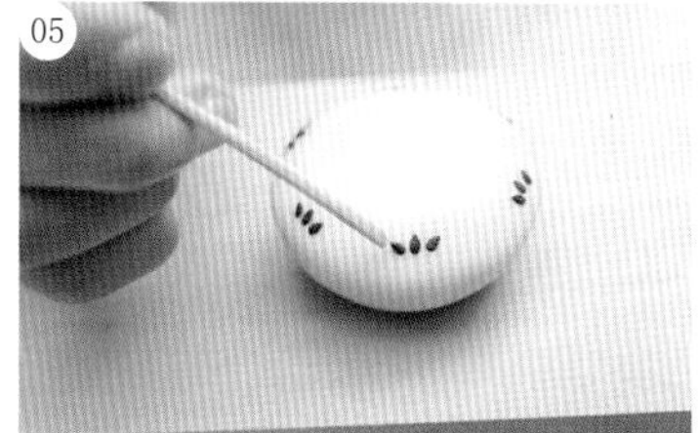
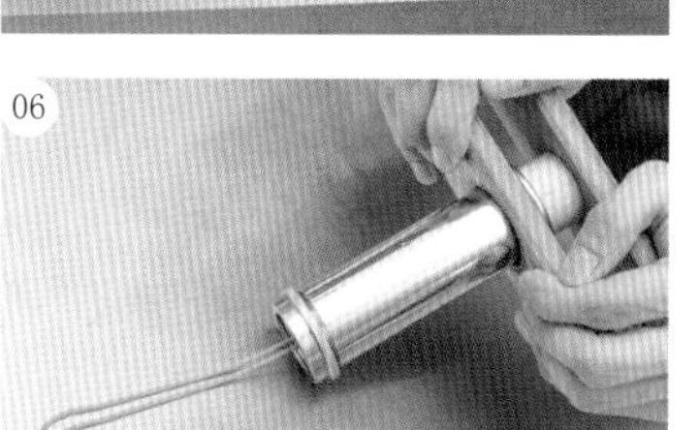
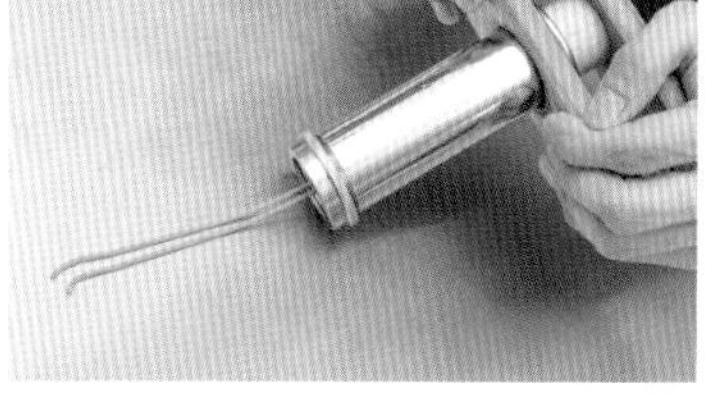
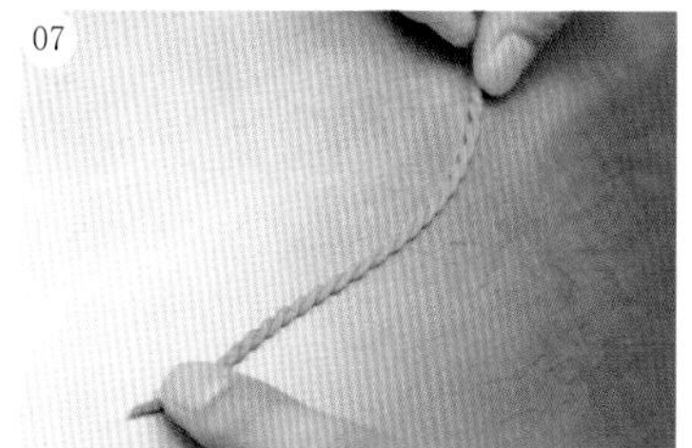
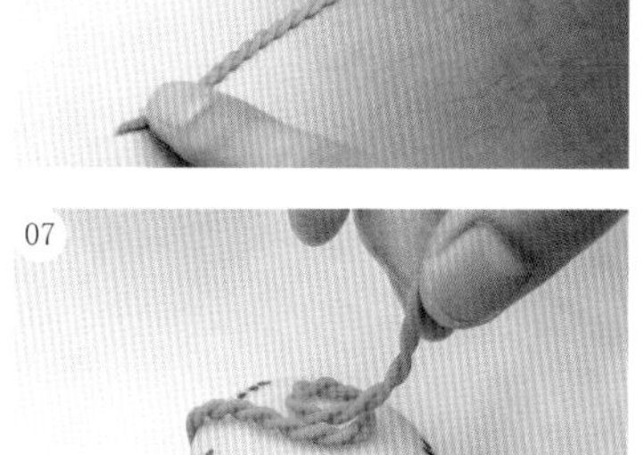

做法

01 黄色练切揉匀压平，包馅。

02 将白色练切贴于黄色练切表面，进行一部渐层法的操作。

03 将练切贴于平板上压平，再用手推出陀螺形。

04 用擀面棒于中心轻压出凹槽。

05 使用竹签蘸些许水，取芝麻装饰小鼓表面。

06 用小田卷挤压出红色练切。

07 两条红色练切交错卷起，贴在小鼓上面。

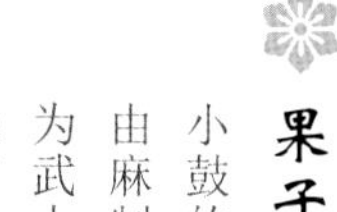

果子典故

小鼓的鼓身为樱花木，上下两面为马皮，由麻制调绪（麻绳）连接。自古以来，鼓为武士们喜爱的乐器，战前可转换不安紧张的心情，鼓声能驱魔避邪，而鼓的图纹便有着吉祥之意。

3月 竹笋 たけのこ

提到春天的代表食材，就会联想到竹笋。

材料（1个）

茶色练切 16克

白色练切 8克

红豆沙 18克

肉桂粉 适量

工具

竹筅

小丸棒

三角刀

使用技法

贴合渐层法（第39页）

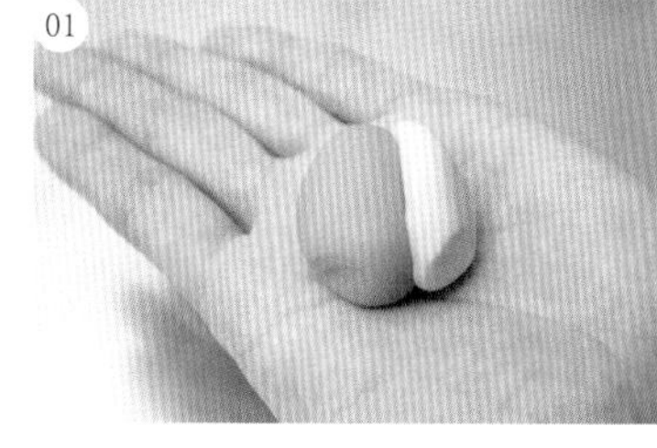

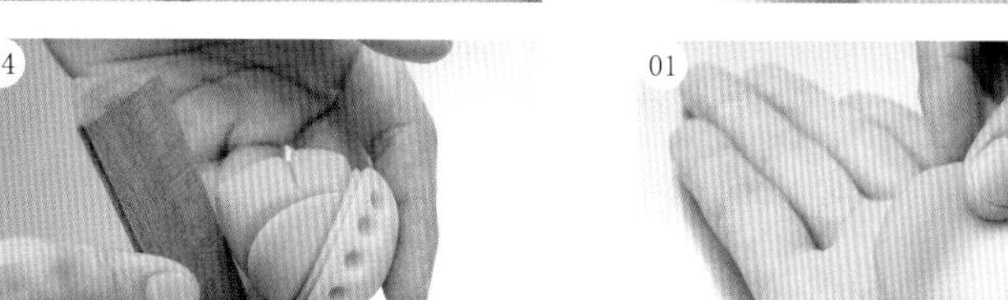

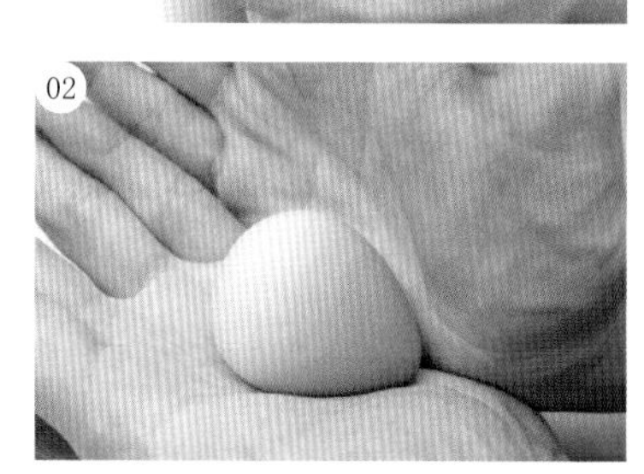

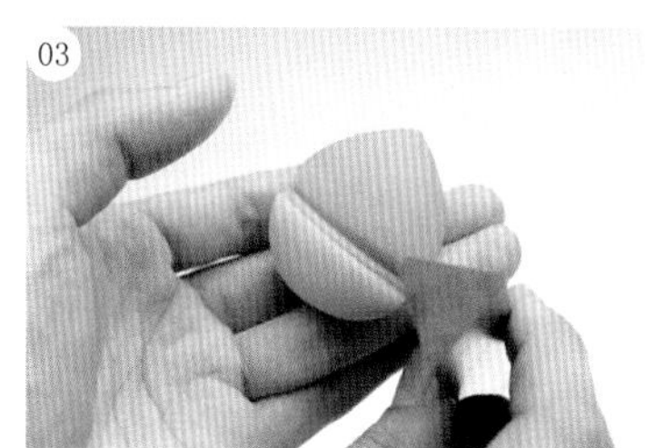

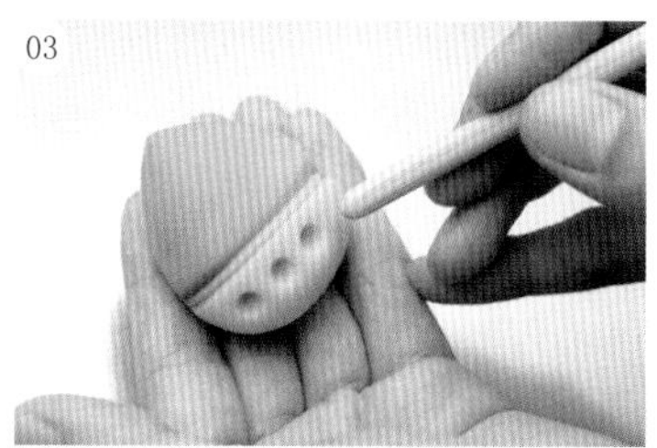

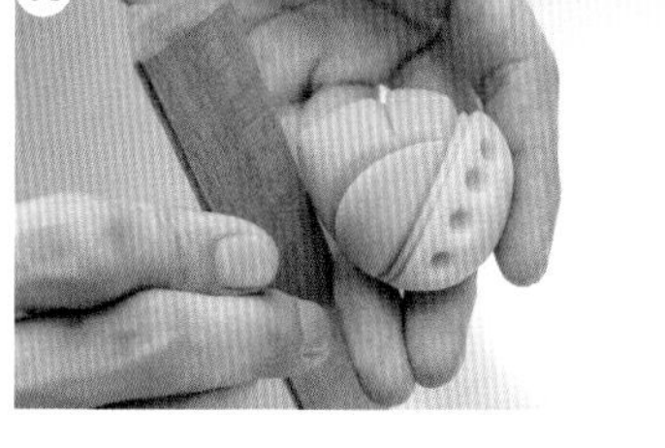

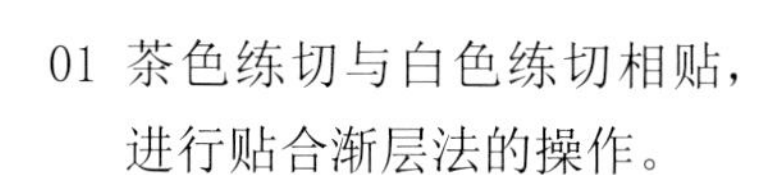

做法

01 茶色练切与白色练切相贴，进行贴合渐层法的操作。

02 包馅完成后，再用手推出水滴形状。

03 以三角刀将表面划出两条线，区分笋身，再使用小丸棒压出竹笋底部圆点。

04 以三角刀划出三条交错线，竹筅轻压，表现笋尖纹路，最后撒上适量肉桂粉。

果子典故

竹笋的生长能力非常强，据说一天便可以长出八十到一百厘米的长度。以这样的速度生长，约十天（称一旬），就能成长成竹子，因此竹与旬结合，竹笋之名便由此而来。

4月

关东风樱饼

かんとうふうさくらもち

使用樱花叶包起来的樱饼，隐隐透着樱花香气，成为赏花时享用与代表春天的经典果子之一。

材料（14个）

白玉粉　6克
水　100克
砂糖　70克
上南粉　10克
低筋面粉　100克
调节水　适量
盐渍樱花叶　14片
粉色食用色素　适量
红豆沙　350克

工具

打蛋器
铜锣匙
金小板

分割

红豆沙　25克

准备

红豆沙分割备用。

使用技法

分割（第34页）

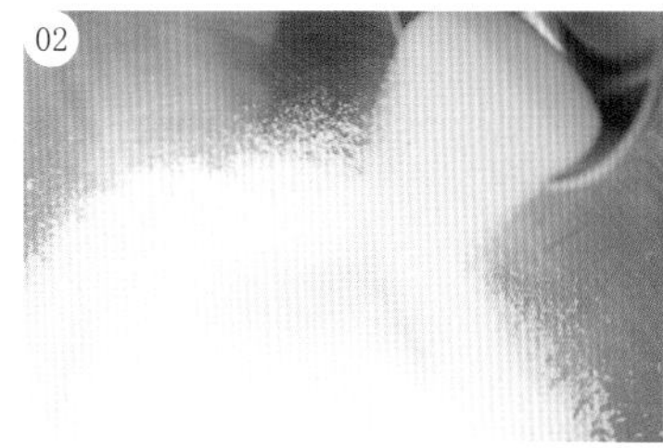

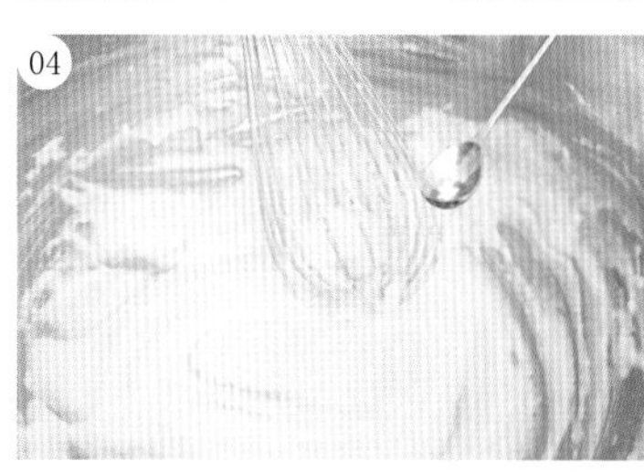

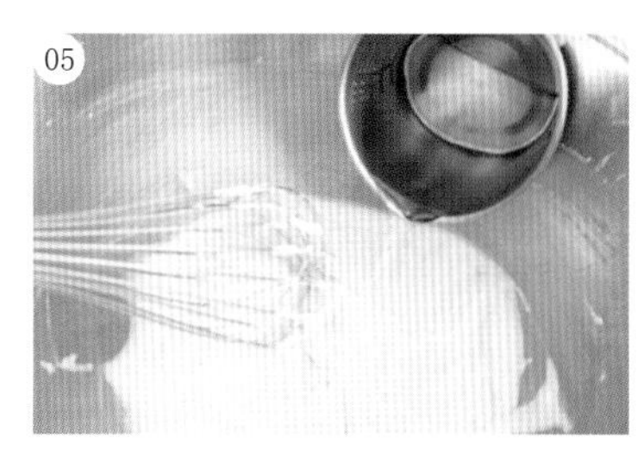

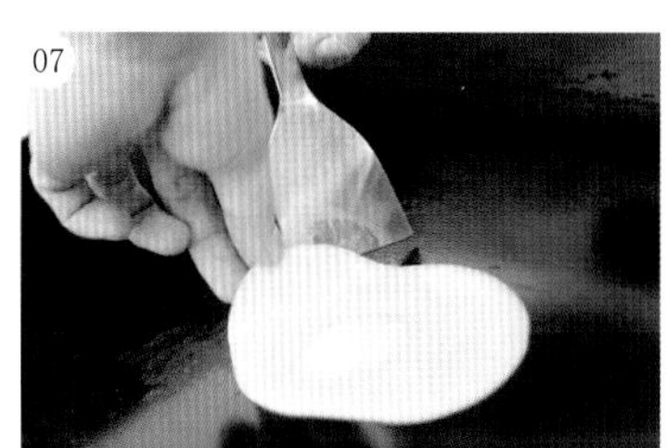

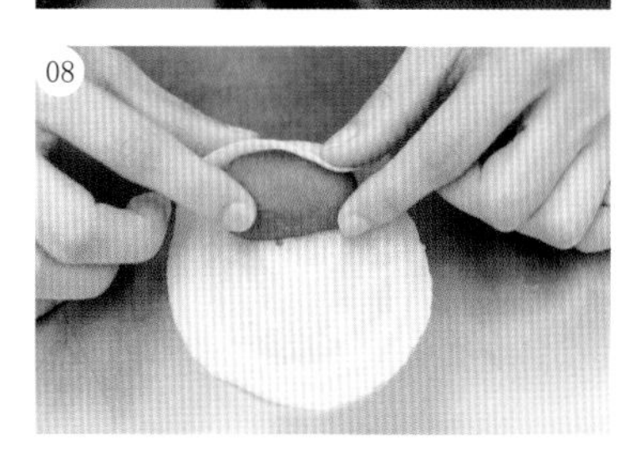

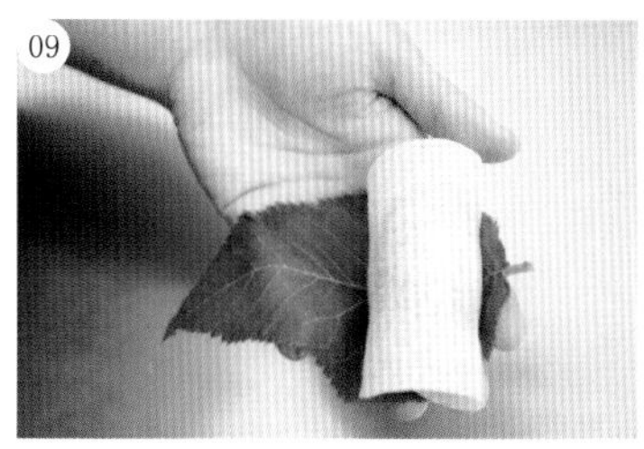

做法

01 将水分次加入白玉粉内揉匀。

02 将砂糖、上南粉、过筛低筋面粉混合。

03 将做法01、02混合，使用打蛋器搅拌均匀。

04 用粉色食用色素着色后，搅拌均匀，再覆上保鲜膜，静置20分钟。

05 加入适量的水调整面糊稠度。（可流动稠度）

06 预热煎台，用铜锣匙取适量面糊倒在煎台上，并画成椭圆形。

07 呈现半干状态时，用金小板翻面，微煎即可起锅。

08 卷入红豆沙。

09 再卷上樱花叶即完成。

果子典故

享保二年（公元一七一七年）东京墨田区隅田川边的长命寺，有位看门员——山本新六，他在扫门前的樱花落叶时联想制作出这款果子，因此关东风樱饼又名『长命寺饼』。

4月

关西风樱饼

かんさいふうさくらもち

据说樱饼的开端并非是道明寺而是长命寺，在江户时代关东制作的樱饼传到关西。

材料（10个）

水 184克
粉色食用色素 适量
道明寺粉 112克
砂糖 70克
艳天 适量
红豆沙 150克
盐渍樱花叶 10片

〔艳天〕

粉寒天 1克
水 50克
砂糖 50克

工具

刮勺

布巾

分割

外皮 30克

红豆沙 15克

准备

红豆沙分割备用。

使用技法

分割（第34页）

包馅（第34页）

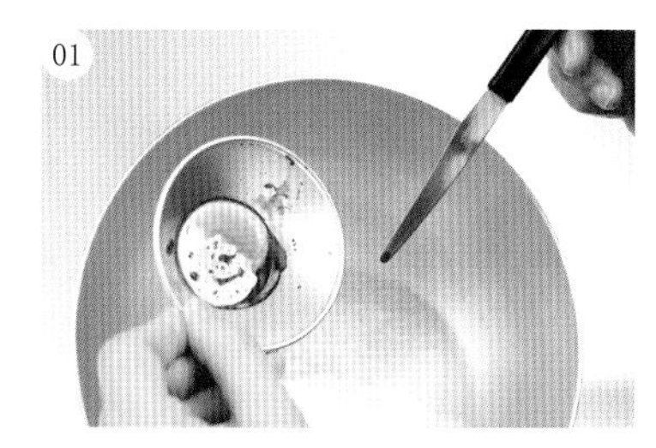

做法

01 粉色食用色素加入水中煮沸。

02 加入道明寺粉，搅拌至呈现浓稠的粥状后熄火。

03 加入砂糖，搅拌均匀后，移至不锈钢盆内。

T 利用锅内余温使砂糖溶化。

04 覆盖保鲜膜后，盖上锅盖，以保持热度，闷1小时后，用大火蒸5分钟。

T 可放在电锅里保温。

T 等待做法04出锅前，可开始制作艳天。

〔艳天〕

05 粉寒天、水混合均匀后，煮至沸腾。

06 加入砂糖，煮至沸腾起泡，当用刮勺舀起时，成水滴状落下之稠度即可。

Ⓣ 寒天、水、砂糖融合的液体，称为『锦玉液』，若使用在蘸手切割、涂抹于和果子上，专门用语为『艳天』。

07 手蘸艳天进行分割，包馅后塑成椭圆形。

08 水洗樱花叶，叶脉清晰面朝外，卷起即完成。

Ⓣ 可修剪一下过长的樱花叶柄。

果子典故

樱饼传至关西后，道明寺粉便代替了小麦粉。

道明寺粉为战国时代，道明寺将供奉神明的糯米，蒸过之后经由干燥、粗磨将其以干粮进行保存，此糯米粉因此得名道明寺粉。因为使用道明寺粉制作，因此关西风樱饼又名『道明寺饼』。

4月 御手洗团子 みたらしだんご

原本御手洗团子没有特别的季节感，因现代人大多于赏花时食用，才渐渐地有了春天的印象。

材料（3串）

（酱油汁）

葛粉 6克

水 35克

昆布水 60克

酱油 15克

砂糖 30克

味醂 5克

（团子）

上新粉 100克

热水 80～90克

水 适量

工具

刮勺

滤网

布巾

竹勺

竹签

打蛋器

准备

昆布先切细备用。

做法

〔酱油汁〕

01 制作昆布水：把昆布和水按5：450的比例放在一起，冷藏静置一晚。

02 葛粉内加入水混合。

03 昆布水、酱油、砂糖混合后，使用刮勺以小火搅拌。

04 煮至砂糖溶化后，加入葛粉水中搅拌均匀，过滤。

05 再度开火拌炒至浓稠状，关火后，加入味醂即完成。

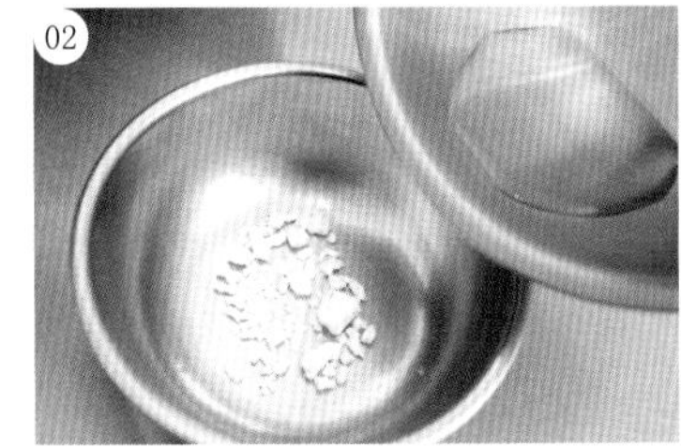

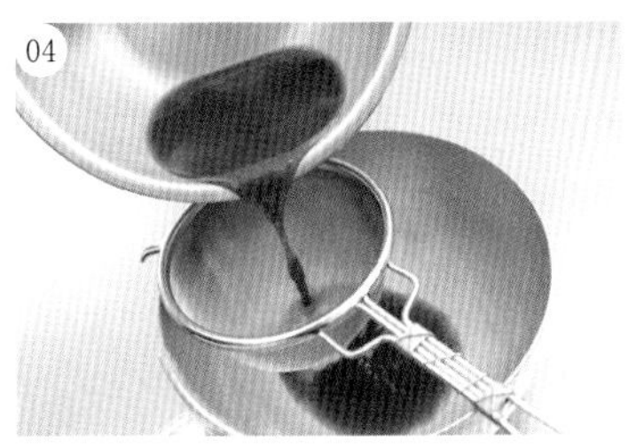

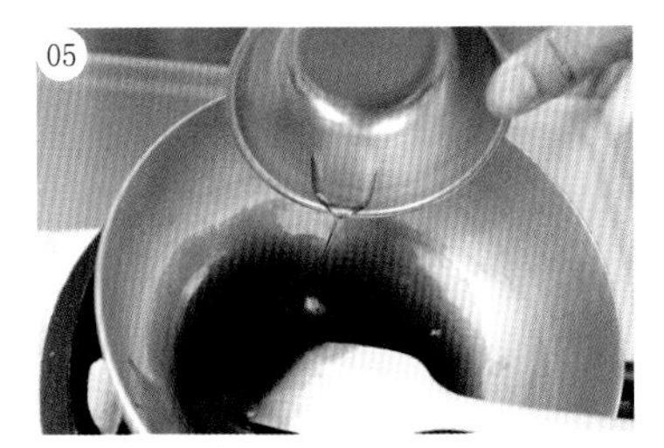

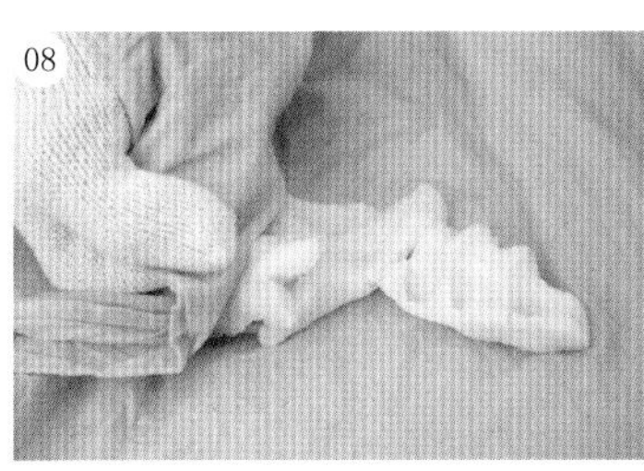

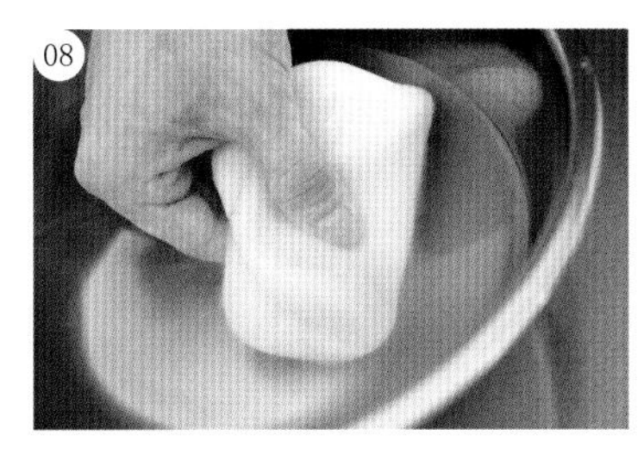

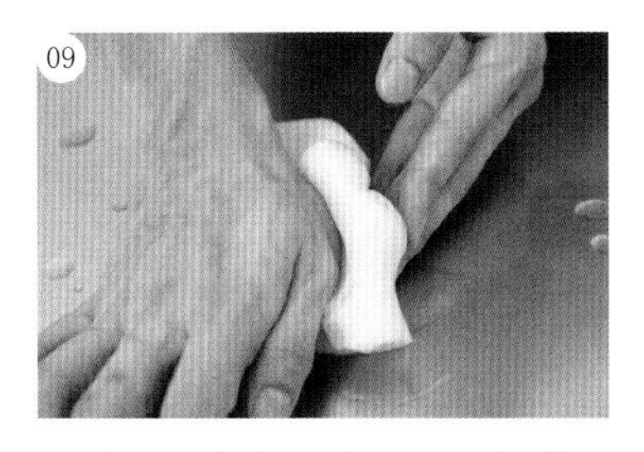

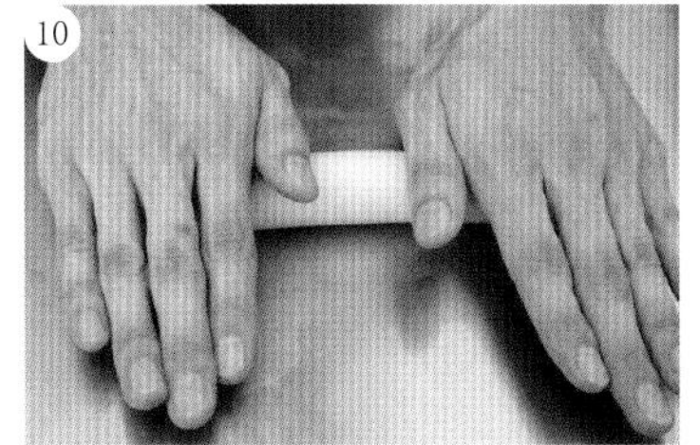

〔团子〕

06 上新粉加入适量热水混合揉匀。（硬度至耳垂般即可）

07 移至布巾上，并覆盖，以大火蒸30分钟。

08 出锅后，双手蘸水揉匀，再将团子放入冰水中，冰镇至40℃。

09 冰镇后，一边揉匀、一边加入水调整硬度。

10 进行分割动作，揉成长条状，使用竹勺切割团子。

11 使用竹签穿起。（四颗一串）

12 火烤至表面微焦，蘸上酱油汁即完成。

果子典故

镰仓时代，传说『后醍醐天皇』外出造访京都的下鸭神社之时，于参拜神明之前进行清洁手续，将御手洗池的水捞起时，有一个大泡泡缓缓冒出，停了一会后，四个泡泡扑通扑通地再次冒出，周围的人将此情景仿制人形制作，用竹签穿上四个御手洗团子，代表身体，间隔一点距离后，再穿上一个，代表头，将此人形供奉神明，此为御手洗团子的由来。

最开始团子五颗售价五文，当四文的硬币出现后，便成了四颗四文，久而久之便成了四颗一串。

4月 铜锣烧 どらやき

二〇〇八年，日本确定四月四日为『铜锣烧日』。两个四的结合，以日文写法为『四合わせ』，音同『幸せ』，意指幸福。

材料

蛋 80克

砂糖 80克

蜂蜜 5克

味醂 10克

低筋面粉 100克

苏打粉 1.5克

水 适量

夹心红豆馅 适量

工具

刮勺

铜锣匙

金小板

打蛋器

馅抹刀

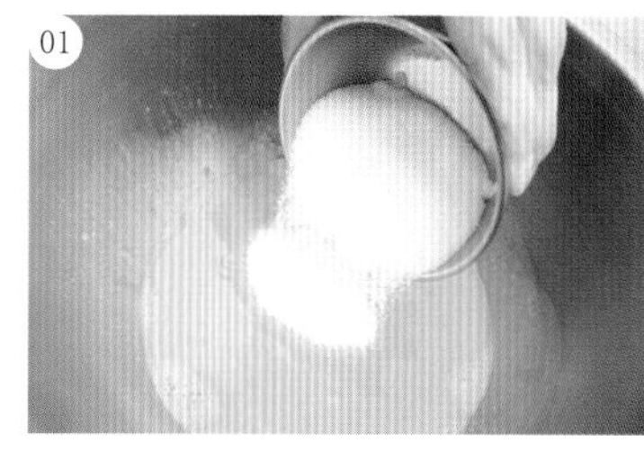

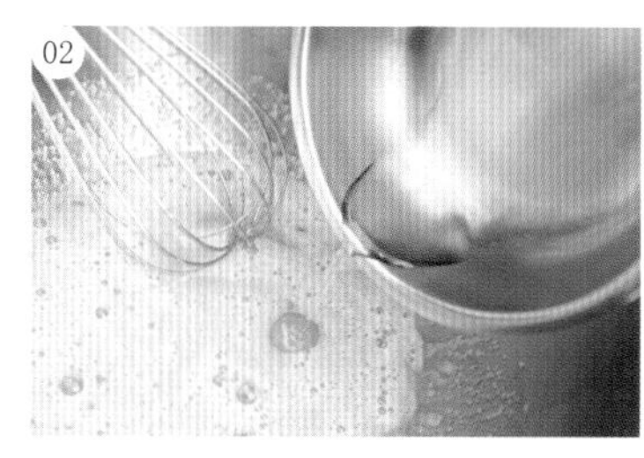

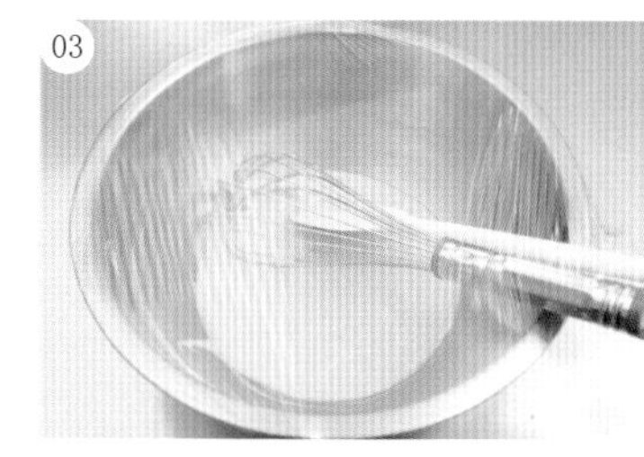

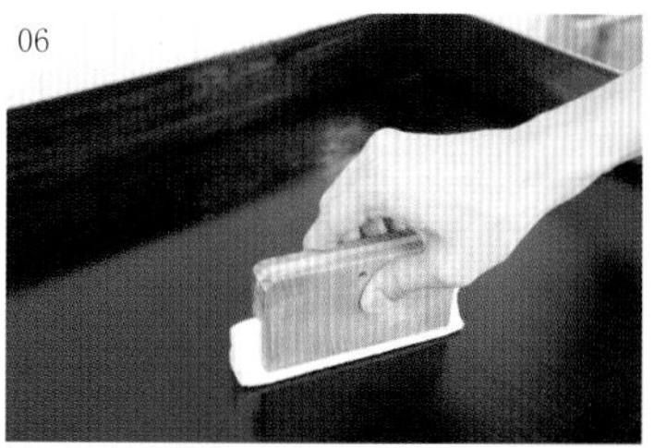

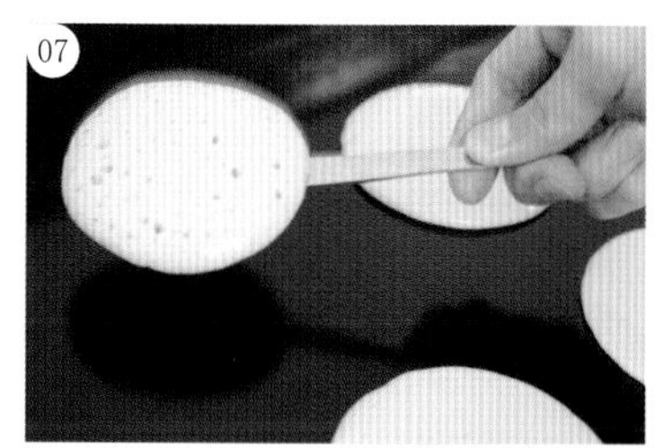

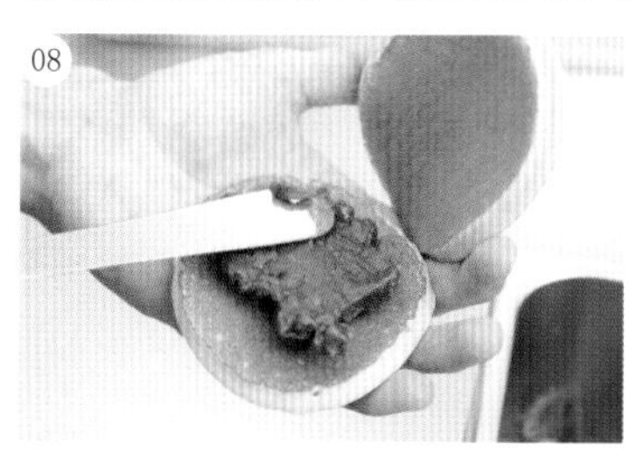

做法

01 蛋液内加入砂糖混合，使用打蛋器搅拌。

02 依序加入蜂蜜、味醂混合。

03 将过筛低筋面粉加入，搅拌均匀后，放置15分钟。

Ⓣ 等待15分钟让面粉充全吸附蛋液，并覆盖上保鲜膜，避免蛋液干掉。

04 将苏打粉溶于水后，加入面糊中搅拌均匀。

05 加入适量的水调整硬度。（面糊呈现可画圈的硬度）

06 预热煎台，涂抹适量的油，取面糊倒在煎台上。

07 面糊起泡后，使用金小板翻面，内面微煎即可起锅。

08 用馅抹刀夹入夹心红豆馅即完成。

Ⓣ 夹心红豆馅做法请参阅第30页。

果子典故

铜锣烧始于公元一六〇〇年，当时称为『助惣烧』，外皮薄薄一层，包入内馅后，四角折起，外观呈现方形。之后被人们研发改良为两张外皮夹入内馅，由于外形似铜锣，便命名为铜锣烧。

关西地区的铜锣烧，外观有微微不同，似三笠山，因此称『三笠烧』。

5月 鲤鱼旗 こいのぼり

日本的五月五日为儿童节，若家中有男孩，便会在家门口装饰鲤鱼旗，祈祷男孩能够健康、成功。

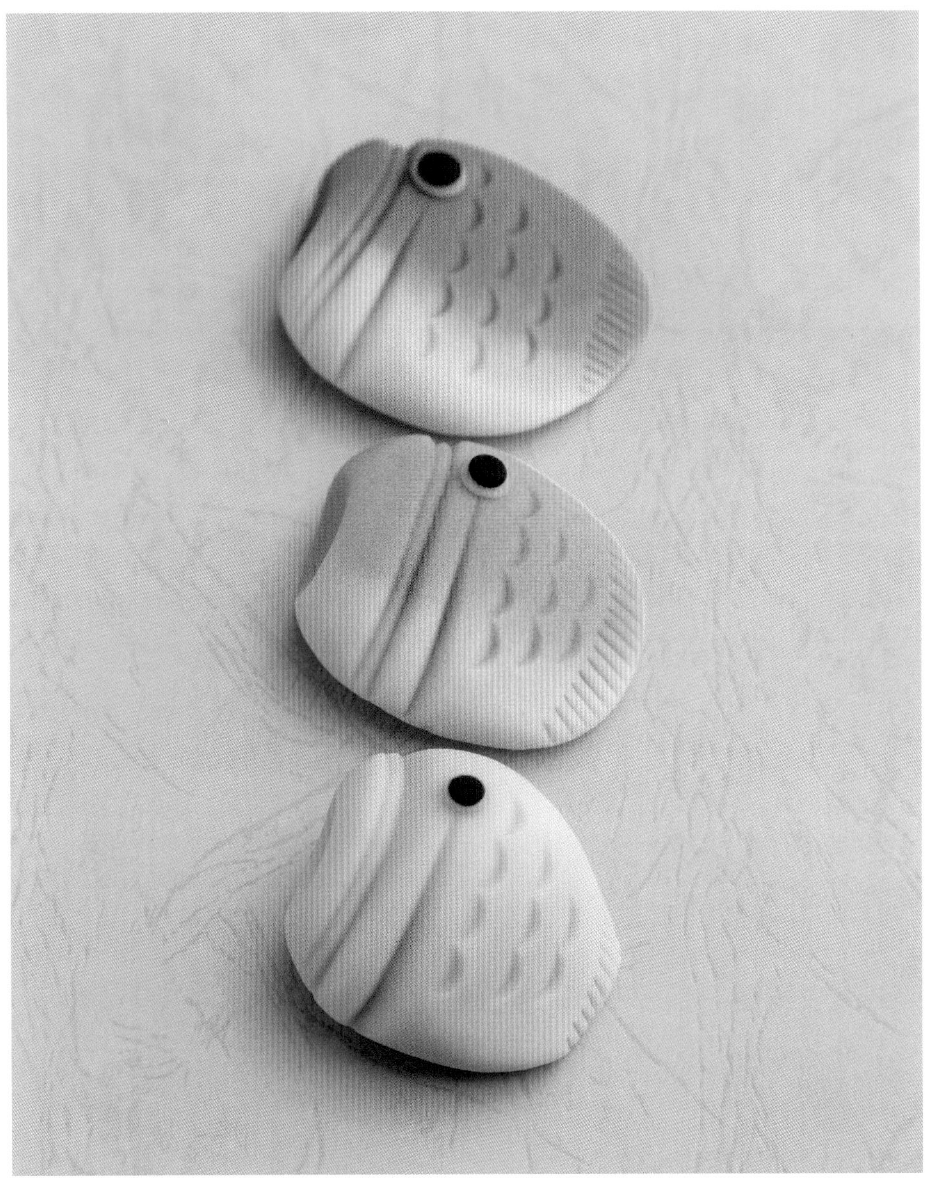

材料（3个）

黑色、蓝色、红色练切 16克

白色练切 8克（个）

白色练切 适量

可可练切 适量

红豆沙 18克（个）

工具

蛋型

汤匙

三角刀

细工竹刀

使用技法

贴合渐层法（第39页）

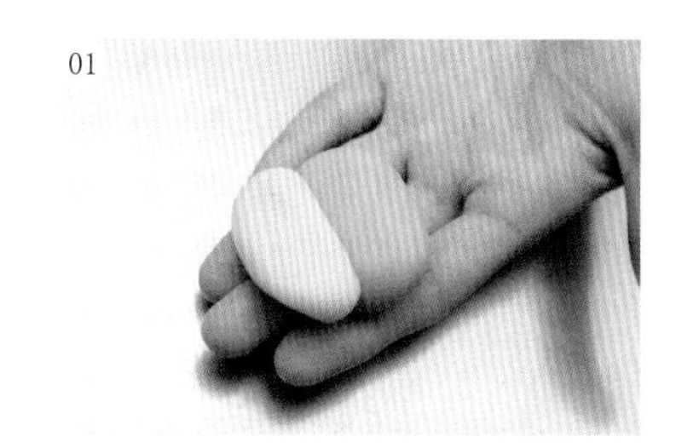

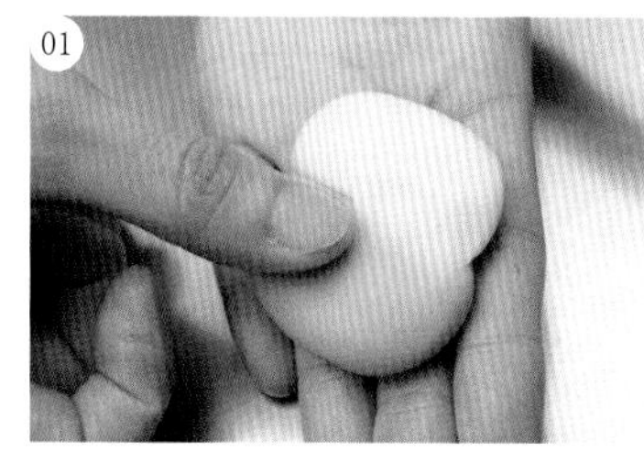

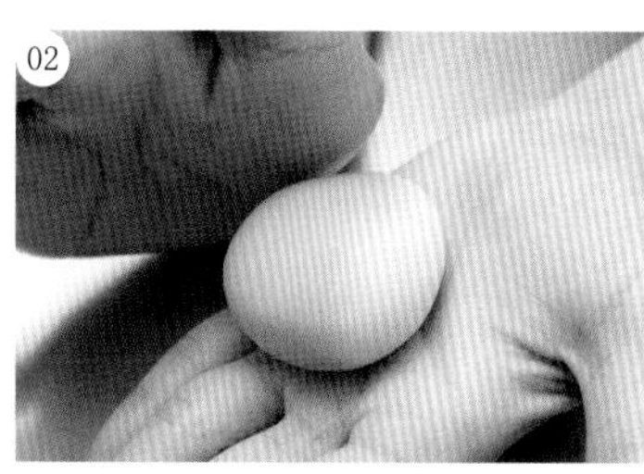

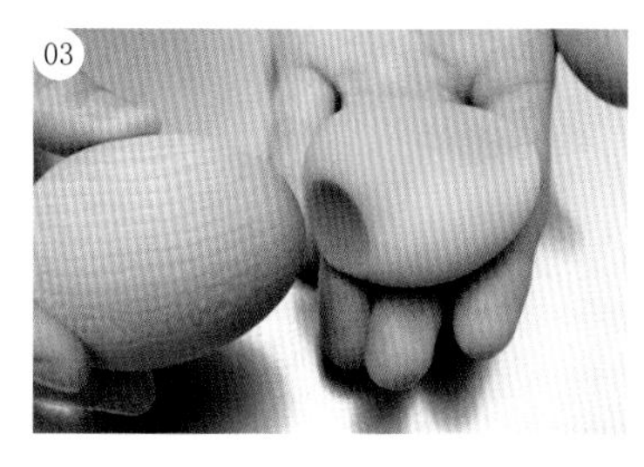

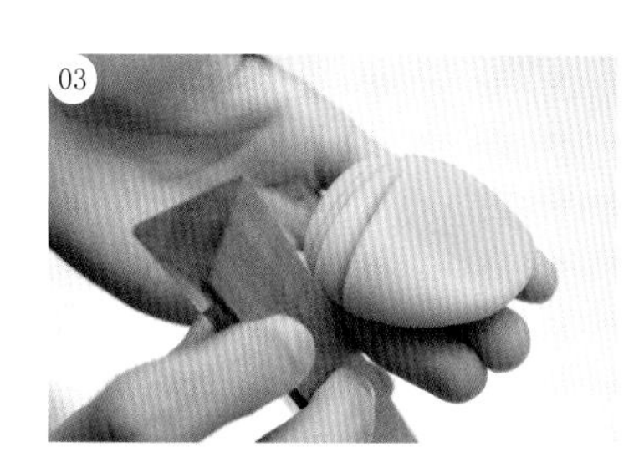

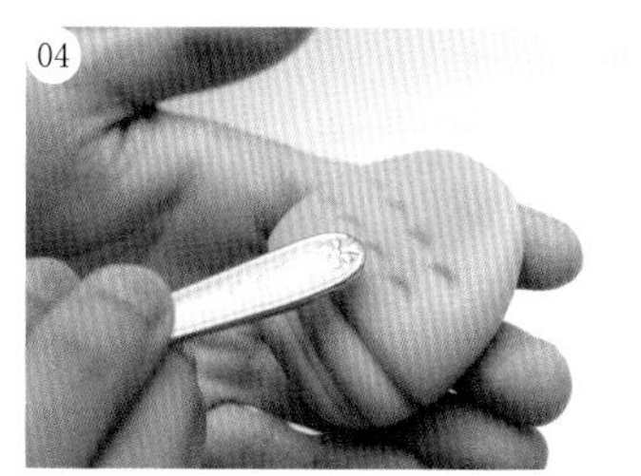

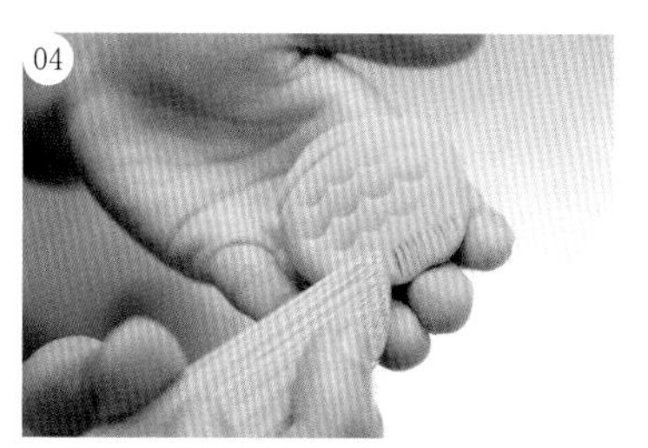

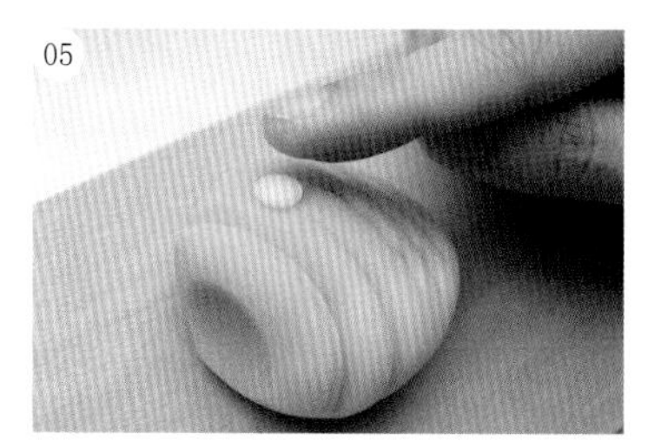

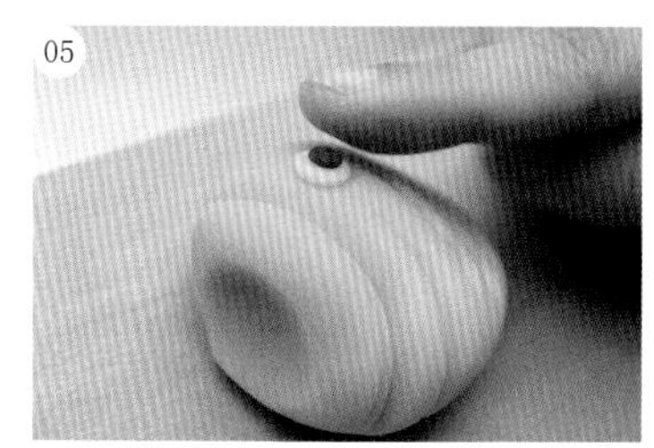

做法

01 红色练切与白色练切相叠后，进行贴合渐层法的操作。

02 包馅后，鱼尾压扁塑形。

03 使用蛋型压出凹槽，以三角刀划出三条鱼纹。

04 使用汤匙压出鱼鳞，再以细工竹刀划出鱼尾巴。

05 将白色练切与可可练切搓圆，相叠于鲤鱼表面，表现鱼眼睛。（黑色与蓝色鲤鱼重复做法01 ～ 05即可）

T 可蘸适量水粘上鱼眼睛。

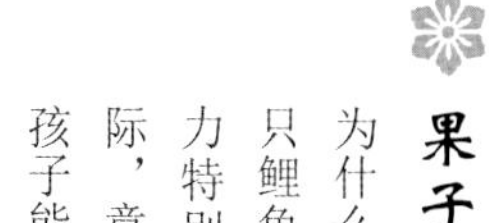

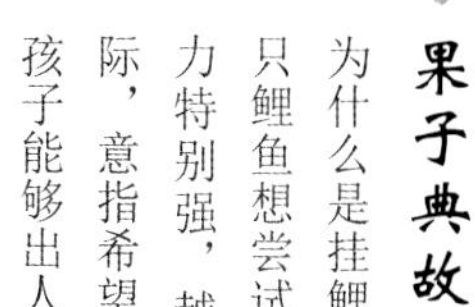

果子典故

为什么是挂鲤鱼旗呢？来自中国的传说，多只鲤鱼想尝试越过黄河瀑布，只有一只生命力特别强，越过瀑布后变身成龙，飞越天际，意指希望家中男孩也能度过逆境，祈祷孩子能够出人头地，成为佼佼者。

顺带一提，鲤鱼旗最上方顺着风向飘动的五彩流苏，即是由固定粽子的五色线演变的。

5月

柏饼 かしわもち

柏饼流行于日本关东地区，为五月五日日本儿童节的果子。

准备

柏叶清洗擦干备用。

使用技法

分割（第34页）

材料（7个）

上新粉 100克
热水 约70克
片栗粉 3克
红豆沙 140克

工具

布巾

分割

外皮 30克
红豆沙 20克

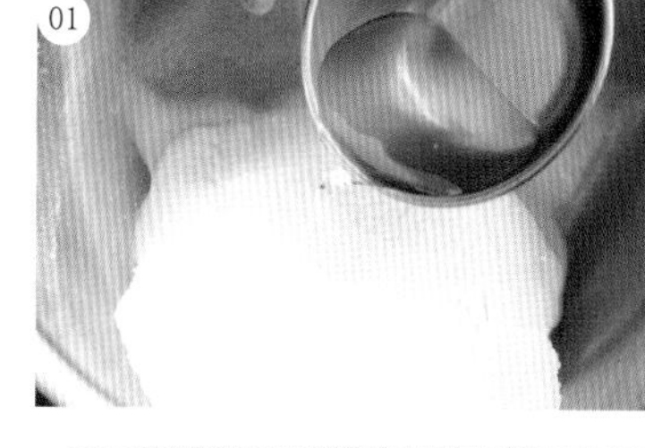

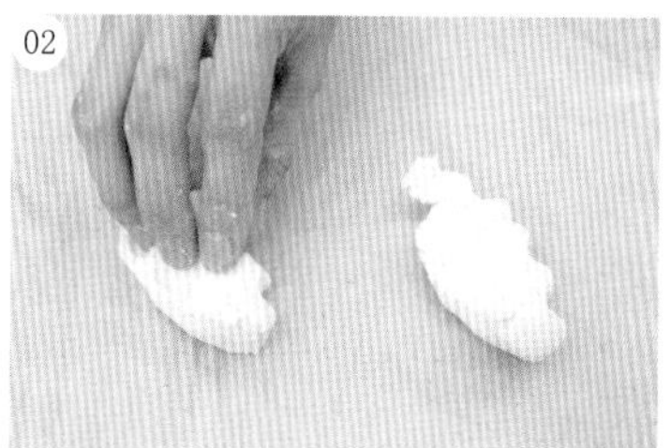
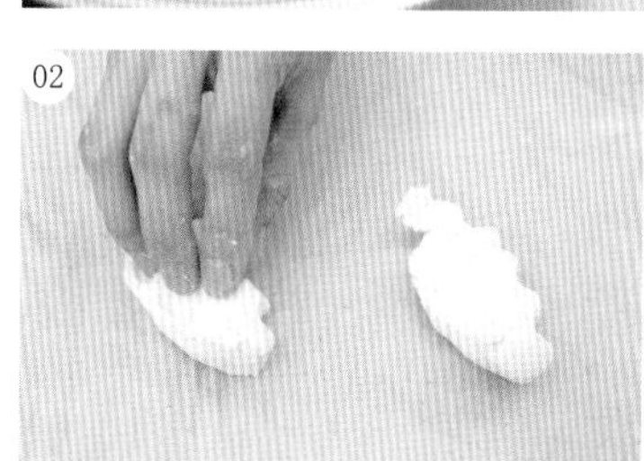
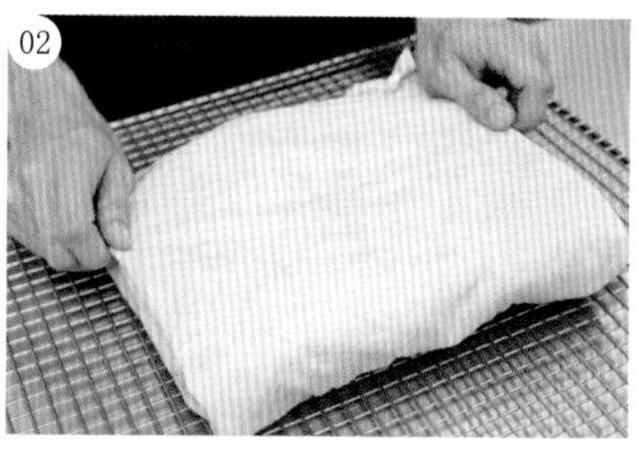

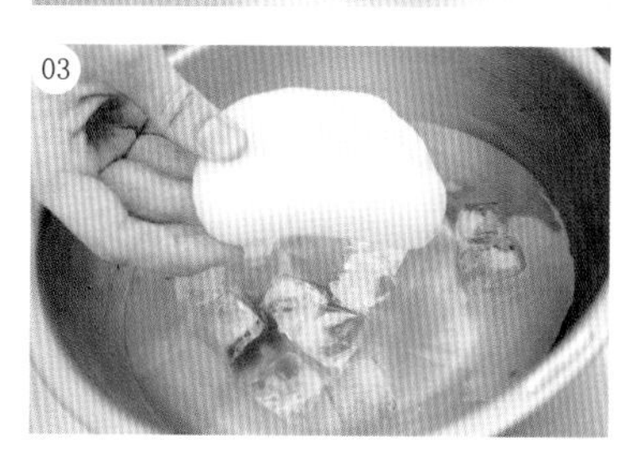

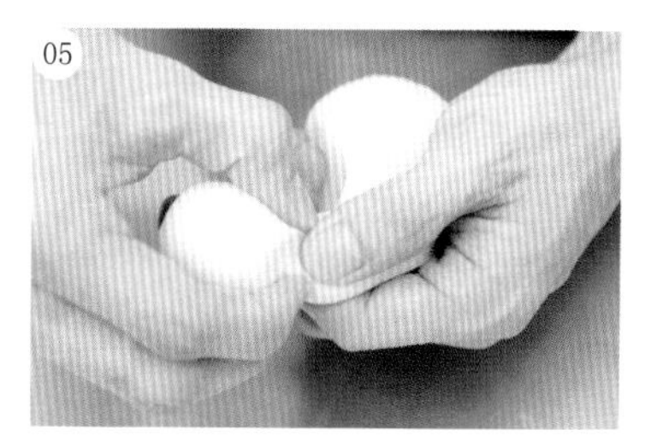
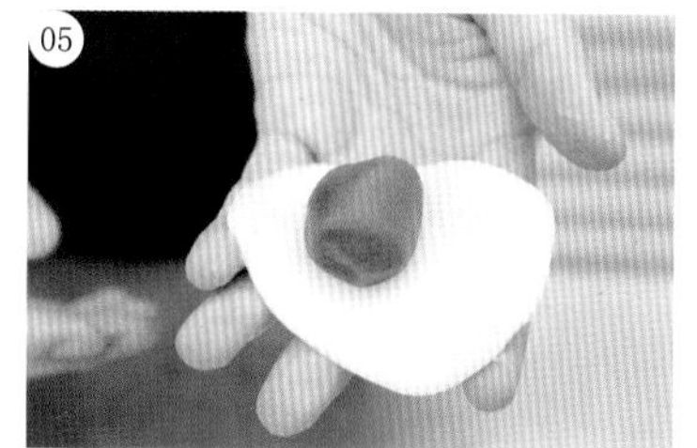
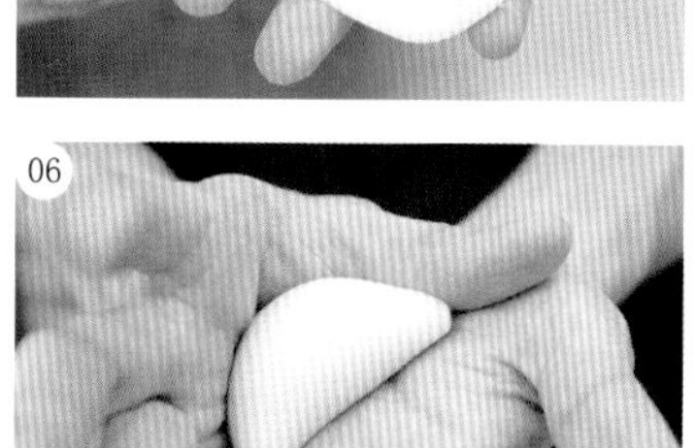
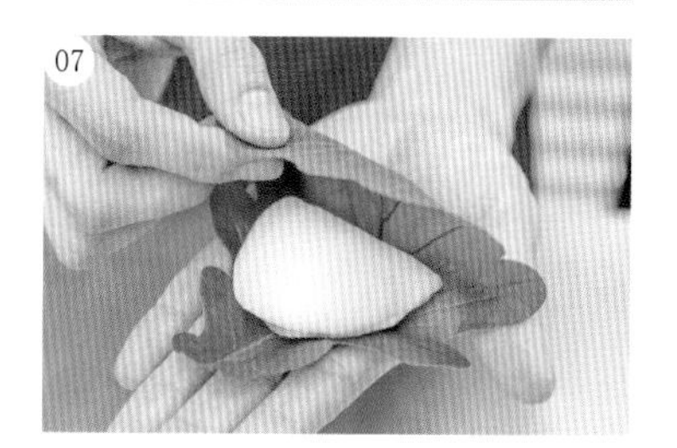

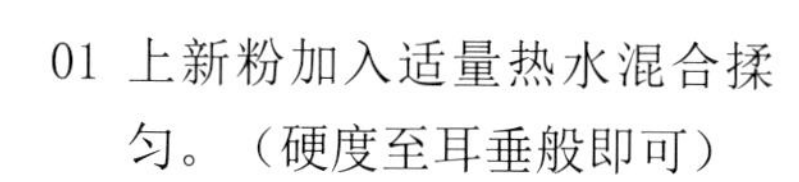

做法

01 上新粉加入适量热水混合揉匀。（硬度至耳垂般即可）

02 移至布巾上，并覆盖，以大火蒸30分钟。

03 出锅后双手蘸水揉匀，放入冰水中冰镇至40℃。

04 将片栗粉溶于水后，加入外皮中揉匀。（可加入适量水调整硬度）

05 双手蘸适量离型油，进行分割、包馅。

06 以掌腹压合开口处，再以大火蒸5分钟。

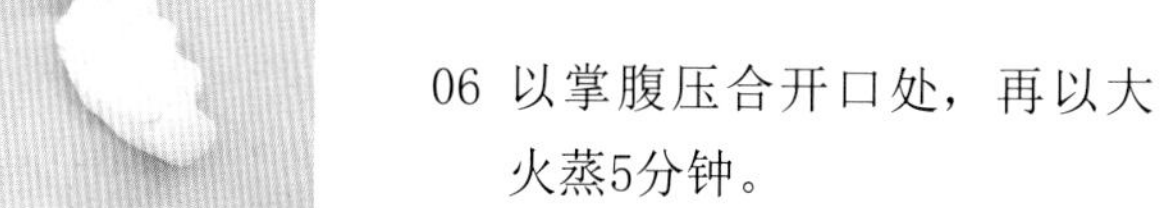

T 中途开一次蒸笼降温，以防表面起泡。

07 出锅后，裹上柏叶即完成。

果子典故

柏叶冒出新芽前，老叶不会枯萎掉落，因此有着世代繁荣、香火延续之意。使用柏叶包覆果子，一来有抗菌、防腐功效，二来有保湿功用，三来食用柏饼时以防黏手。

此外，柏饼的外形，是仿造兜（日本武士头盔）制作，『兜』在战争中有防护作用，因此儿童节也会在家中摆上『兜』装饰，祈祷家中男孩能够平安。

5月 粽子 ちまき

源自中国的战国时代，爱国诗人『屈原』受小人陷害而投身汨罗江，当天就是五月五日。附近居民们为了防止鱼虾吃了屈原的身体，就将米饭放入竹筒，丢入河中。

材料（5条/1串）

- 上新粉 62克
- 片栗粉 4克
- 糯米粉 4克
- 砂糖 90克
- 水 100克
- 笹叶 15枚
- 蔺草 11根
- 手蜜 适量

工具

- 布巾
- 量尺
- 剪刀
- 木勺子
- 打蛋器
- 方形模具

使用技法

分割（第34页）

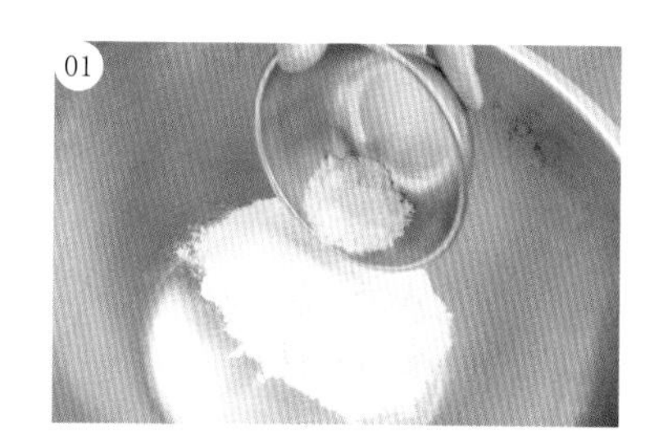

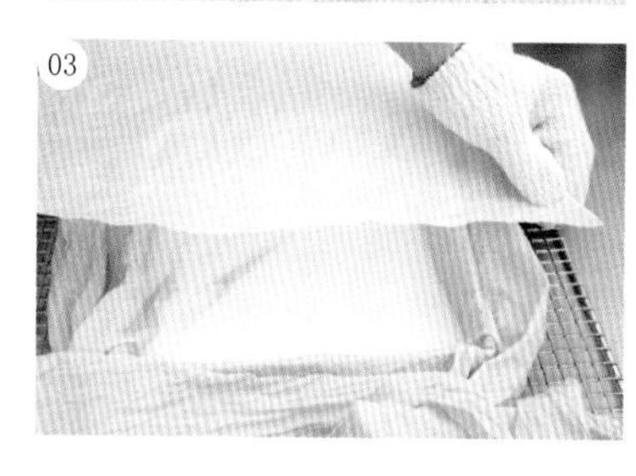

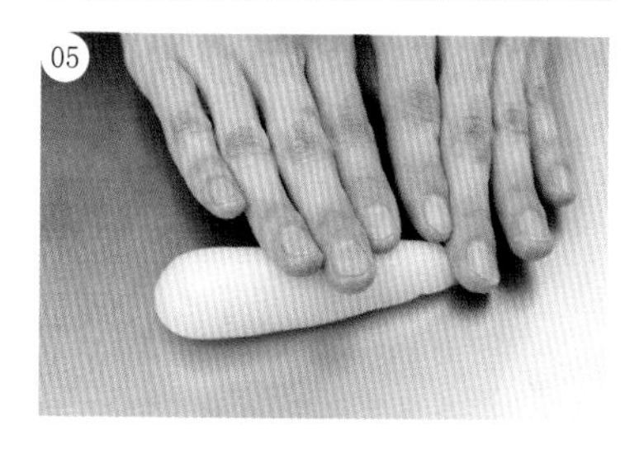

做法

01 上新粉、片栗粉、糯米粉、砂糖混合。

02 将水加入做法01混合，使用打蛋器搅拌均匀。

03 倒入铺有布巾的方形模具，上方覆盖烘培纸，固定后，以大火蒸30分钟。

Ⓣ 先将铺有布巾的方形模具空蒸3分钟，以防渗漏。

04 出锅后使用木勺子拌匀，待温度稍降。

05 蘸手蜜揉匀，分割5个50克，置于作业台上，搓成上宽下窄的胡萝卜形状，长度约13厘米。

Ⓣ 手蜜即是将砂糖与水依2：5的比例混合煮至溶化，多使用于揉匀、分割和果子。

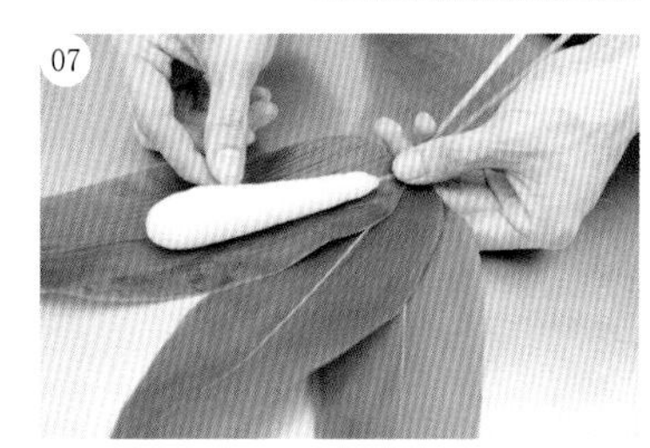

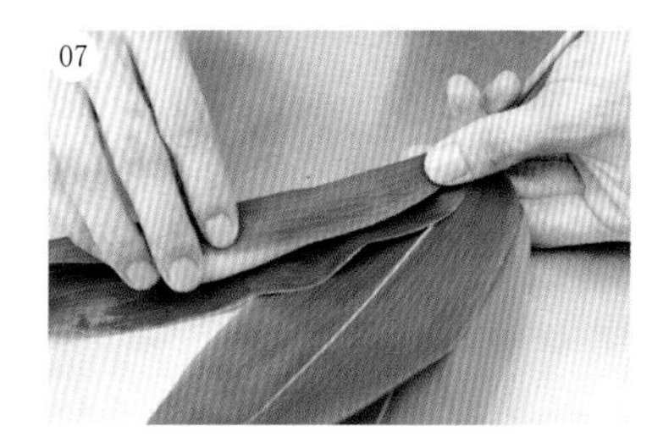

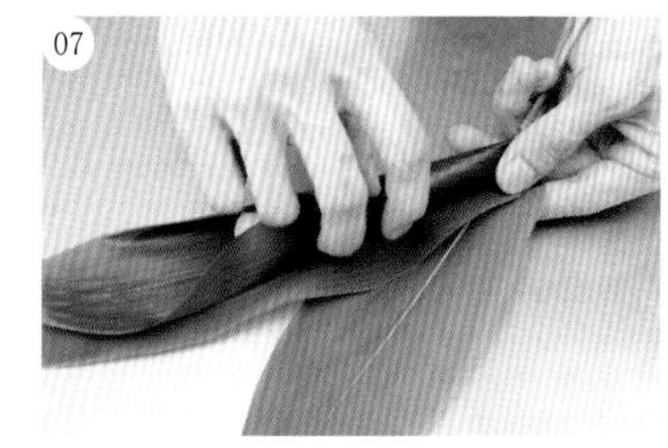

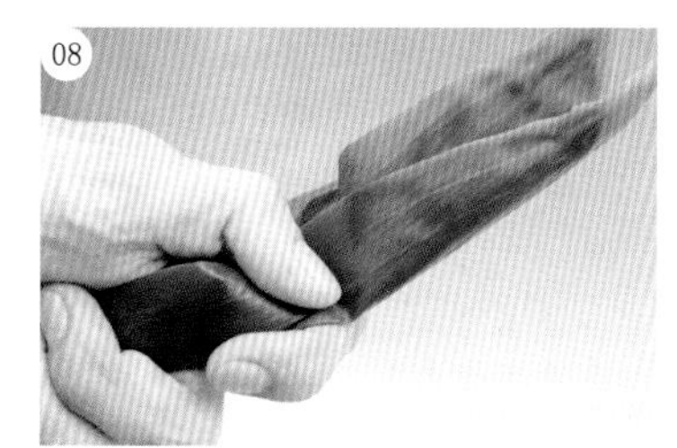

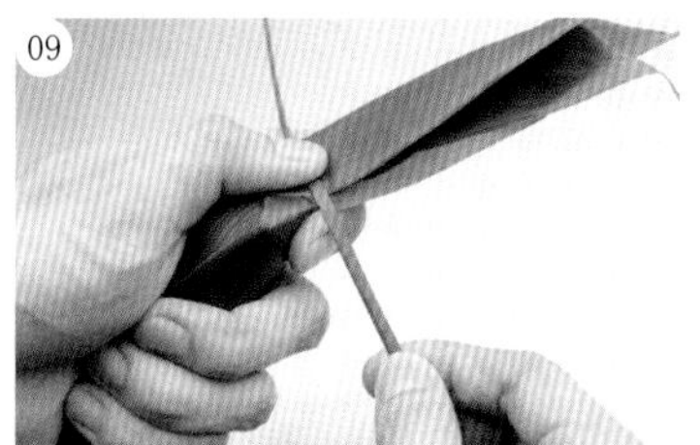

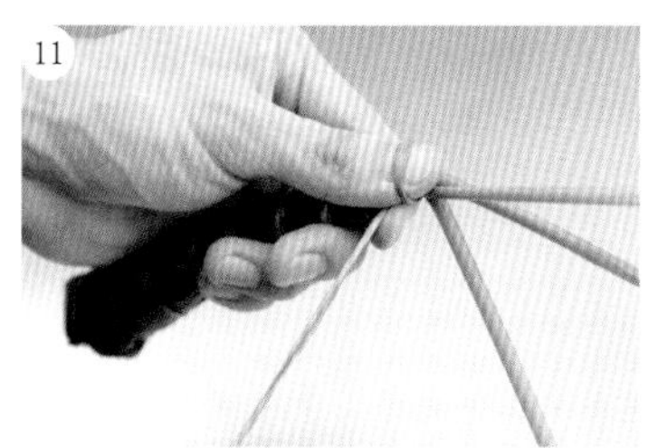

06 单手抓三片箬叶，第一片为正面，第二、第三片为反面。

T 叶梗突出面为反面，叶面光滑则为正面。

07 放上做法05，第一片箬叶由外向内卷，顺着往内的方向卷至第二、第三片。

08 卷起后，以单手握住，再用大拇指与食指紧压粽子的顶端。

09 以蔺草单根向右绕一圈固定，再将箬叶往下对折。

10 用蔺草顺着粽身绑绕。

11 绑绕完后，蔺草顺着大拇指留一个洞，再穿过洞打结。以大火蒸15分钟。

12

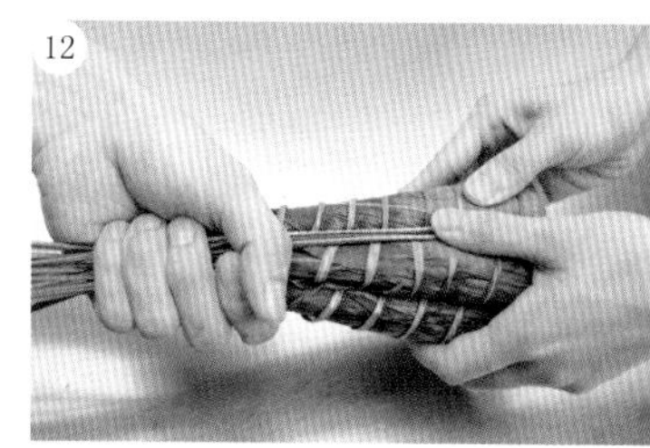
12

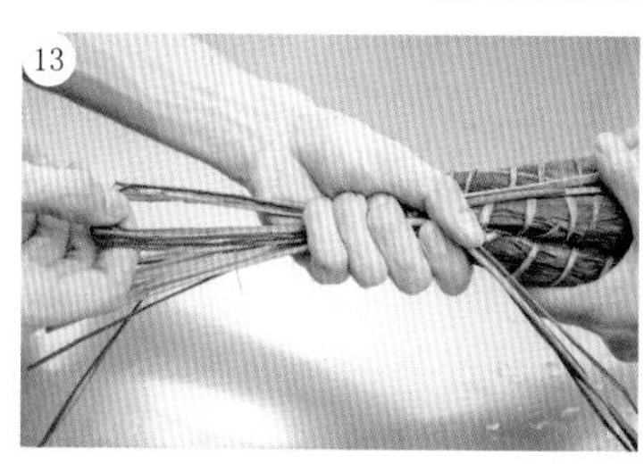
13

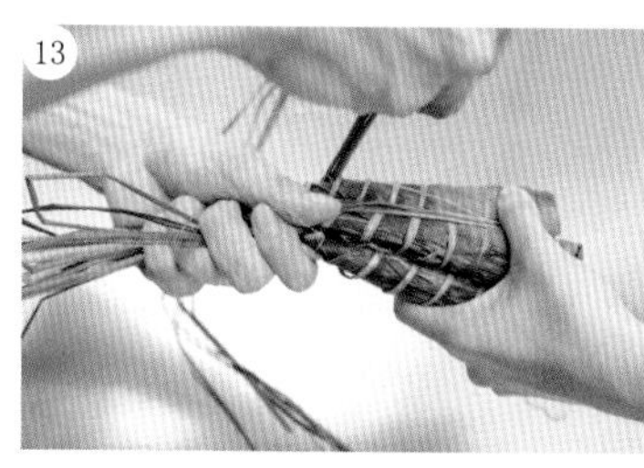
13

13

13

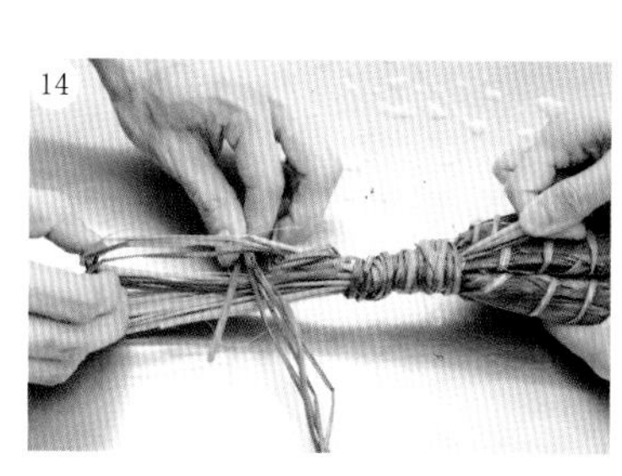
14

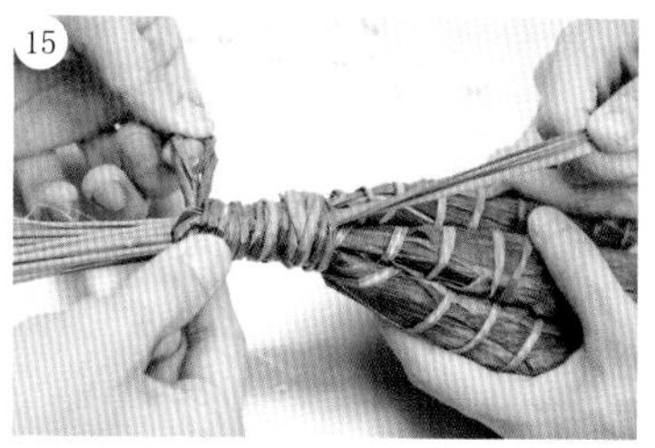
15

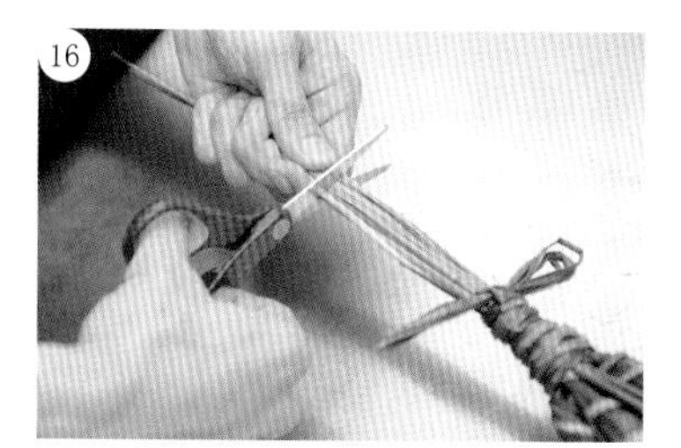
16

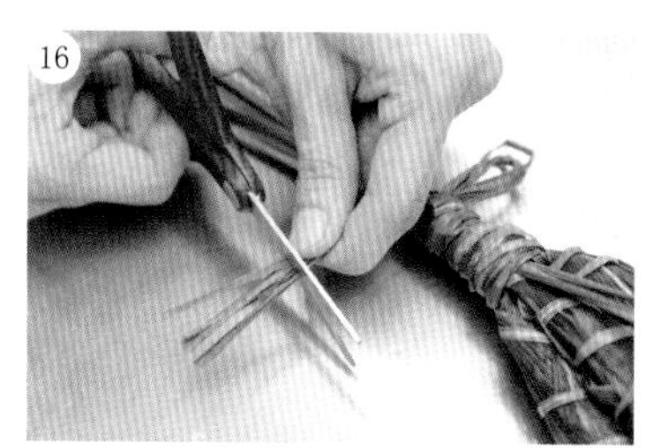
16

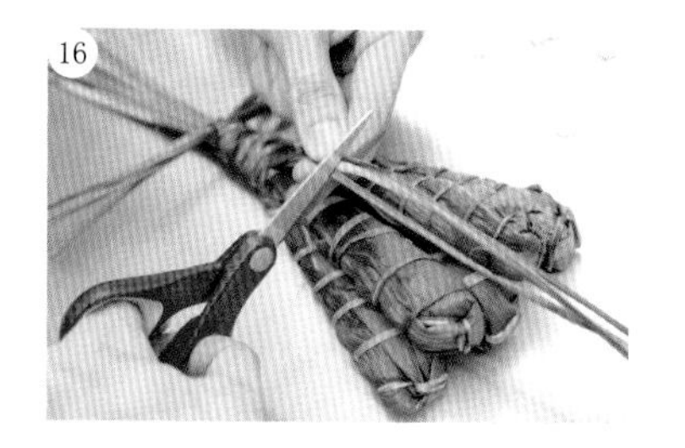
16

12 出锅后待温度略降，以蔺草（5根）与粽身对齐。

T 可请另外一人协助，压住粽身的蔺草，以便进行绑绕。（绑成一串）

13 蔺草保留空洞，用尾端的蔺草开始绑绕。

14 绑绕完剩下的蔺草，须穿过空洞处，准备收紧。

15 收紧时须拉紧贴于粽身下方的蔺草。

16 使用剪刀剪去上方、旁边、下方过长的蔺草。

果子典故

某天有人在河川附近遇见屈原鬼魂，他表示河内有条恶龙，会在鱼虾之前吃掉竹筒米饭，而恶龙最害怕的两样东西，一是粽叶、二是五色线。于是人们将米饭包入粽叶，再以五色线缠绕固定，就成了粽子的由来。

和果子的粽子外形为仿造毒蛇制作，因此呈现长条三角形。端午节这一天，同时也是日本儿童节，据说在这一天吃了像毒蛇外形的粽子，孩子免疫力会增强，能够健康成长。

5月

花菖蒲

はなしょうぶ

端午节正是菖蒲的盛开时期，因此也有『菖蒲节』之名。

材料（1个）

紫色练切 16克

白色练切 8克

黄色练切 适量

红豆沙 18克

工具

绢布

三角刀

使用技法

贴合渐层法（第39页）

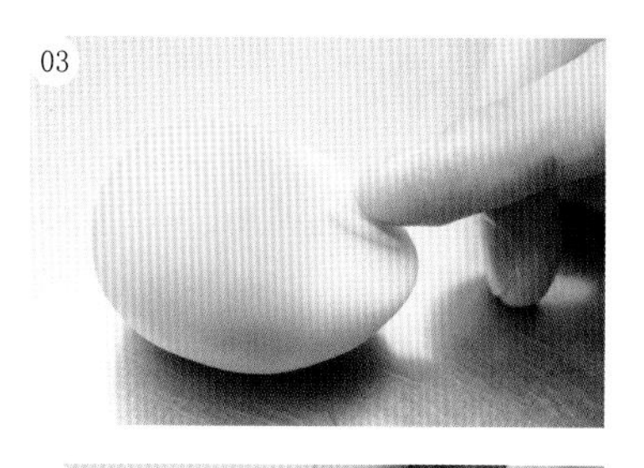

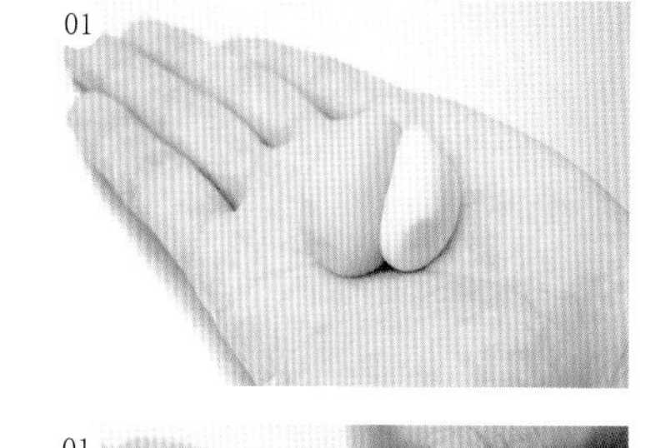

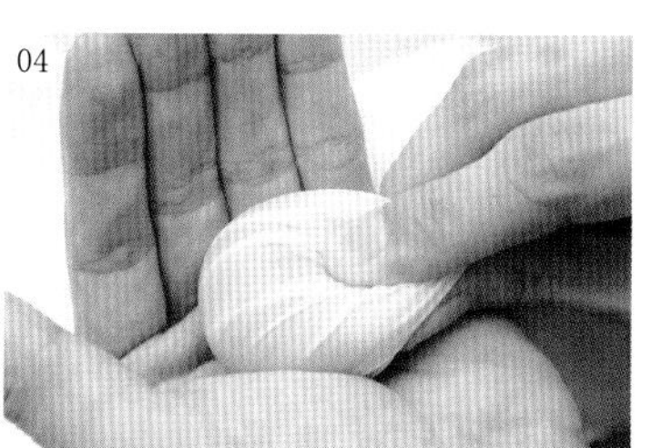

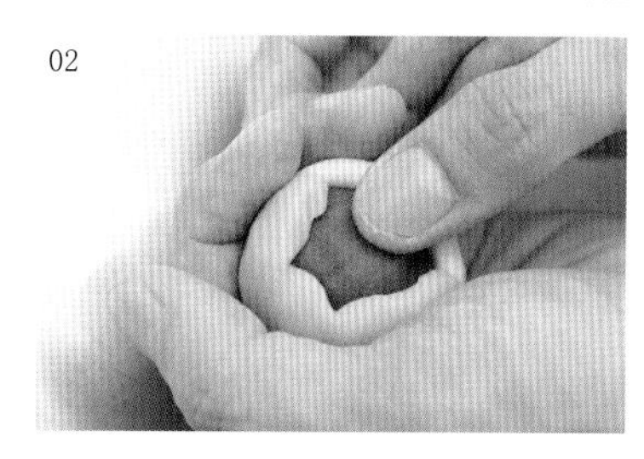

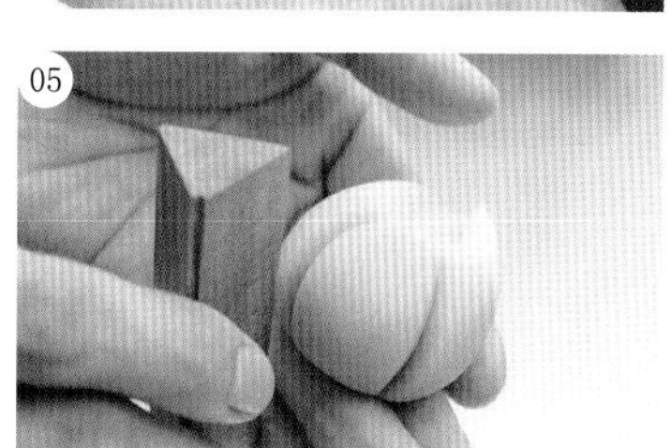

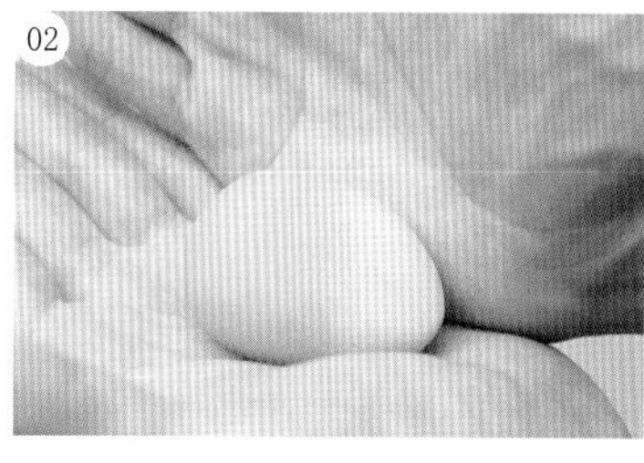

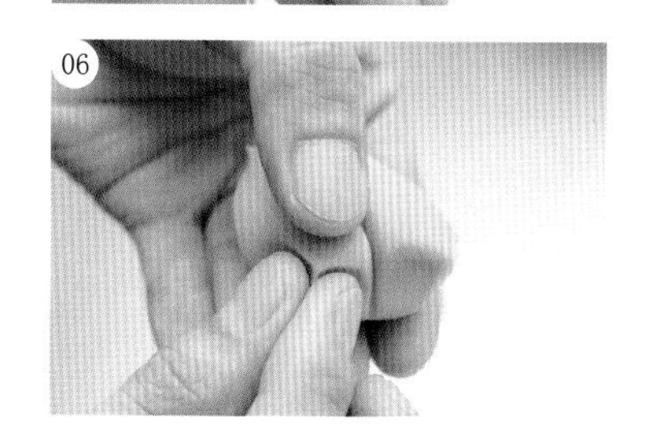

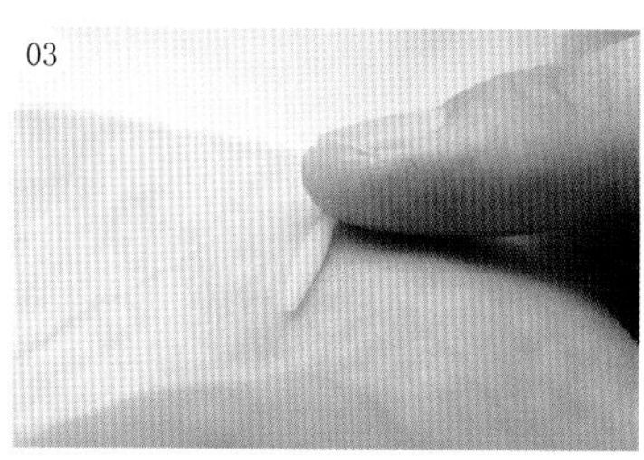

做法

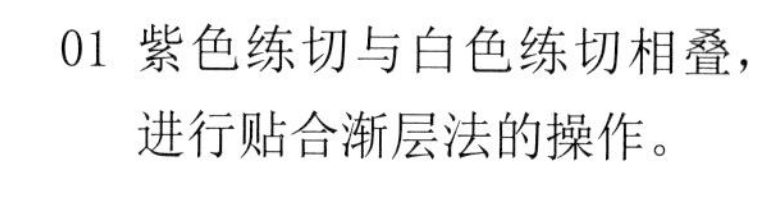
01 紫色练切与白色练切相叠，进行贴合渐层法的操作。

02 包馅后，用手推出水滴形状。

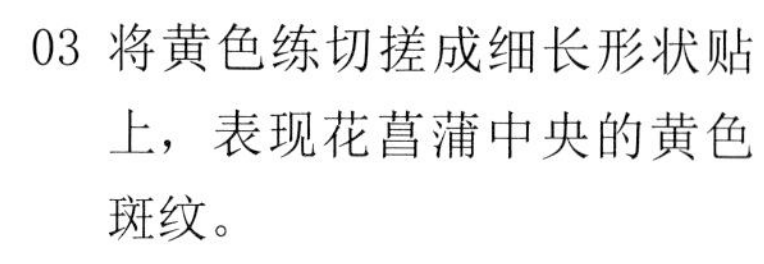
03 将黄色练切搓成细长形状贴上，表现花菖蒲中央的黄色斑纹。

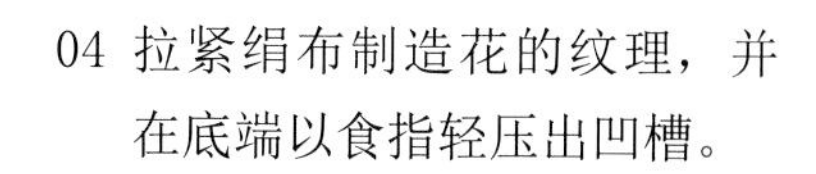
04 拉紧绢布制造花的纹理，并在底端以食指轻压出凹槽。

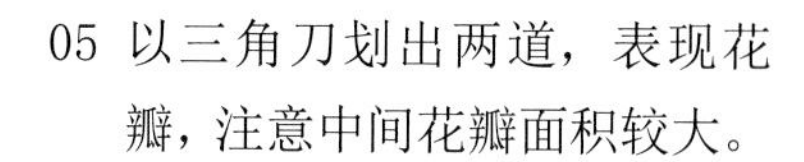
05 以三角刀划出两道，表现花瓣，注意中间花瓣面积较大。

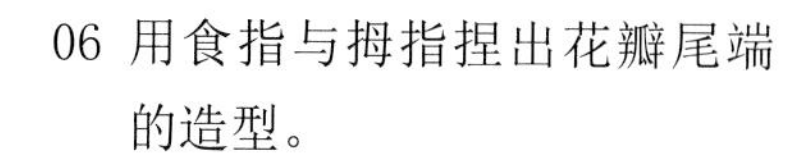
06 用食指与拇指捏出花瓣尾端的造型。

果子典故

自古以来，人们相信菖蒲有着保持健康、避邪的力量，尤其是菖蒲叶，特别被广泛利用，因为它有着独特强烈的香气，泡菖蒲澡、喝菖蒲酒、睡菖蒲枕，几乎可以说端午节这一天，用的都是菖蒲的相关物品。

菖蒲的日文，音同SHOBU，与武士精神『尚武』发音相同，且菖蒲叶的尖端形状也与剑的外形类似，因此家中若有男孩出生，也会用菖蒲做装饰庆祝。

夏之和果子

6月 绣球花 あじさい

绣球花颜色多变，因此有『七变化』『八仙花』的称呼。

材料（9个）

（锦玉羹）
粉寒天 2克
水 100克
砂糖 100克
粉色食用色素 适量
蓝色食用色素 适量
白豆沙 180克
起锅重量 176克

（淡雪羹）
粉寒天 2.4克
水 100克
砂糖 132克
蛋白 10克

工具

刮勺
磅秤
打蛋器
羊羹舟
羊羹刀

分割

白豆沙 20克

准备

白豆沙分割备用。

使用技法

分割（第34页）

做法

〔锦玉羹〕

01 粉寒天和水混合，开火。

02 沸腾后加入砂糖。

03 砂糖溶化后，分别以粉色、紫色（粉＋蓝）食用色素着色，到达起锅重量176克，即可熄火。

Ⓣ 扣除锅子重量后，即为起锅重量。

04 将粉色与紫色锦玉液分别倒入羊羹舟中，等待凝固。（可冷藏）

Ⓣ 寒天、水、砂糖融合的液体称为『锦玉液』，凝固后的固体称为『锦玉羹』。

05 取出已凝固完成的粉色与紫色锦玉羹，使用羊羹刀切割成小方块。

06 将两种颜色的小方块倒入不锈钢盆，使用刮勺混合均匀。

07 在白豆沙外粘上两色锦玉羹，直至总重量为55克，放置一旁备用，进行淡雪羹制作。

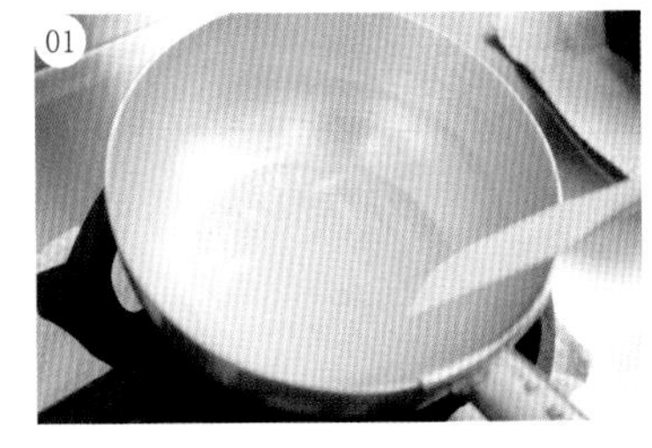

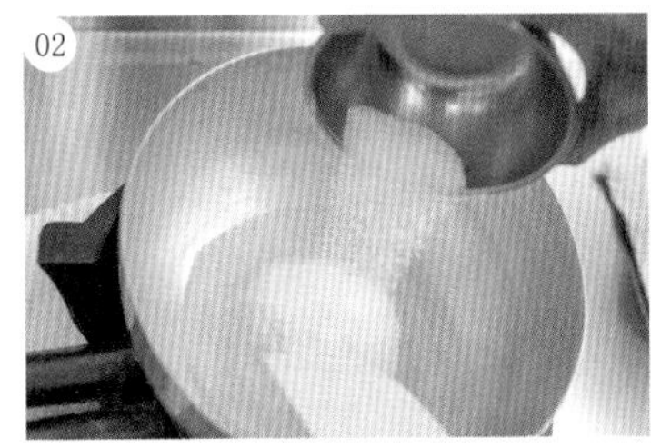

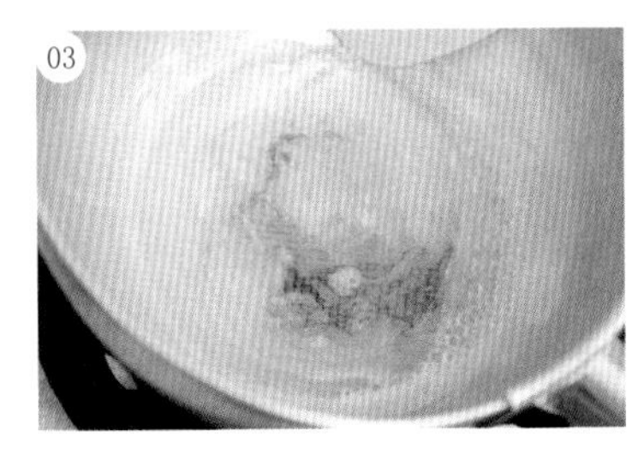

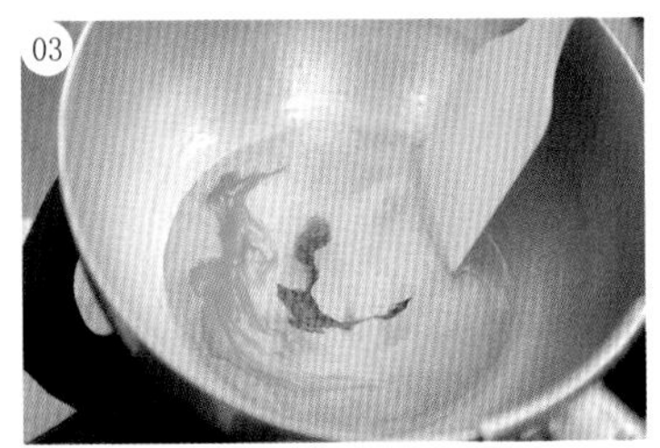

〔淡雪羹〕

08 粉寒天和水混合，开火。

09 沸腾后，加入砂糖，煮至102℃。

10 蛋白打至发泡，加入做法09，持续打发至呈现流动线条感，即完成。

11 将淡雪羹淋上做法07，待凝固后，即完成。

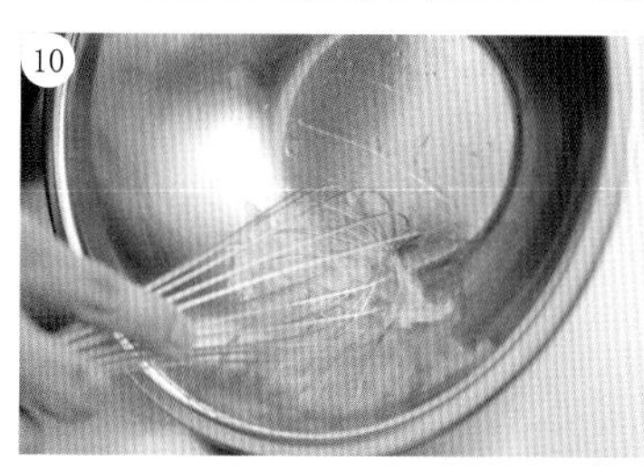

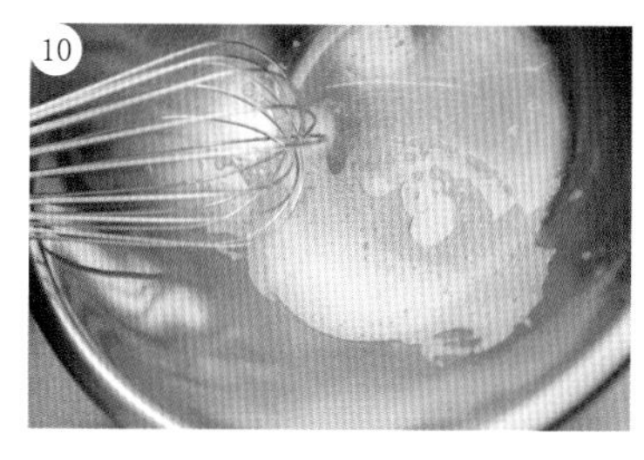

果子典故

绣球花花期自五月开始至七月。看起来像花瓣的部分，其实是变形叶，称为『萼』，萼又称为装饰花，因为有着美丽的颜色，从外观看起来很像花瓣，但真正的花瓣在中央，约有四五片。

土质若是酸性，绣球花会呈现蓝色；土质若是碱性，绣球花会呈现粉色，最后渐渐老化，皆会慢慢呈现红色或粉色而枯萎凋谢。

6月 葛樱 くずざくら

葛粉本身具有药用疗效，可温润身体、活化血液、治疗感冒，而使用葛粉作为和果子原料，据说是从镰仓至室町时代开始的。

材料（7个）

葛粉 20克

水 88克

砂糖 52克

水麦芽 10克

热水 24克

樱花叶 7枚

红豆沙 140克

工具

滤网、竹勺、木勺子

准备

红豆沙分割备用。

樱花叶清洗，擦干备用。

分割

红豆沙 20克

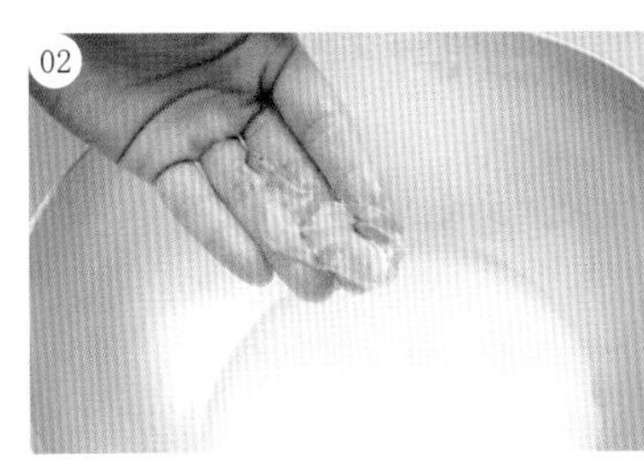

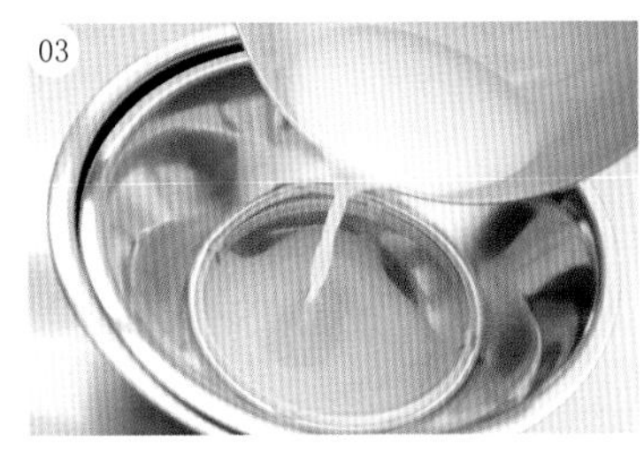

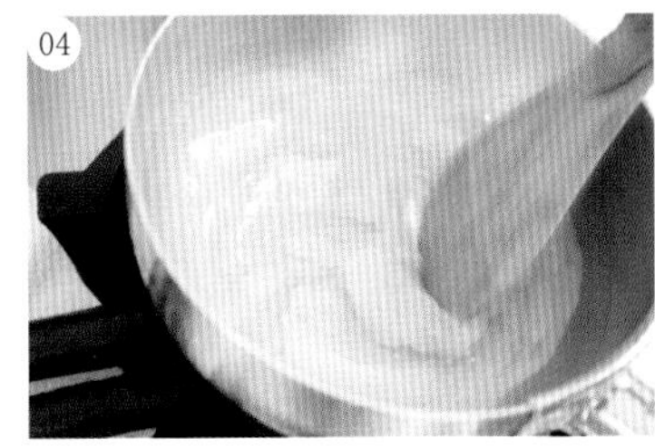

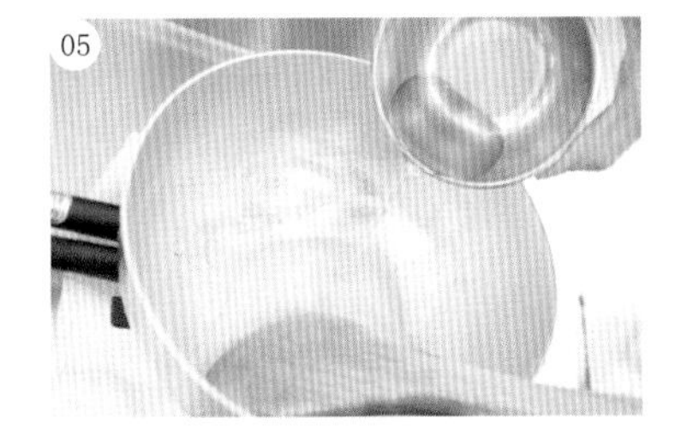

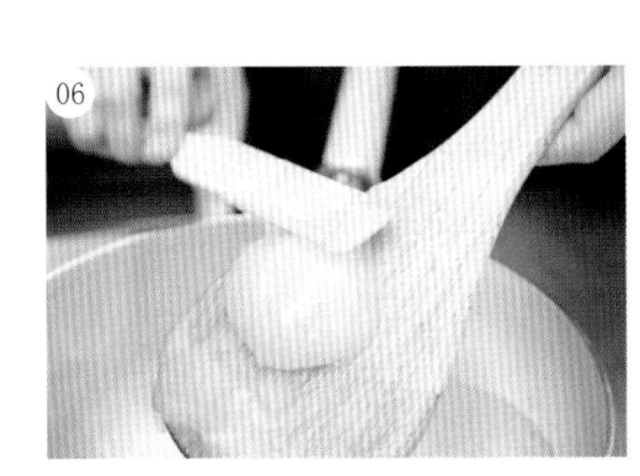

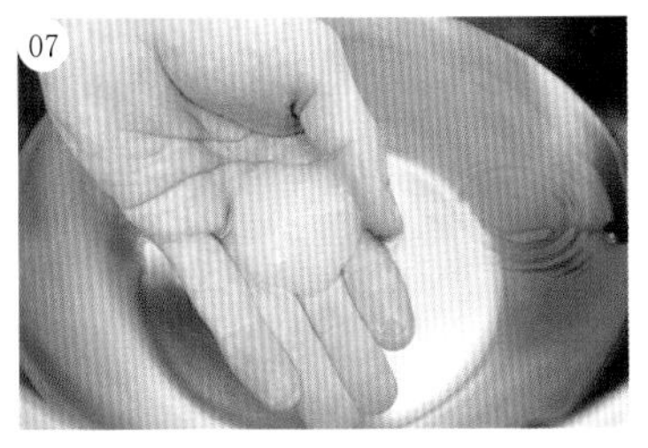

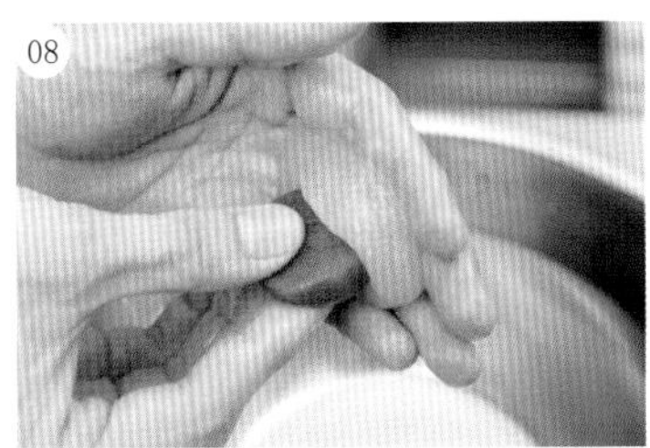

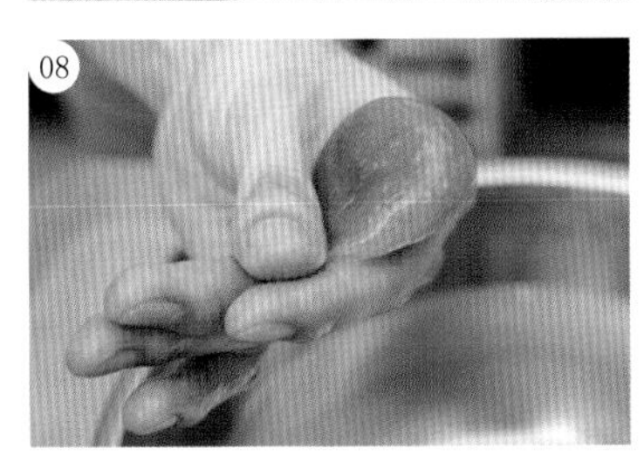

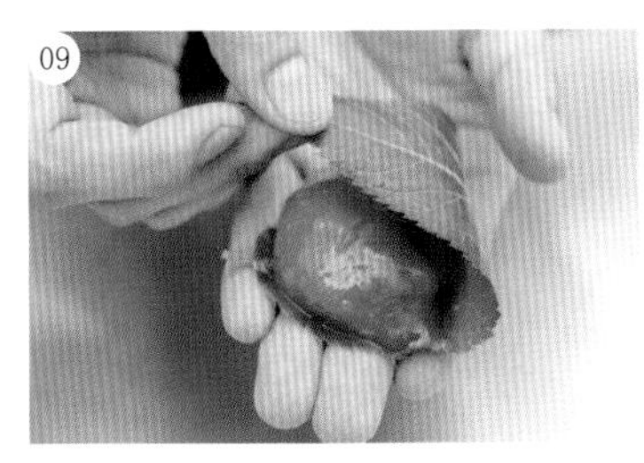

做法

01 将水慢慢倒入葛粉中，用手拌匀。

02 加入砂糖、水麦芽，使用刮勺以小火搅拌。

03 煮至砂糖溶化后，进行过滤。

04 再次开火拌炒至浓稠状。

05 加入热水后，再度拌炒至浓稠状。

06 使用木勺子和竹勺来分割葛外皮。

07 放入水中稍冷却后立即取出，包馅。

08 向上轻推红豆沙，葛外皮自然往下包覆住红豆沙。再次以大火蒸2分钟。

09 等待冷却后，包上樱花叶即完成。

果子典故

外皮以葛粉制作，看起来有些透明，包入豆沙馅，口感软嫩，这样的果子，称为葛馒头。以叶樱包裹葛馒头，便成了葛樱。

所谓叶樱，是指樱花花瓣散落之后长出的新叶。因此以叶樱包裹葛馒头，不仅能享受樱花香气，也能感受初夏的到来，特别是冰镇过后，滑溜的口感，是夏天的一大享受。

6月

青梅
あおうめ

青梅的采摘时期在六月，是六月中不可或缺的和果子代表之一。

材料（7个）

（梅子馅）
白豆沙 100克
紫苏梅 40克

（外皮）
砂糖 117克
水 81克
上用粉 40克
糯米粉 23克
手蜜 适量
绿色食用色素 适量
黄色食用色素 适量

工具

绢布
布巾
刮勺
毛刷
竹签
打蛋器
三角刀

准备

梅子馅分割备用。
片栗粉手粉适量备用。

分割

外皮 25克
梅子馅 20克

使用技法

三分渐层法（第39页）

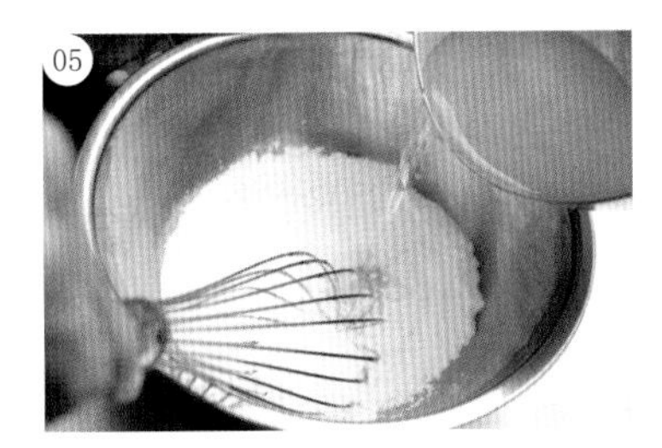

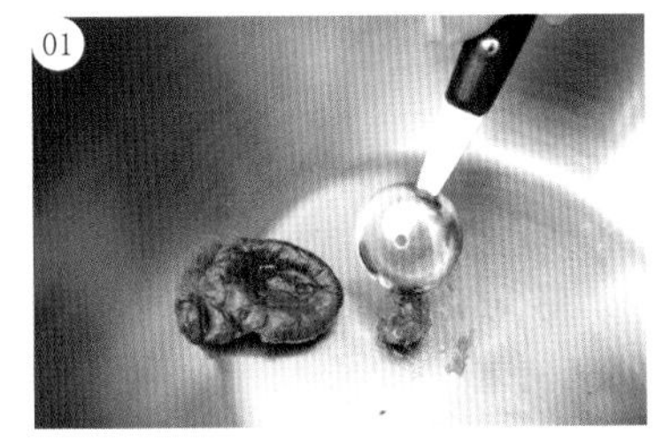

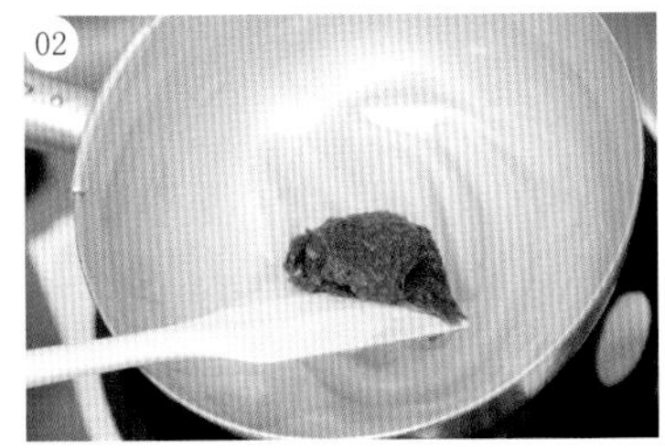

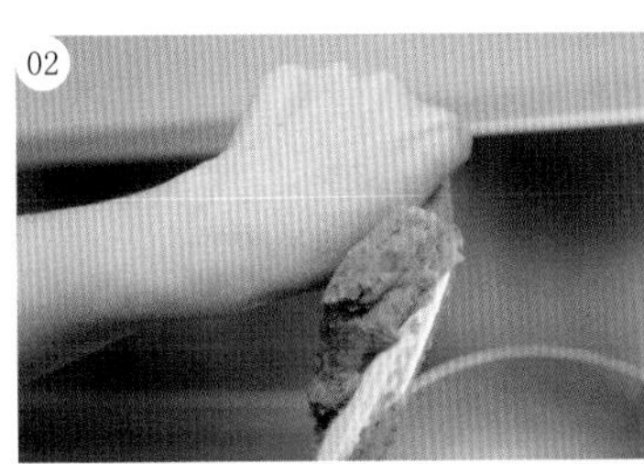

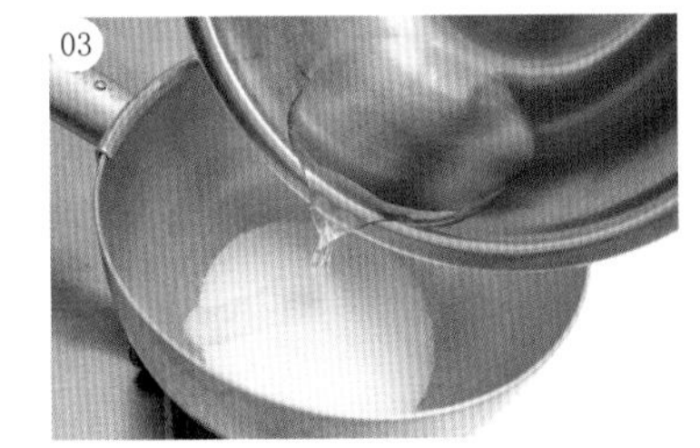

做法

〔梅子馅〕

01 将紫苏梅去籽并磨碎。

02 白豆沙内加入紫苏梅，开火拌炒至不粘手背硬度备用。

〔外皮〕

03 将砂糖与水混合，煮至砂糖溶化。

04 上用粉与糯米粉混合。

05 将做法03与做法04混合，使用打蛋器搅拌。

06 先分出45克，使用黄色食用色素着色，其余的则用绿色食用色素着色。

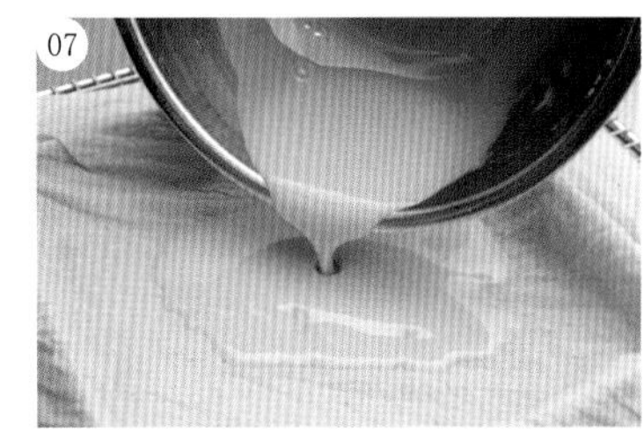

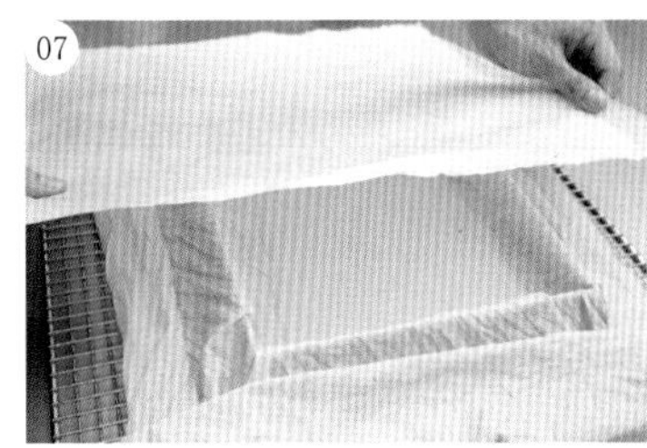

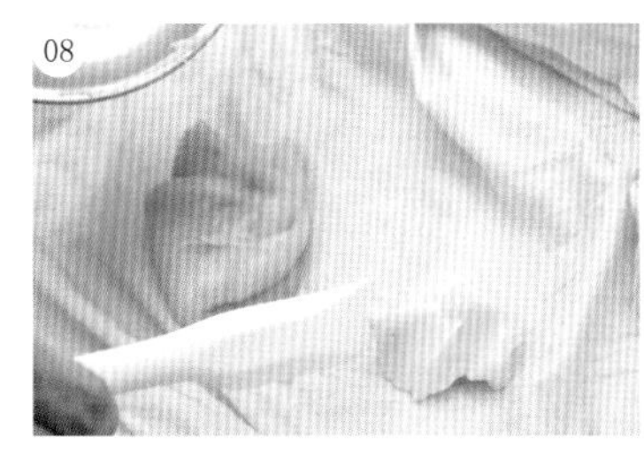

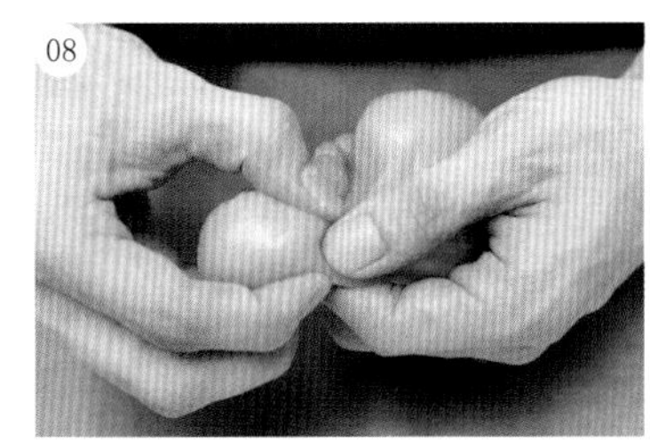

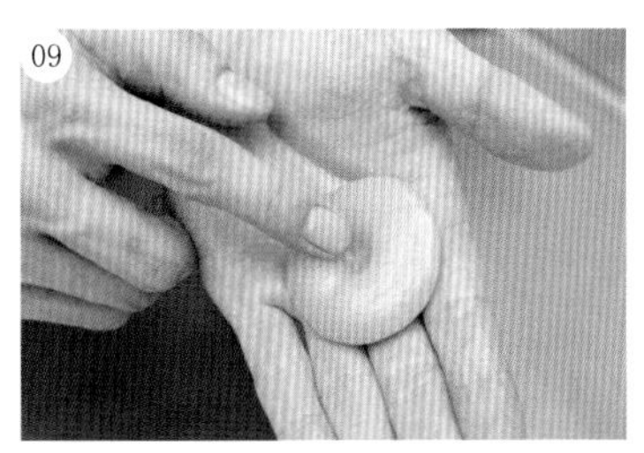

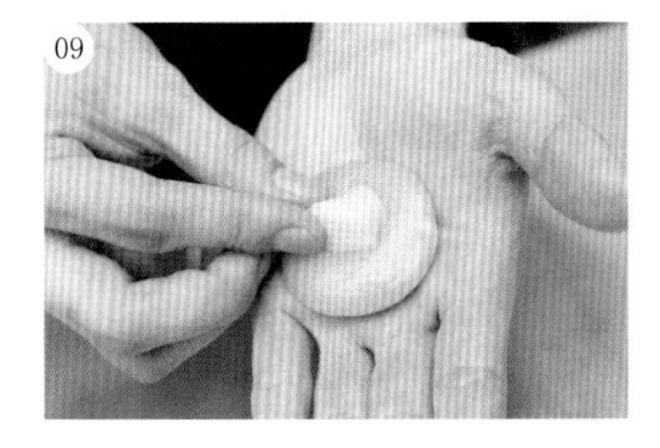

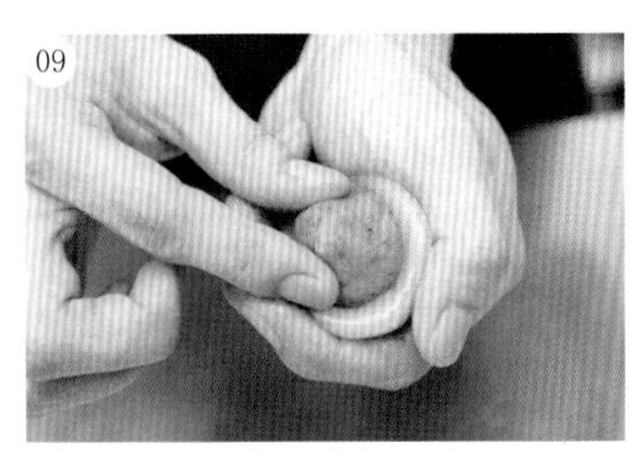

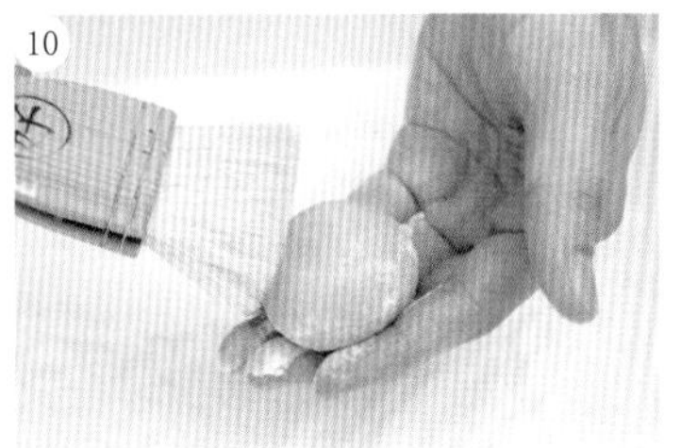

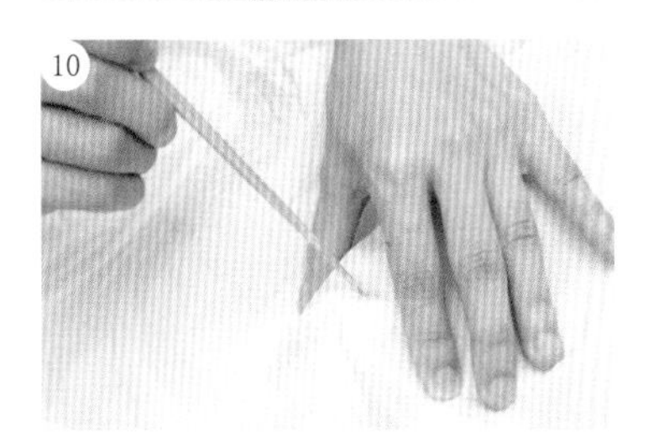

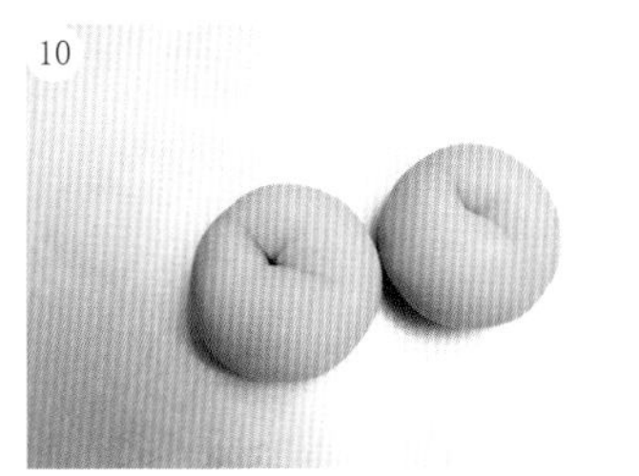

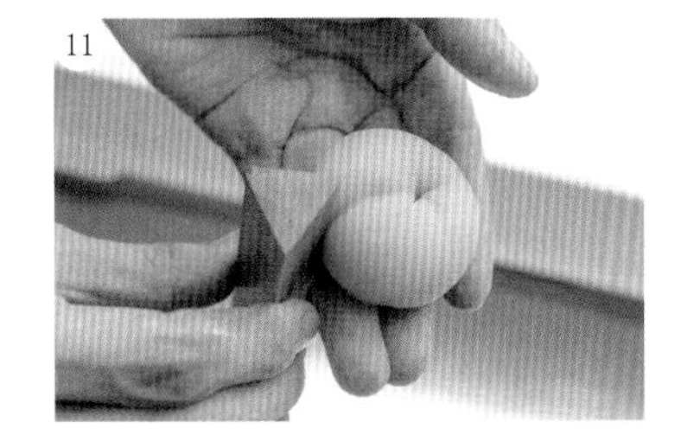

07 将做法06倒入模具，黄色外皮粉浆以大火蒸8分钟、绿色外皮粉浆以大火蒸25分钟。

Ⓣ 先将铺有布巾的方形模具空蒸3分钟，以防渗漏。

08 出锅后，一边蘸手蜜、一边分割外皮。

Ⓣ 手蜜即是将砂糖与水依2：5的比例混合煮至溶化，多使用于揉匀、分割和果子。

09 使用三分渐层法，包馅。

10 刷上片栗粉手粉，覆盖上绢布，以竹签压出十字线。

11 用三角刀由蒂头中心点向下切割一道纹路即完成。

果子典故

青梅，指尚未完全成熟，外皮还呈现结实状态，其营养丰富，含有大量蛋白质、有机酸，也有生津解渴、促进食欲的功效。主要使用于加工食品中，例如梅酒、腌渍梅、果酱等。

6月

若鮎 わかあゆ

日文中的鲇鱼，便是台湾的『香鱼』。

香鱼平均只有一年的寿命，因此又称『年鱼』。

材料（8个）

〔求肥内馅〕

- 白玉粉 30克
- 水 80克
- 砂糖 56克
- 水麦芽 16克

〔外皮〕

- 蛋液 42克
- 砂糖 40克
- 蜂蜜 6克
- 味醂 3克
- 苏打粉 1克
- 水 15克
- 低筋面粉 50克
- 调节水 适量

做法

〔求肥内馅〕

01 ～ 05请参阅第33页。

06 将冷冻求肥切成长6厘米、宽2厘米的块，备用。

〔外皮〕

07 将砂糖分三次加入蛋液中，搅拌至呈现乳白黄。

08 依序加入蜂蜜、味醂混合。

09 苏打粉溶于水后，加入搅拌均匀。

10 将过筛低筋面粉加入，使用打蛋器搅拌均匀后，放置15分钟。

Ⓣ 等待15分钟让面粉完全吸附蛋液，再覆盖上保鲜膜，避免蛋液干掉。

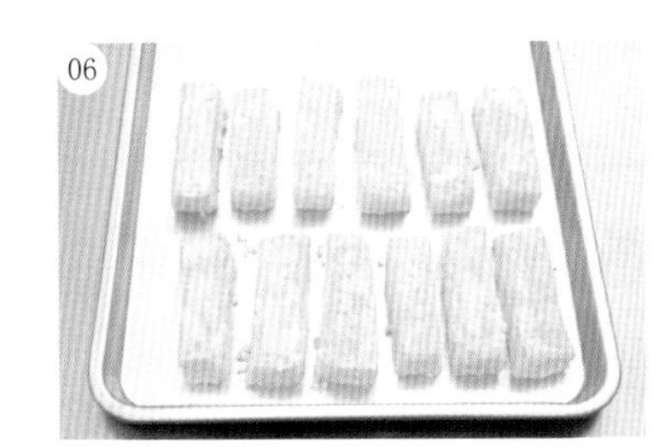

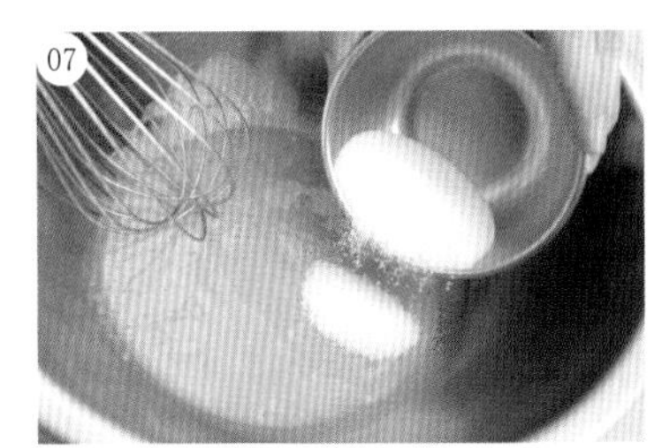

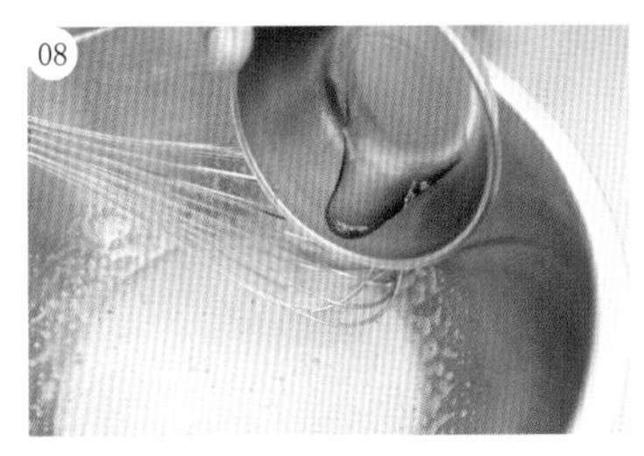

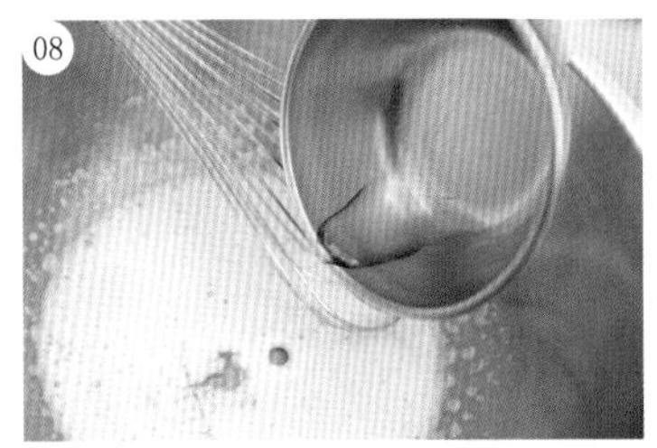

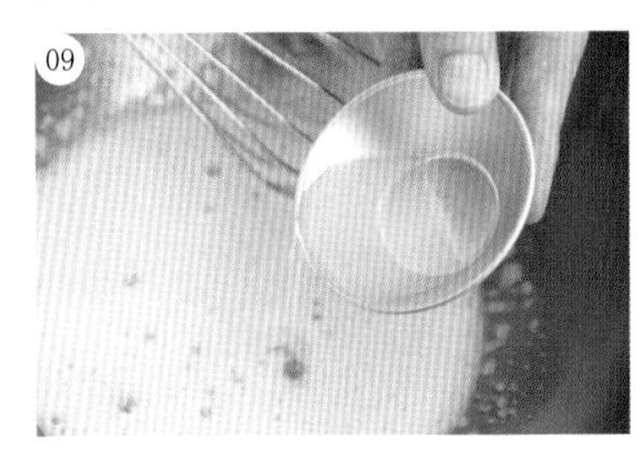

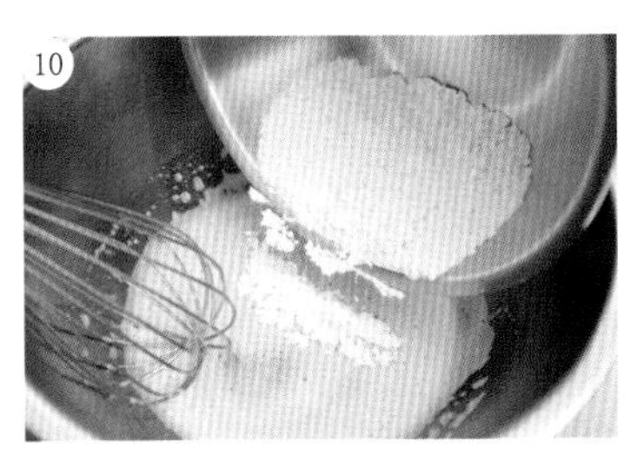

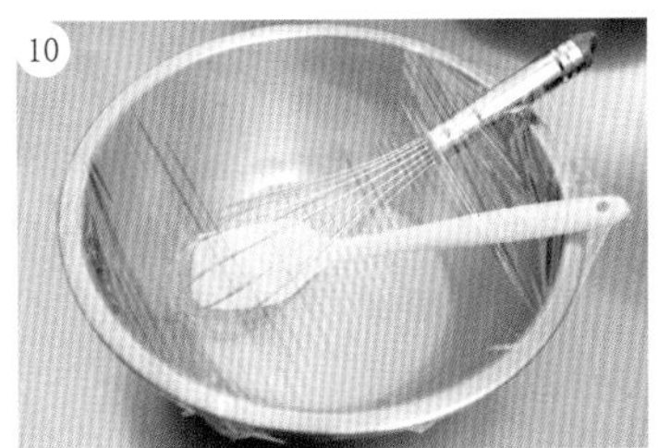

工具

刮勺

毛刷

烧印

打蛋器

金小板

铜锣匙

准备

求肥切块备用。

11 加入适量的水调整硬度。（面糊呈现可画圈的硬度）

12 预热煎台，涂抹适量的油，以铜锣匙倒上面糊。

13 用铜锣匙将面糊推展为长椭圆形。

14 表面呈现略干状态，放上求肥内馅，使用金小板对折并夹起。

15 双手轻压开口，塑形。

16 使用烧印印出若鲇的纹路即完成。

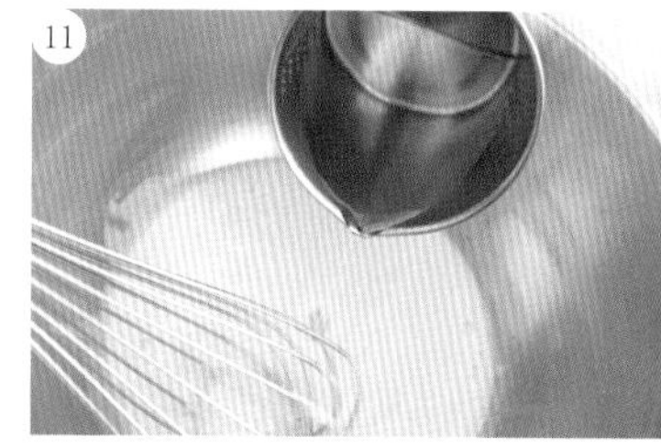

11

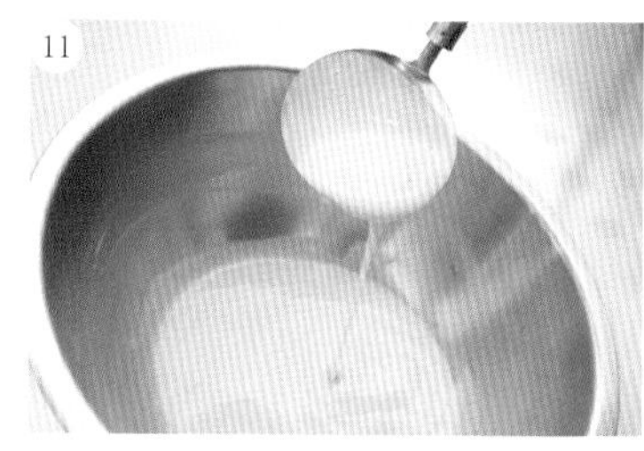

11

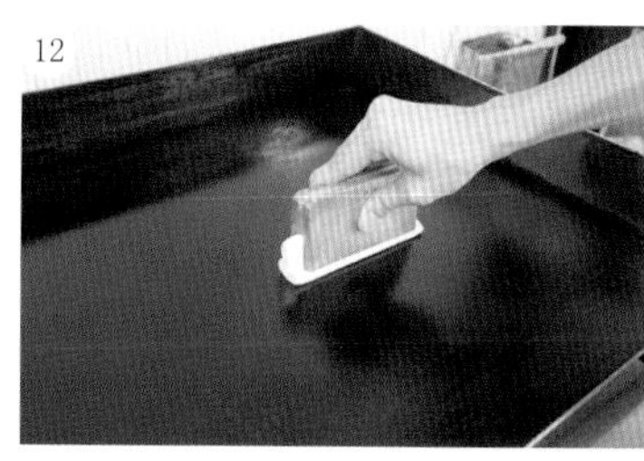

12

12

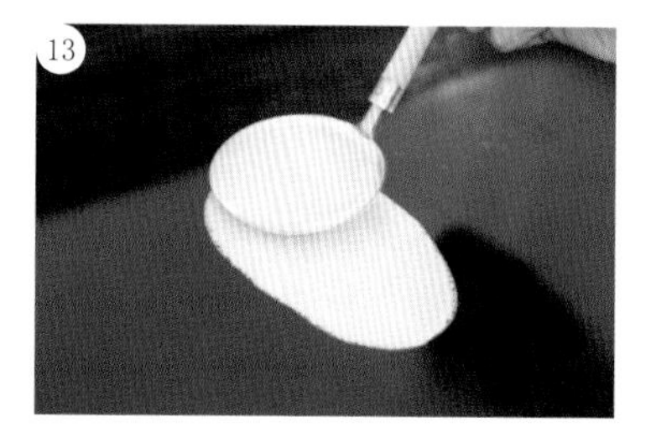

13

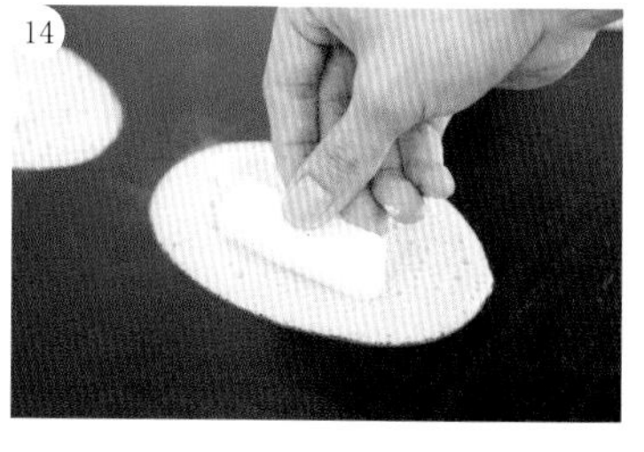

14

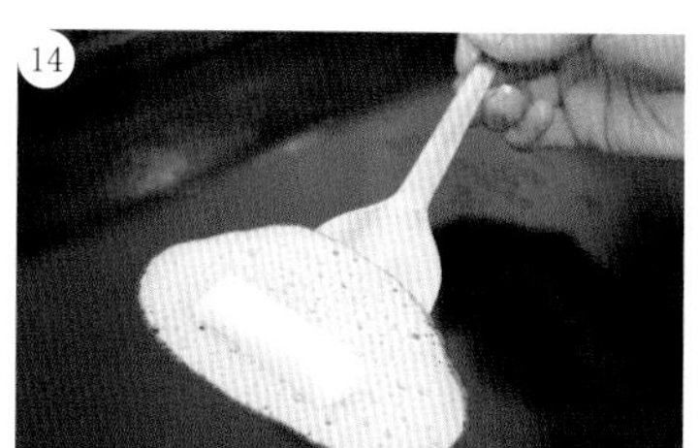

14

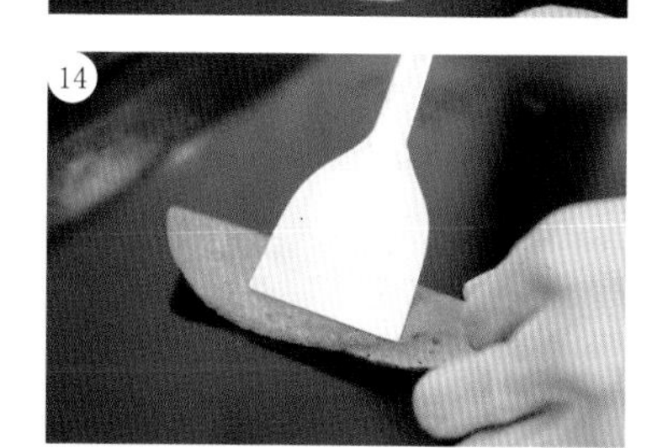

14

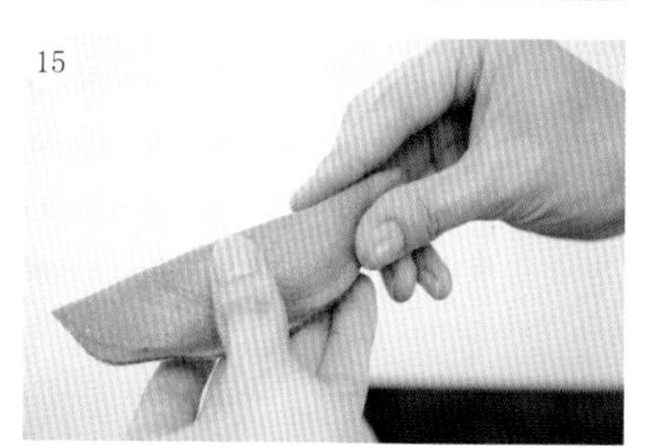

15

16

果子典故

香鱼长大前，是禁止捕钓的，在日本大约六月时，会解除此禁令，这时才可能买到天然的香鱼，而和果子若鲇，就是配合此时期推出，是夏天最具代表性的和果子。关西地区内馅只有求肥，关东地区大多会加入红豆馅。

6月

火垂 ほたる

萤火虫的出现，约在梅雨季之后，进入夏季之时。

材料（1个）

颗粒红豆练切 30克

黄色练切 适量

红豆沙 12克

黑芝麻 3颗

工具

竹签

金团筷

金团滤网

做法

01 挤压颗粒红豆练切通过滤网。

02 使用金团筷夹取做法01，贴在红豆沙团上，贴满。

03 取适量黄色练切，搓成扁圆形放在上方，表现亮光。

04 使用竹签沾取黑芝麻，放在黄色练切上，表现萤火虫。

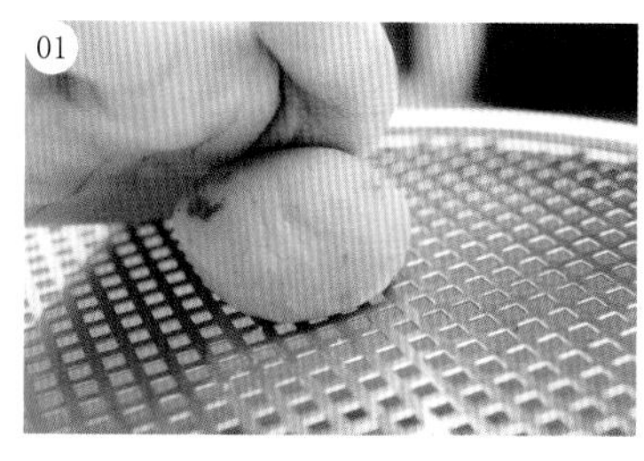

01

02

01

03

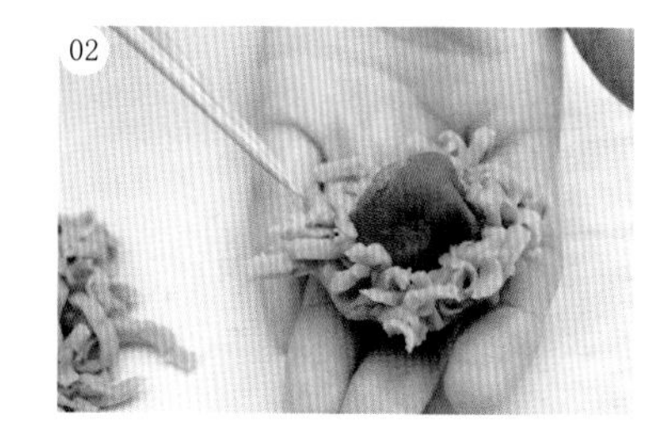

02

04

果子典故

发光的萤火虫是为了求偶，有些种类的萤火虫只有雄虫有发光器官，而有些种类则双方都有。萤火虫通常只能生存于干净清澈的湖边或溪边，因此有萤火虫出没的地方，就是山明水净的好地方。

6月

水无月

みなづき

六月在日本又称『水无月』。水无月以三角外形表现冰，表面铺上红豆粒，有着驱魔之意。吃了水无月，不仅能度过酷暑，还能去除厄运，是一个有吉祥意义的果子。

材料（32个）

葛粉 50克
水 550克
砂糖 490克
上用粉 130克
低筋面粉 160克
糯米粉 60克
蜜红豆 300克

工具

剪刀
滤网
布巾
烘焙纸
打蛋器
方形模具
羊羹刀
刮刀

准备

方形模具内铺上烘焙纸备用。

做法

01 将葛粉与水混合后，使用滤网过滤。

02 将砂糖、上用粉、过筛低筋面粉、糯米粉混合。

03 将做法01与做法02混合，使用打蛋器搅拌均匀。

04 将做法03倒入方形模具内，预留10%的量备用，再以大火蒸30分钟。

Ⓣ 进入蒸笼前，表面需覆盖烘焙纸并固定。

Ⓣ 烘焙纸剪裁方式详见下页。

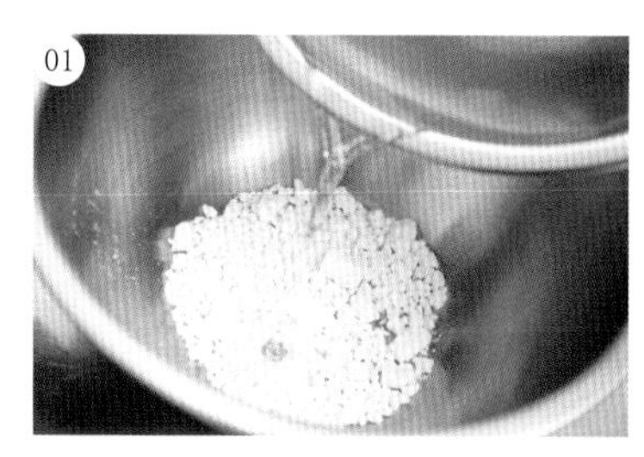
01

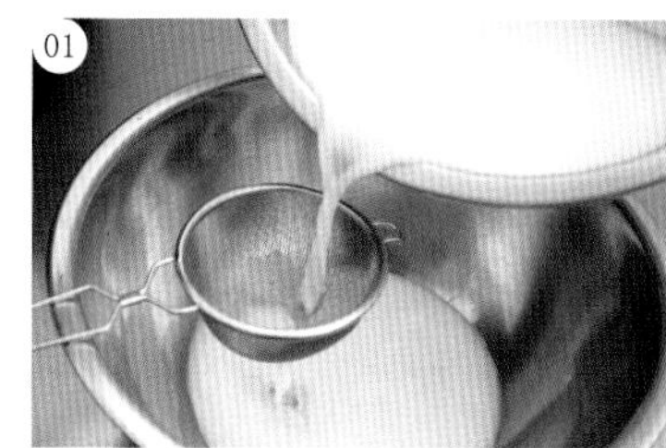
01

02

03

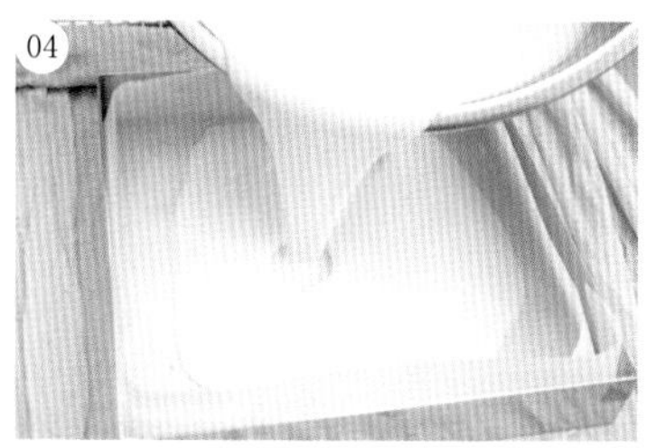
04

04

05 出锅后先使用刮刀，刮除表面湿气。

06 在表面铺满蜜红豆。

07 将剩余10%的做法04均匀倒在表面，再以大火蒸20分钟。

08 出锅后，使用羊羹刀切割，总共切割成32份。

Ⓣ 切割可依喜好调整。

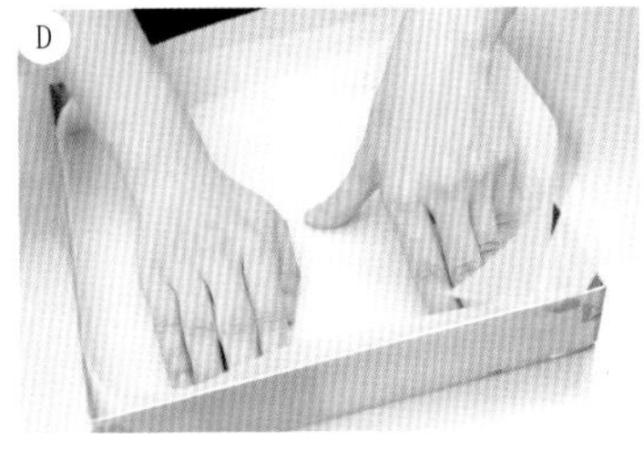

烘焙纸剪裁方式

A 烘焙纸四边预留与模具相同的高度，并将纸沿着模具四边折起，留下折线痕迹。

B 依照折线痕迹剪裁四边。

C 从四边的对角处，剪下一刀至折线处，以便将烘焙纸折入模具内。

D 将烘焙纸放入模具中，四个边角的开口相互重叠，贴平模具。

Ⓣ 容器未硬性规定，但建议使用方形模具，以便切割。

果子典故

室町时代，农历六月一日为『冰的节句』（节句即是传统节日之意），这一天宫廷中会从京都府衣笠山的冰室拿取冰来退去暑热，但是一般百姓无法拿到这样高级的物品，便仿造冰的外形制作果子，希望能度过酷暑，这个果子就是水无月。

明治时代后，传统节日多半改成阳历，吃冰或水无月也改成此时间。到了六月三十日便是前半年的最后一天，这天要扫除自己在前半年所做的坏事，将污点去除，从明天开始迎接新的后半年并祈祷无病息灾，这样的仪式，称为『夏越払』。

7月 银河 ぎんが

材料（12个）

（锦玉羹）

粉寒天 5克

水 252克

砂糖 252克

起锅重量 404克

粉色食用色素 适量

蓝色食用色素 适量

银箔 适量

（薯蓣羹）

粉寒天 1克

水 60克

砂糖 60克

水麦芽 8克

日本山药 32克

（小仓羊羹）

粉寒天 1.8克

水 76克

砂糖 76克

颗粒红豆馅 152克

水麦芽 12克

工具

量尺

刮勺

磅秤

打蛋器

羊羹舟

羊羹刀

准备

日本山药泥备用。

七夕源自于中国传说。这一天，是牵牛星与织女星一年一度相会的日子，也称为中国情人节。

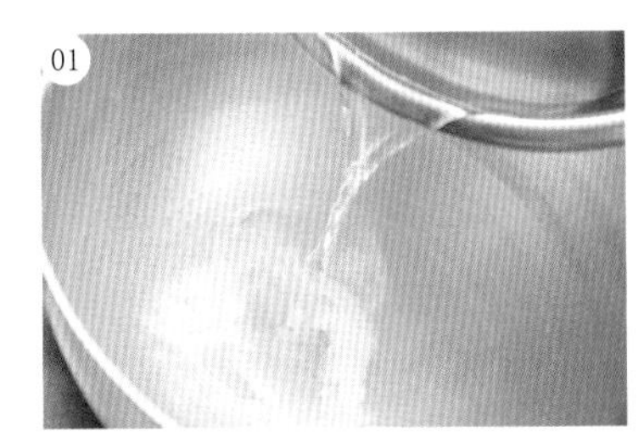

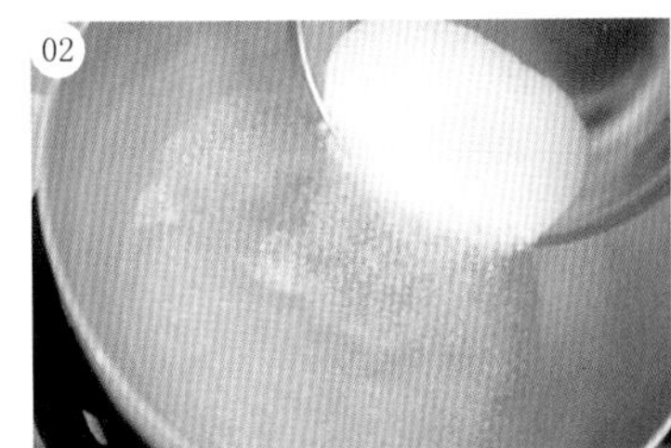

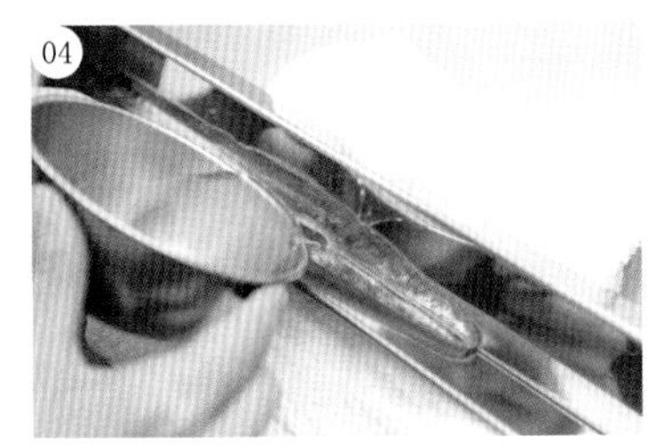

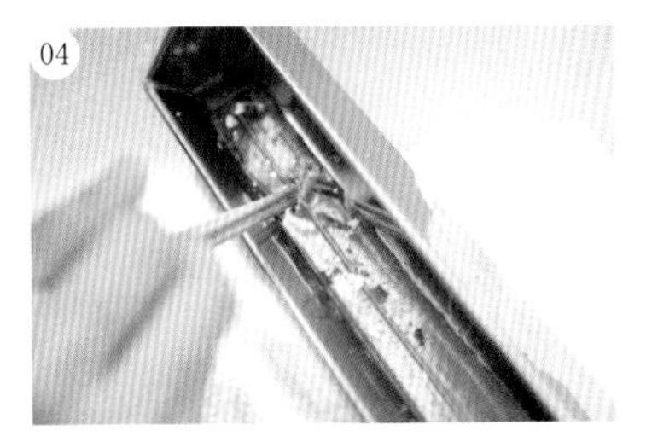

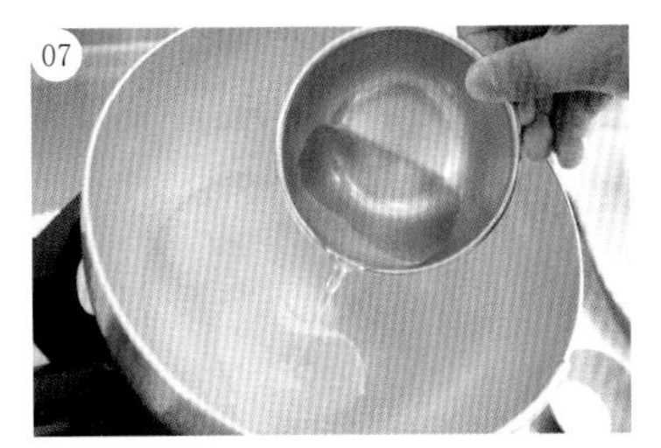

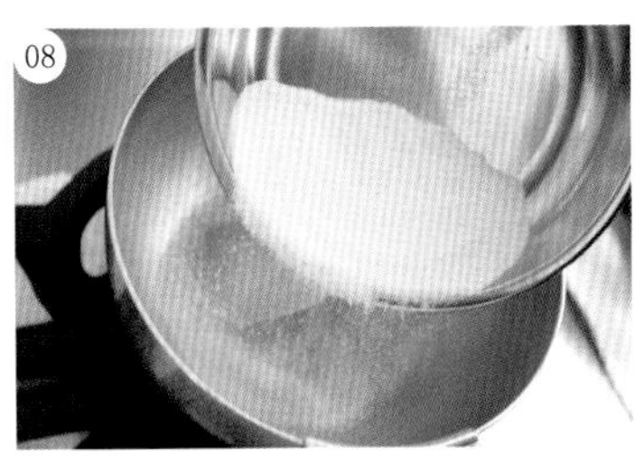

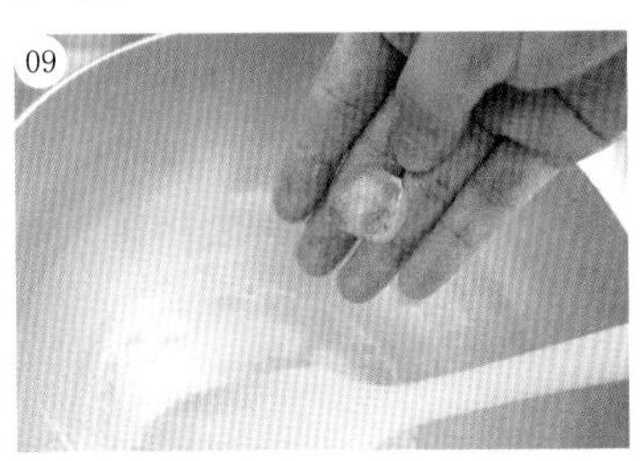

〔锦玉羹〕

01 粉寒天、水混合，开火煮至沸腾。

02 加入砂糖，煮至起锅重量404克。

T 寒天、水、砂糖融合的液体称为『锦玉液』，凝固后的固体称为『锦玉羹』。

03 先分出80克透明锦玉液，再分100克使用紫红色食用色素着色，剩余则用蓝色食用色素着色。

T 紫红色＝粉色＋适量蓝色混合，可依喜好调整。

04 透明锦玉液倒入斜放的羊羹舟内，加入银箔。并将紫红色、蓝色锦玉液隔水保温。

T 可于羊羹舟底部，垫一块抹布，制造倾斜效果。

05 待透明锦玉液呈现半凝固状态后，倒入紫红色锦玉液。

06 待紫红色锦玉液呈现半凝固状态后，加入蓝色锦玉液，凝固后即完成锦玉羹制作。

〔薯蓣羹〕

07 粉寒天、水混合，开火煮至沸腾。

08 加入砂糖煮至102℃，熄火。

09 加入水麦芽，利用余温使其溶化。

10 将做法09倒入日本山药泥中，使用打蛋器搅拌均匀，即完成薯蓣羹。

11 再将薯蓣羹倒入半凝固状态的蓝色锦玉羹内。

〔小仓羊羹〕

12 粉寒天、水混合，开火煮至沸腾。

13 加入砂糖再度煮至沸腾。

14 加入颗粒红豆馅混合。

15 沸腾后，加入水麦芽煮至糖度62度，即可起锅。

16 待薯蓣羹呈半凝固状态时，可把模具摆正，倒入小仓羊羹。

17 等待冷却凝固后，取出银河，使用羊羹刀切割即完成。

T 可依喜好调整切割大小。

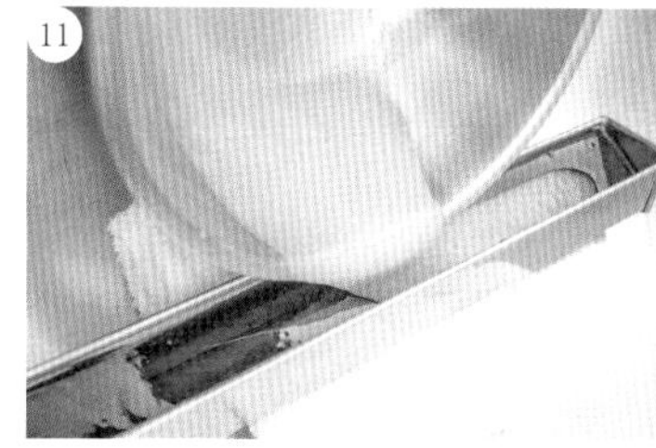

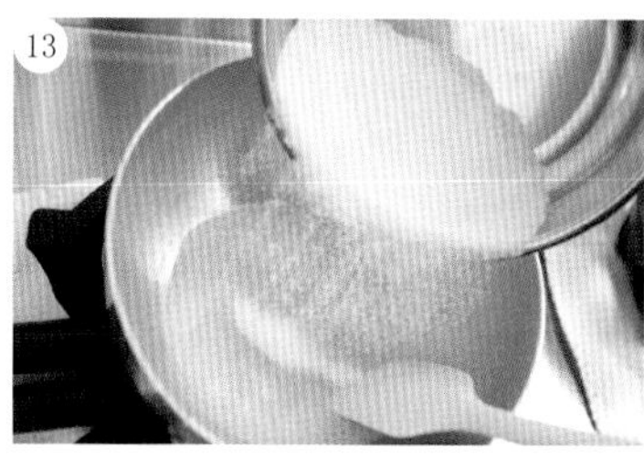

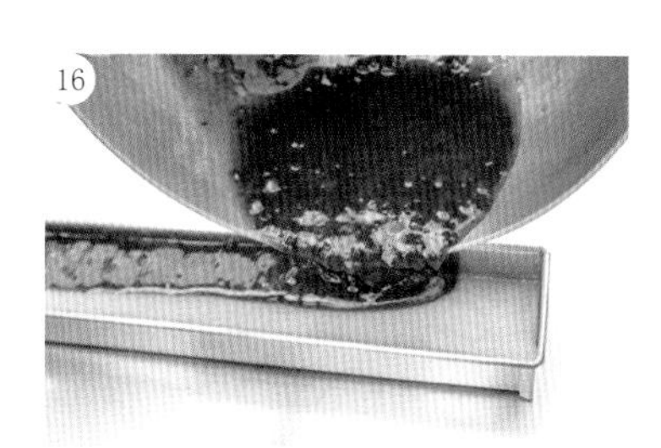

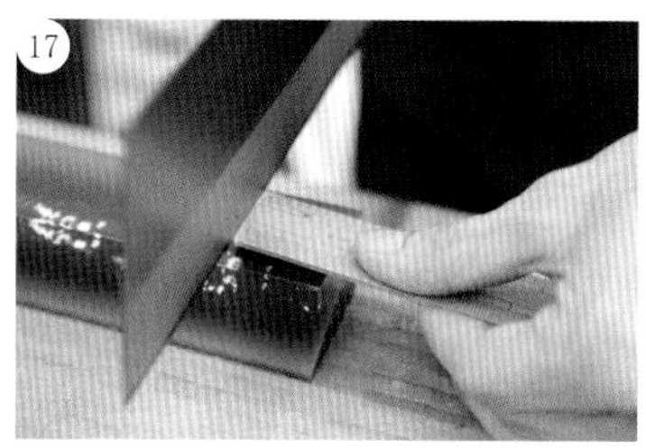

果子典故

传说玉皇大帝有七个女儿，小女儿织女与人类牛郎两人情投意合，但陷入热恋后不专心工作，玉皇大帝大怒，命令他们每年只能在农历七月七日才能见面。每年的这一天晚上，千万只喜鹊于银河上搭成鹊桥，让牛郎织女相会。

7月 短册 たんざく

七夕这一天，中国唐朝的宫中会举行『乞巧奠』的仪式，将针、线供奉织女，祈祷裁缝手艺能更精进。

材料（1个）

白色练切 适量
黄色练切 适量
粉色练切 适量
蓝色练切 适量
红豆沙 18克
金箔 适量
银箔 适量

工具

竹签
量尺
平板
绢布
擀面棒
羊羹刀
直条纹平板

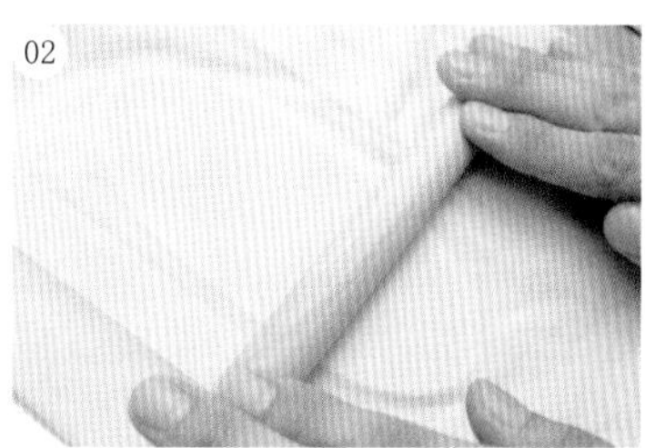

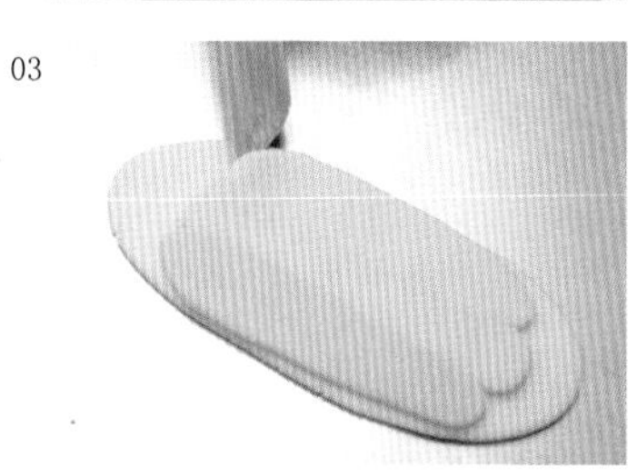

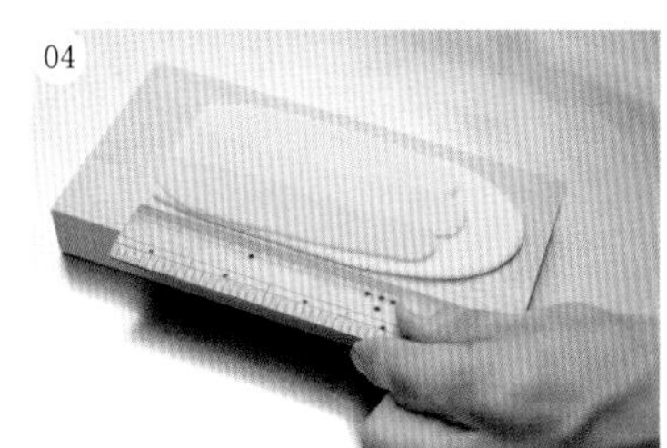

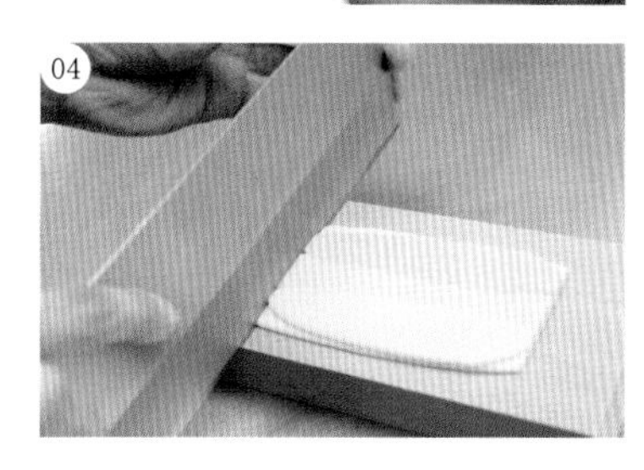

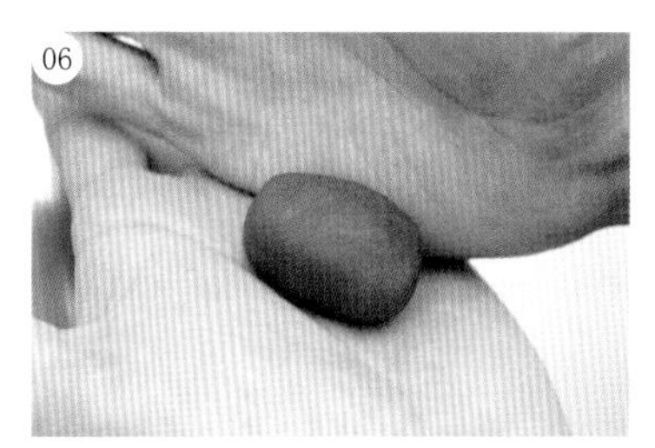

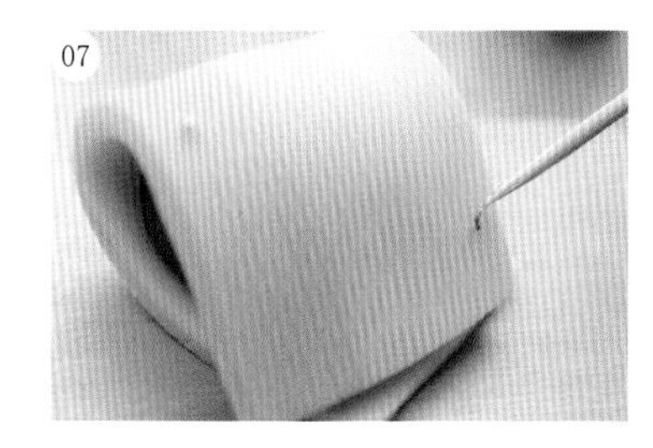

做法

01 黄色、粉色、蓝色练切揉匀后相贴，擀平，厚度为0.3厘米。

T 铺上绢布再进行擀平动作，避免沾黏。

02 白色练切揉匀后，擀平，厚度为0.3厘米。

03 将做法01与做法02相叠，再次擀平，厚度为0.5厘米。

04 以量尺量出长11厘米、宽4.5厘米，进行切割。

05 使用直条纹平板与无条纹平板，于有颜色面压上纹路。

06 卷上揉成椭圆形的红豆沙。

07 用竹签贴上金箔、银箔装饰。

果子典故

『乞巧奠』这个宫中仪式传至民间，人们以纸代针，『短册』就此出现。同时，使用宫中夜晚的露水磨的墨写字，书法也能够更流畅。这样的风俗习惯传至日本江户时代，短册演变成了写心愿的纸条。

7月 水羊羹 みずようかん

羊羹依糖度、水分而分成『炼羊羹』及『水羊羹』两种。水羊羹则比炼羊羹水分含量高，糖度低。

材料（12个）

- 粉寒天 3.9克
- 水 320克
- 砂糖 52克
- 红豆沙 390克
- 食盐 0.5克

工具

- 量尺
- 刮勺
- 滤网
- 羊羹刀
- 羊羹舟
- 温度计

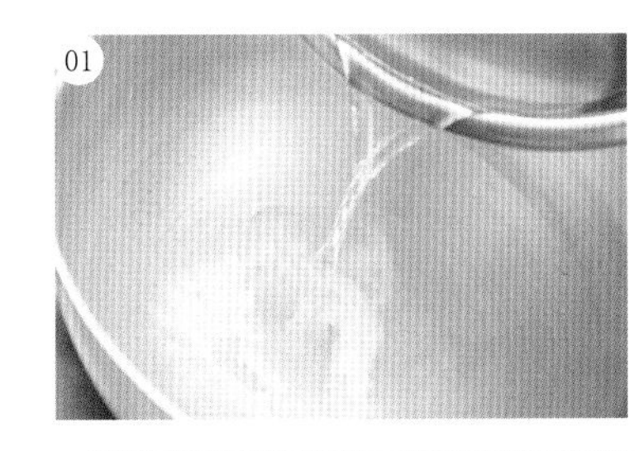

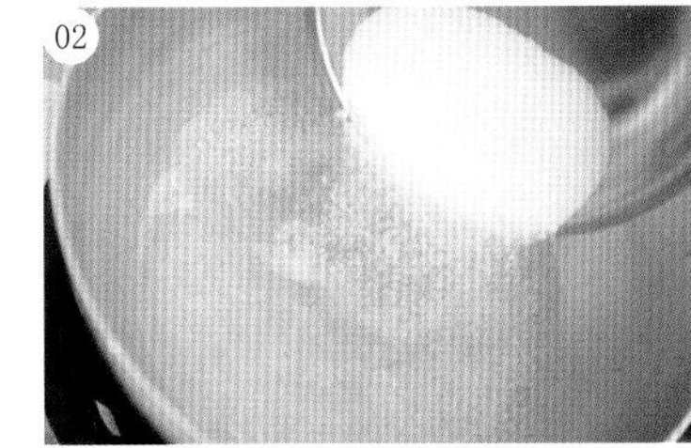

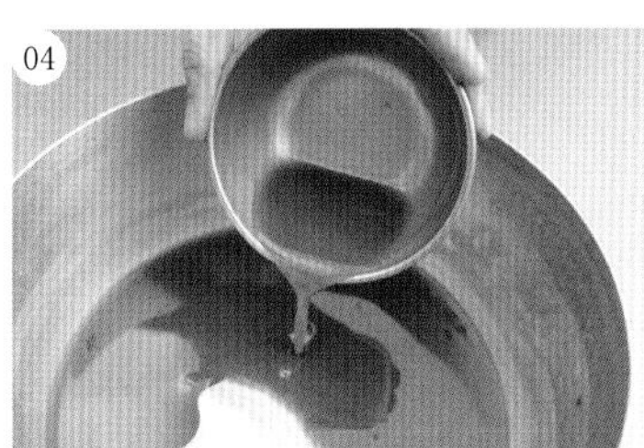

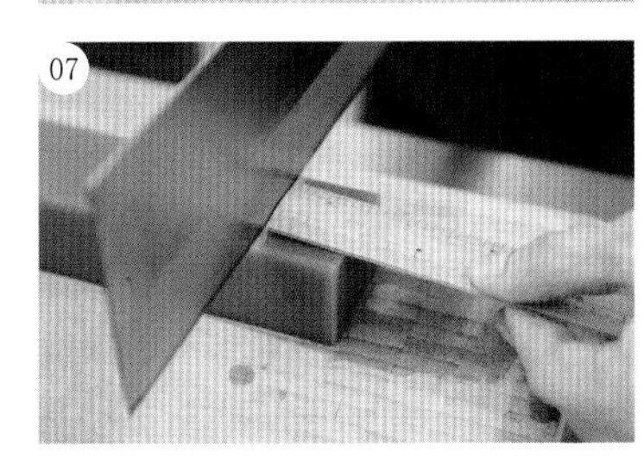

做法

01 粉寒天、水混合，开火煮至沸腾。

02 加入砂糖煮至溶化。

03 加入红豆沙拌炒，煮至糖度34～35度即可起锅。

04 取少量水羊羹加入食盐内混合，再倒回水羊羹中。

05 水羊羹以滤网过滤，并隔水冷却，慢慢搅拌至45℃。

06 倒入羊羹舟等待凝固，冷藏一晚。

07 取出水羊羹，使用羊羹刀切割即完成。

果子典故

镰仓时代至室町时代，佛教传入日本，由于禅僧不吃肉的习惯，羊肉汤便改为用红豆、小麦粉拌炒，仿羊肉制作，久而久之便形成蒸羊羹。最早以前，水羊羹是作为御节料理（新年料理）的果子，只在冬天出现，但现在大多在夏天时冰镇后食用。

7月

蚊香 かやりき

日本的蚊香和台湾的造型不太一样，外观为猪造型的较多。

材料（1个）

芝麻练切 22克

绿色练切 适量

橙色练切 适量

芝麻练切 适量

红豆沙 18克

工具

蛋型

小丸棒

细工铗

小田卷

细工竹刀

使用技法

包馅（第34页）

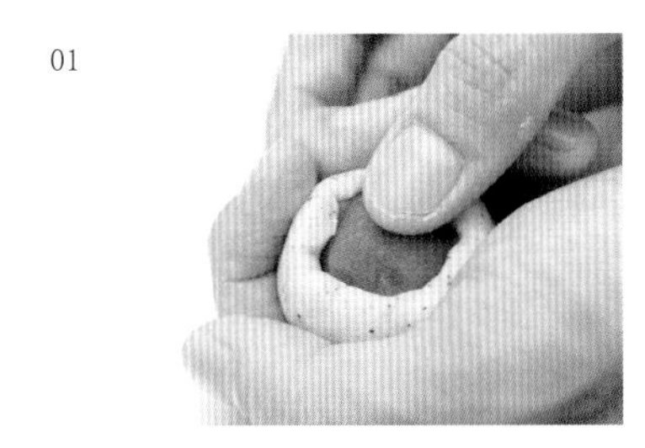
01

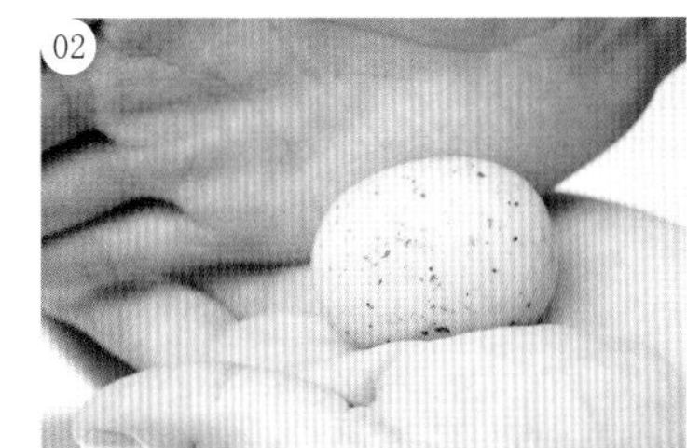
02

03

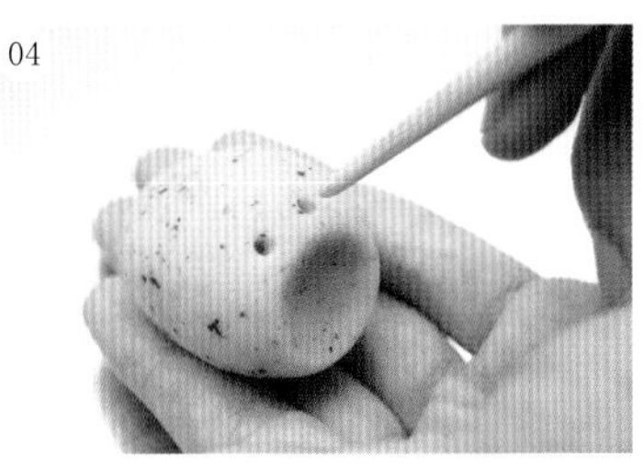
04

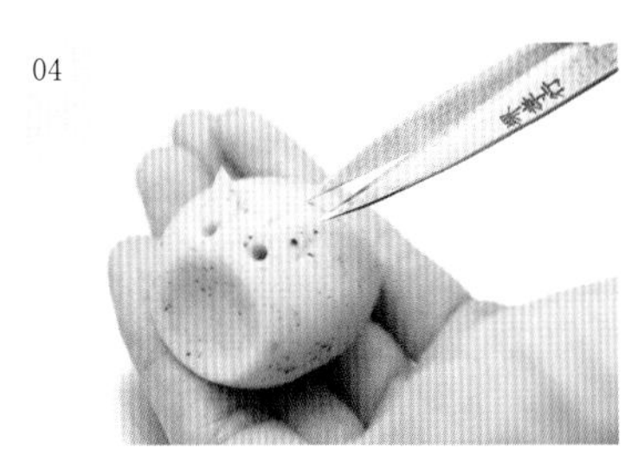
04

05

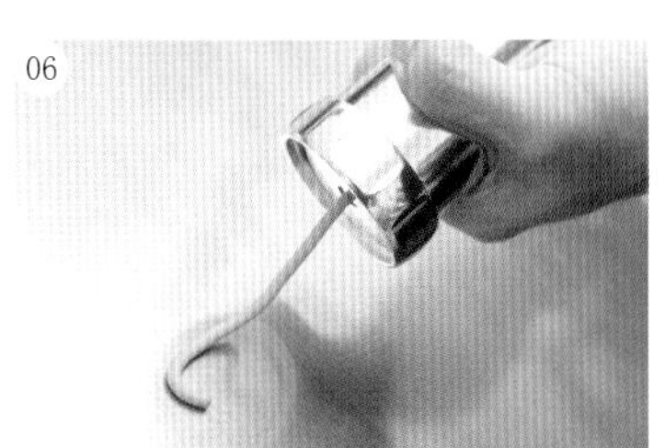
06

07

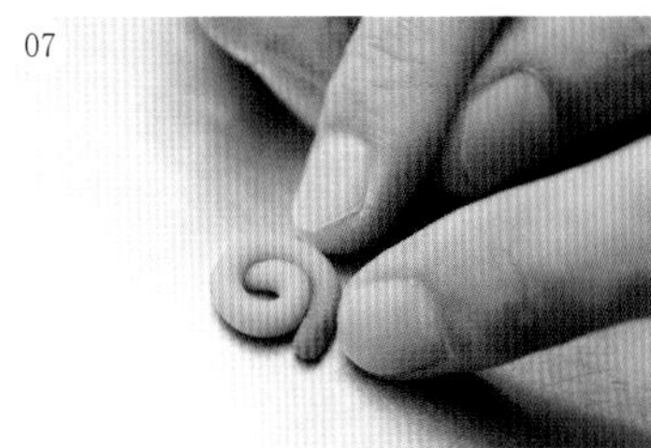
07

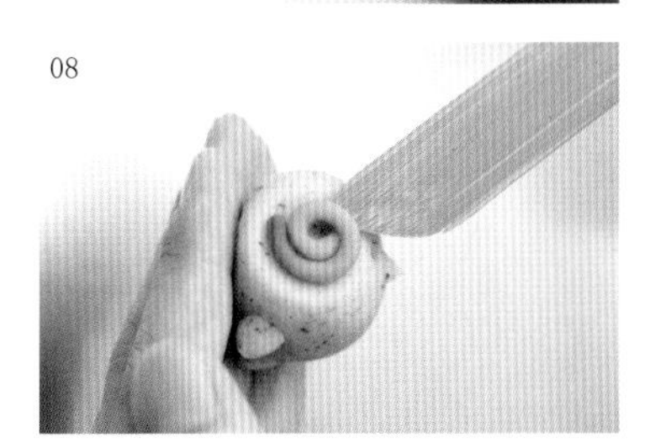
08

做法

01 芝麻练切揉匀压平，包馅。

02 以掌腹搓揉成鸡蛋形状。

03 使用蛋型轻压练切，表面下凹，表现猪嘴巴。

04 使用小丸棒压出眼睛，再以细工铗剪出猪耳朵。

05 取适量芝麻练切揉成两个锥形，贴于练切底部，呈现猪脚。

06 用小田卷推出绿色练切。

07 绿色练切一端贴上少许橙色练切，并卷起，以表现蚊香火苗。

08 使用细工竹刀将练切放置于猪嘴巴上。

果子典故

为什么是猪的造型呢？大约在昭和二三十年时，在爱知县的常滑，养猪的人想赶走停在猪身上的蚊子，把蚊香放进水泥管内，但水泥管的口径太大，烟雾会扩散，所以口径设计得越来越小，久而久之变成现在的小猪造型。

另一说法是，在武家屋敷迹（武士居住的屋宅）挖到了猪造型蚊香，鉴定后为江户时代之物品，当时是焚烧杉叶，烧出让蚊子讨厌的味道，使蚊子离开。据说一开始是将酒瓶底部切割后放置蚊香，后来发现外形像猪，此后便设计成了小猪造型。

7月

花火

はなび

花火，指的是烟火。日本的花火大会，大部分于七八月，集中于盂兰盆节（崇敬与纪念祖先而举行的活动，类似中国清明节），也意味着祈愿亡灵安息，又称之为『镇魂花火』。

材料（1个）

白色练切 12克

粉色练切 4克

黄色练切 4克

蓝色练切 4克

红豆沙 18克

银箔 适量

工具

竹签

绢布

平板

三角刀

使用技法

包馅（第34页）

做法

01 白色练切盖上绢布，使用平板压平。

02 粉色、黄色、蓝色练切盖上绢布，使用平板压平。

03 将三色练切相叠于白色练切上，再次用平板压扁。

04 白色面朝外，包馅。

05 将练切贴于平板上压平，再用手推出陀螺形。

06 依照粉色、黄色、蓝色位置，使用三角刀划分成三等份。

07 再加以均分。

08 用竹签沾取适量银箔装饰。

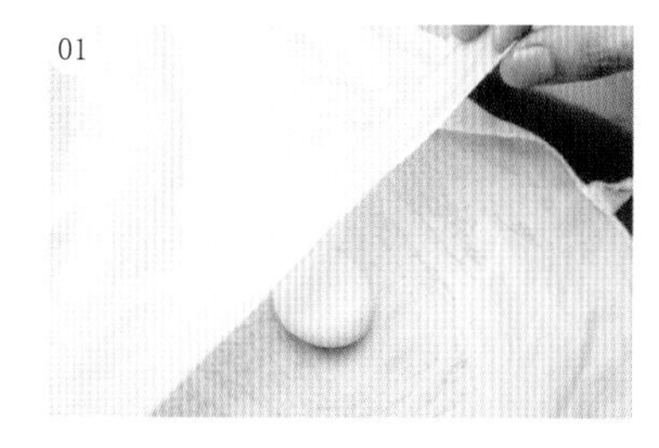

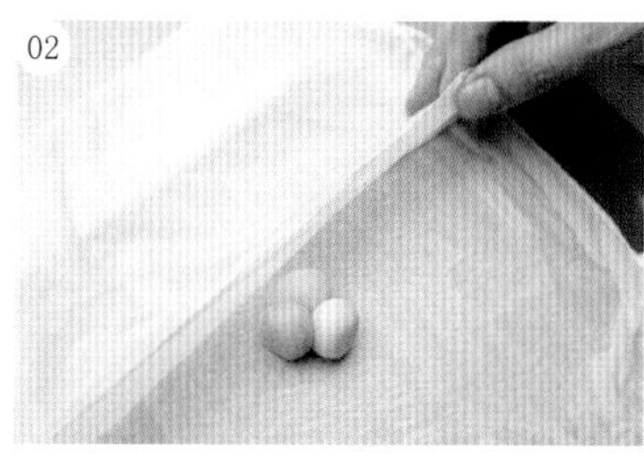

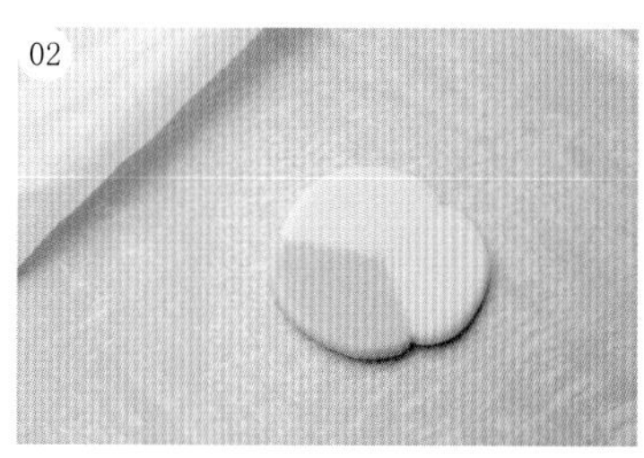

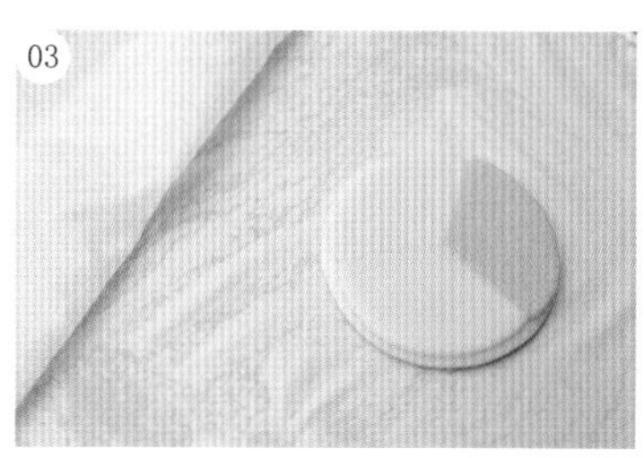

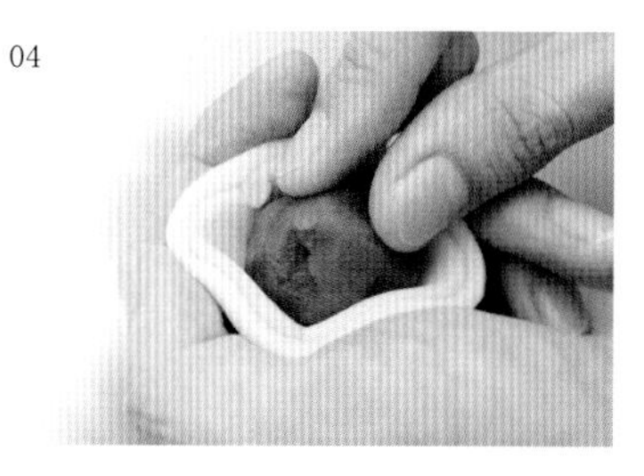

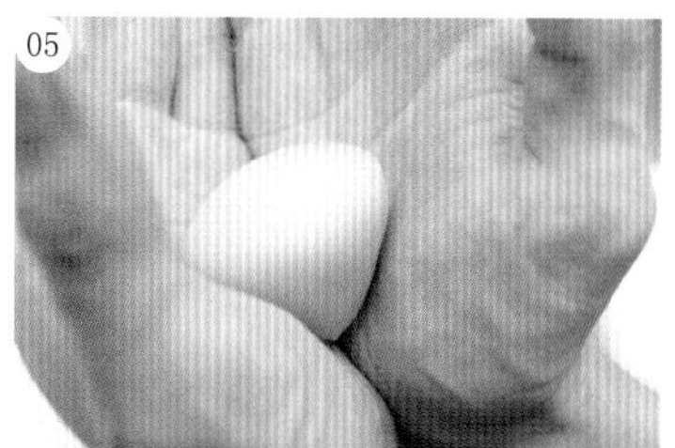

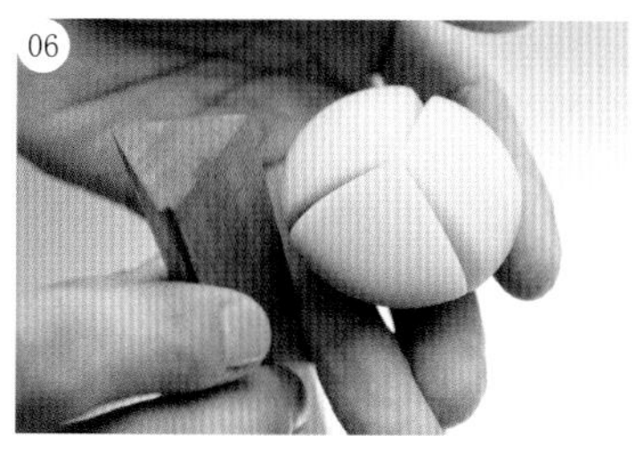

果子典故

享保十七年（公元一七三二年）发生饥荒，称『享保大饥馑』，连续两个月梅雨与虫害，农作物几乎无法采收，二百五十万人饱受饥苦及传染病侵害，死亡惨重。德川吉宗将军为了抚慰亡灵、击退恶灵，并祈求人们无病息灾，于农历五月二十八日在隅田川祭拜水神，举行烟火仪式。就此之后，便成了日本夏天的花火大会。

8月 向日葵 ひまわり

向日葵会朝着太阳的方向生长转动，因此别名为『太阳花』。

材料（1个）

- 白色练切 12克
- 黄色练切 12克
- 红豆羊羹 适量
- 芥子种子 适量
- 红豆沙 18克

（红豆羊羹）

- 寒天 1克
- 水 35克
- 砂糖 40克
- 红豆沙 80克
- 水麦芽 3.8克

工具

- 平板
- 蛋型
- 三角刀
- 小丸棒

使用技法

包馅渐层法（第40页）

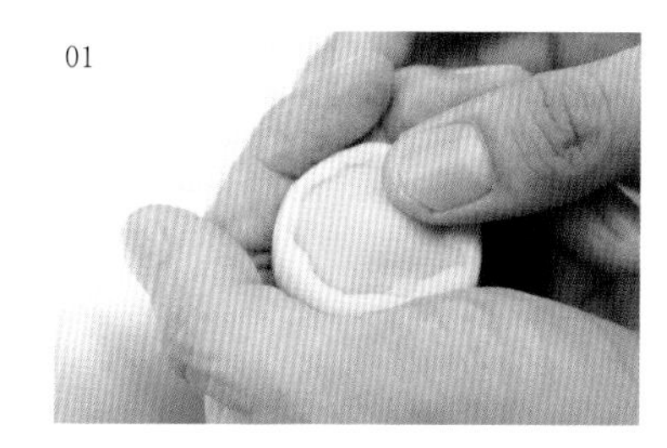

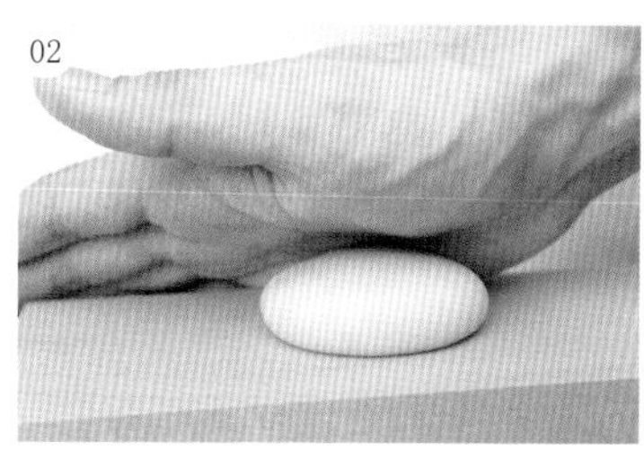

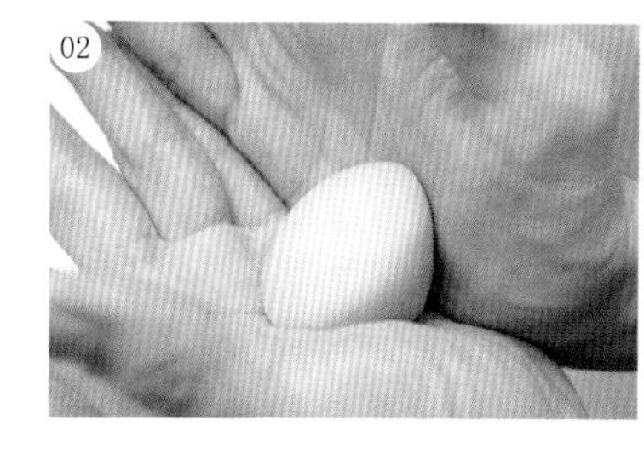

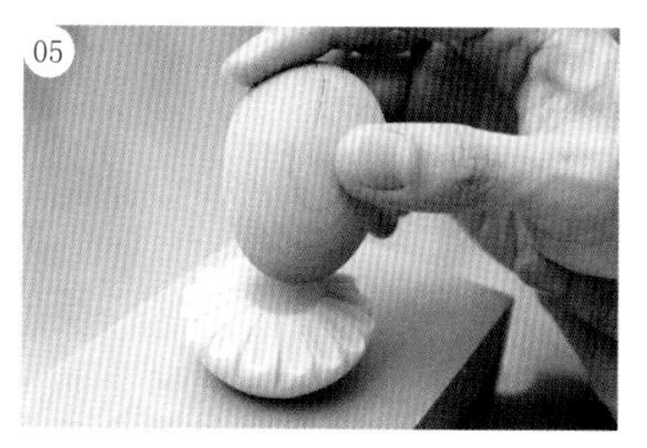

做法

01 白色练切与黄色练切揉匀，进行包馅渐层法的操作。

02 将练切贴于平板上压平，再用手推出陀螺形。

03 使用三角刀划分十六等份。

04 于每两道割线间，以小丸棒由中心向外推出十六片花瓣。

05 用蛋型于练切中央压出凹槽。

06 取适量红豆羊羹倒于练切凹槽处。

Ⓣ 红豆羊羹做法请参阅第91页的小仓羊羹，将颗粒红豆馅换成红豆沙，煮至糖度68度即可起锅。

07 于红豆羊羹表面撒上适量芥子种子。

果子典故

其实向日葵最后并非是朝着太阳绽放，当还是花苞状态时，向日葵会随着太阳改变方向，当花开绽放时，向日葵重量增加而无法转动，最后大多朝着东方。

向日葵为『头状花序』，即使从外观看起来，像一朵大花，但事实上，向日葵是由很多小花聚集组成。

8月

草履

ぞうり

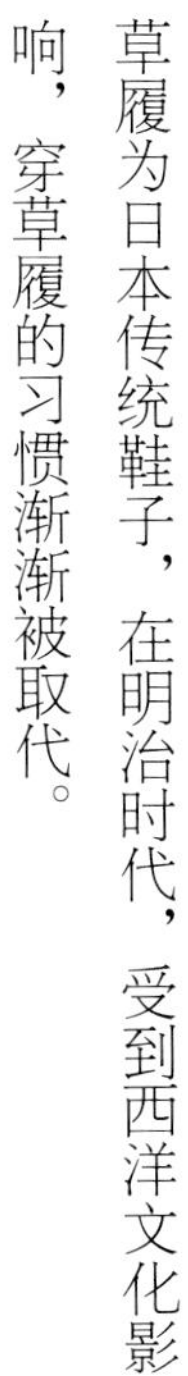

草履为日本传统鞋子，在明治时代，受到西洋文化影响，穿草履的习惯渐渐被取代。

材料（1个）

白色练切 适量

黄奈粉练切 适量

红色练切 适量

白色练切 适量

工具

绢布

擀面棒

小丸棒

小田卷

网布巾

椭圆形切模

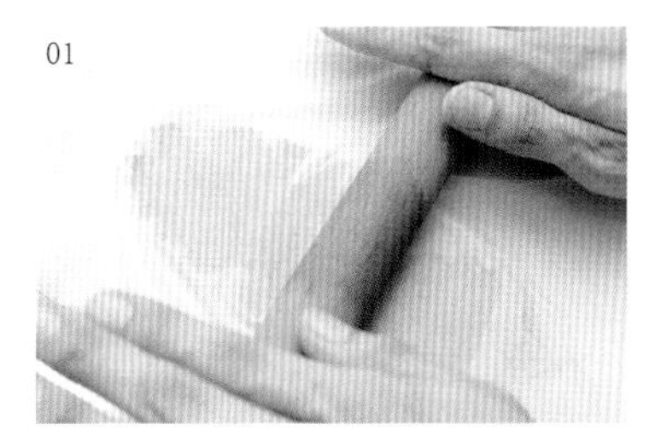

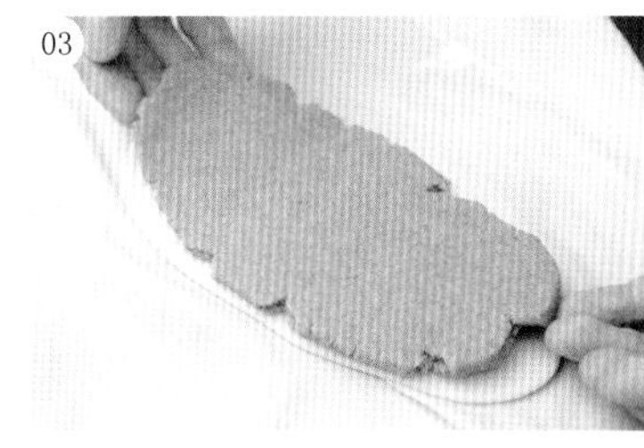

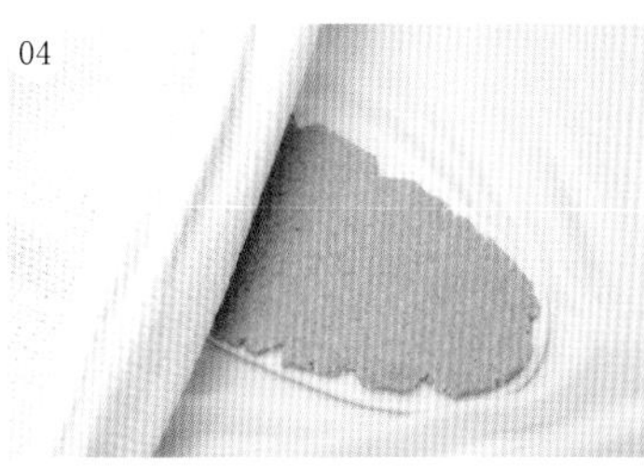

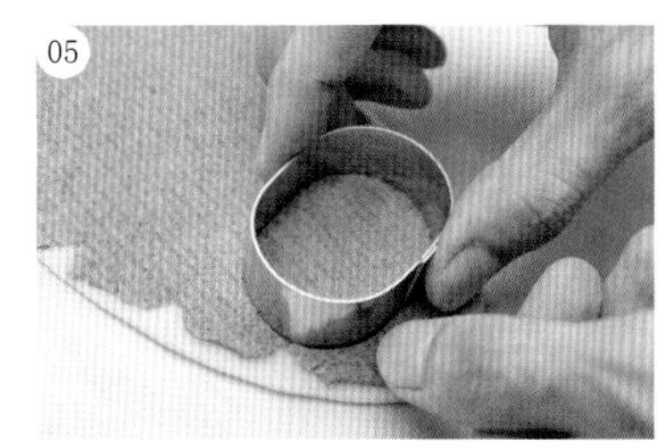

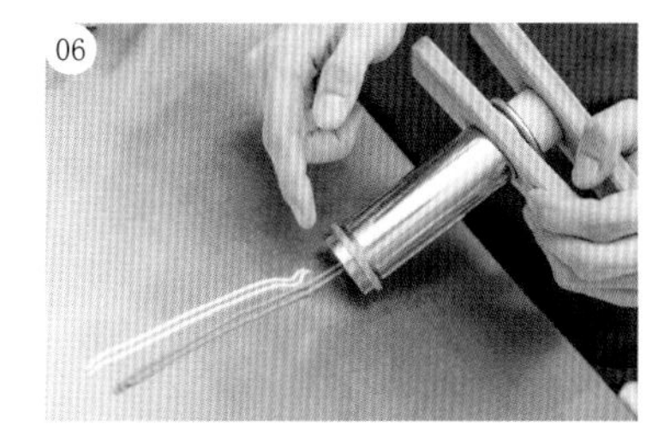

做法

01 黄奈粉练切盖上绢布，使用擀面棒擀平，厚度约1厘米。

02 白色练切盖上绢布，使用擀面棒擀平，厚度约0.5厘米。

03 将黄奈粉练切与白色练切相贴合，再次擀平，厚度约1厘米。

04 用网布巾制作草履表面纹路。

05 以椭圆形切模，压出草履的造型。

06 利用小田卷推出红色及白色的长条练切。

07 将两条红色、白色练切交错卷起。

08 于草履表面，使用小丸棒压出三个小凹洞，并将做法07贴上。

09 取适量红色练切贴于两条练切的中心点即完成。

果子典故

草履过去是由蔺草编制而成，时代变换下，现今由蔺草制作的草履反而少见，大部分由皮革、布料、塑胶制作而成。

通常在日本夏季的花火节或者庙会时，人们穿着浴衣，搭配的就是草履。

8月

刨冰

かきごおり

关于刨冰，最早的记载出现于平安时代的女作家清少纳言的《枕草子》。当时是以尖锐物品削切冰块，淋上甘葛食用，只在贵族间盛行。

材料（1个）

白色练切 适量

粉色冰饼 适量

红豆沙 12克

T 冰饼是麻糬泡水、冷冻后，晒干干燥制成的，常用来装饰和果子。

工具

竹签

滤网

果子典故

原本于平安时代贵族间盛行的刨冰，到了明治时代，由于制冰公司的出现，刨冰才成为平民的大众食物。在那个时候，只有基本的三种口味：一是撒上砂糖，称『雪』，二是淋上砂糖蜜，称『雨雪』，三是放上红豆馅，称『金时』。之后，刨冰专用的草莓、柠檬等糖浆出现后，『雪』便消失了。

做法

01 挤压白色练切，使其通过滤网。

02 使用竹签取适量，贴于玻璃碗中的红豆沙上。

03 慢慢递增与塑形。

04 撒上些许粉色冰饼装饰。

8月

捞金鱼

きんぎょすくい

捞金鱼是源自日本祭典的摊位游戏。

材料（1个）

白色练切　22克

黄色练切、蓝色练切、白色练切、红色练切、黑色练切、茶色练切　适量

红豆沙　18克

工具

绢布

小丸棒

三角刀

小田卷

擀面棒

细工竹刀

金鱼切模

使用技法

三分渐层法（第39页）

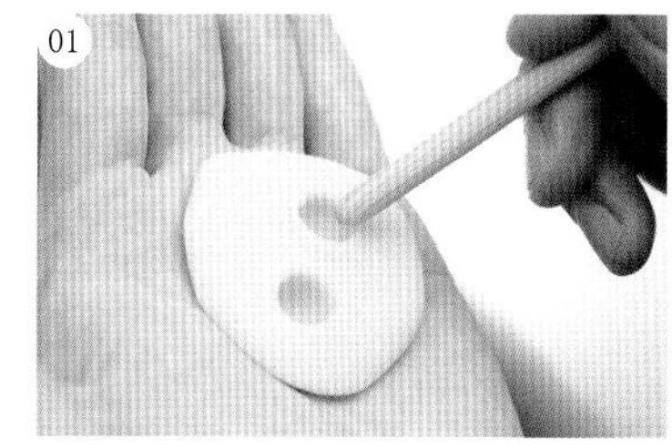

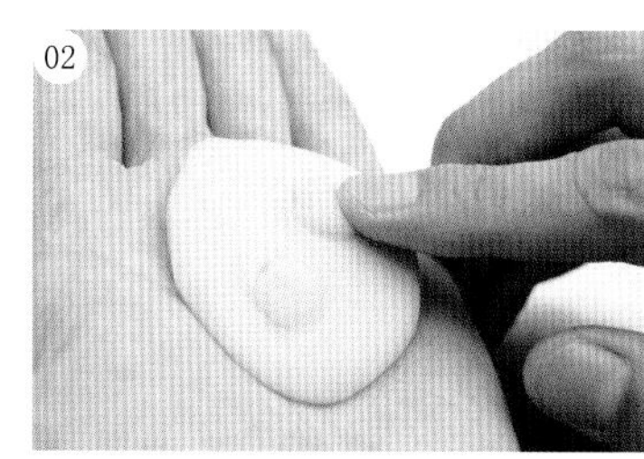

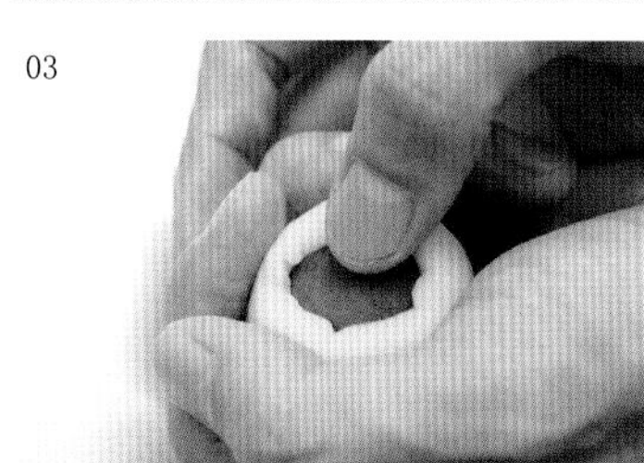

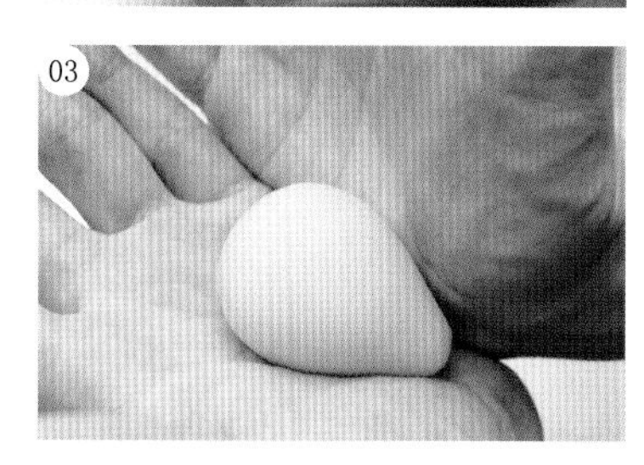

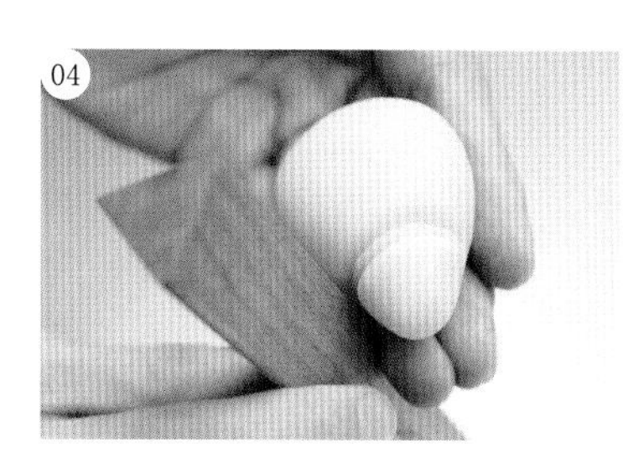

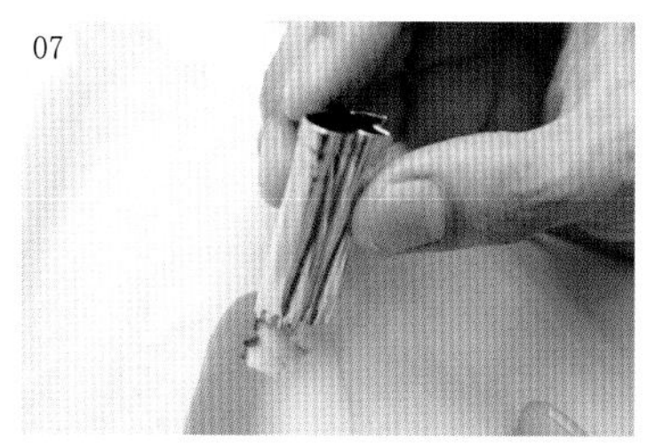

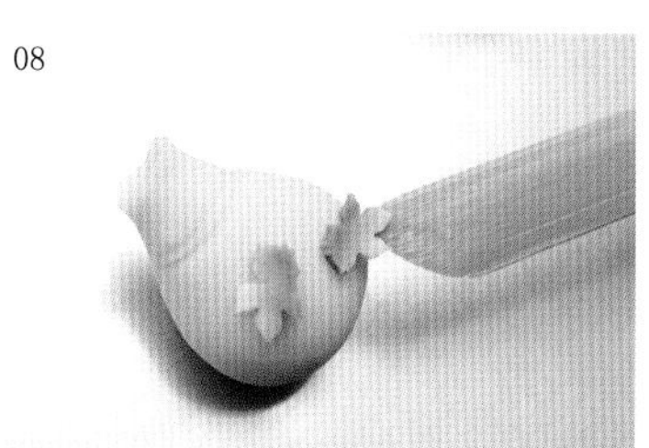

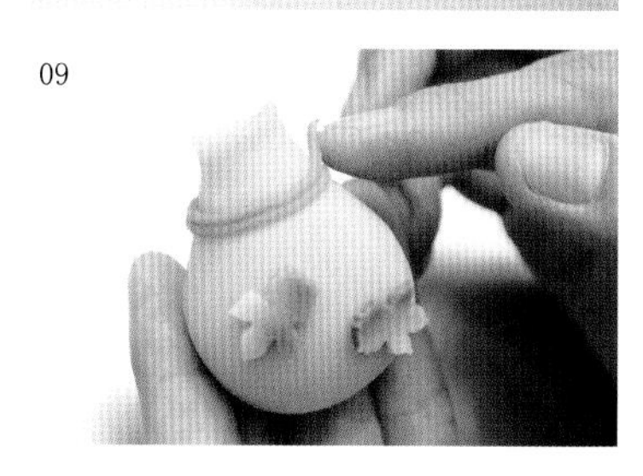

做法

01 白色练切揉匀压平，使用小丸棒于两处压出小凹槽。

02 分别放入黄色及蓝色练切，再贴上白色练切，进行三分渐层法的操作。

03 包馅后，用手推出水滴形状。

04 使用三角刀，于细端划出两道线，表现绑绳处。

05 用手指轻推出捞金鱼袋子的边缘。

06 分别把白色练切与红色、黑色练切进行贴合渐层，并盖上绢布，擀平。

07 使用金鱼切模，各压出一只金鱼练切。

08 将金鱼练切分别贴上。

09 再用小田卷推出茶色练切，贴在绑绳处。

果子典故

随着日本文化的传播，捞金鱼在日治时代传进台湾，是在夜市里经常可见的游戏。

8月 破西瓜 すいかわり

所谓的破西瓜，是日本夏季流行的风俗。玩法是将眼睛蒙上，听从四周指示，拿着木棒敲打西瓜，将西瓜打破。

材料（7个）

白豆沙 200克
生蛋黄 半颗
生蛋黄 适量（硬度调整用）
上新粉 炒后白豆沙重量的2%
苏打粉 1.5克
绿色食用色素 适量
红色食用色素 适量
红豆沙 105克

T 上新粉的用量，须等炒完白豆沙后，以“总重量”乘以2%，即得上新粉重量。

工具

刮勺
烘焙纸

准备

红豆沙分割备用。

分割

绿外皮 15克
红外皮 10克
红豆沙 15克

使用技法

分割（第34页）
包馅（第34页）

做法

01 白豆沙加水，开火拌炒至不粘手背硬度。

02 取少许做法01加入半颗生蛋黄内，以刮勺快速搅拌。

03 将做法02倒入剩余的白豆沙中，拌炒至不粘手背硬度，冷却备用。

04 冷却后，视硬度可加入适量（少半颗至半颗）生蛋黄调整。

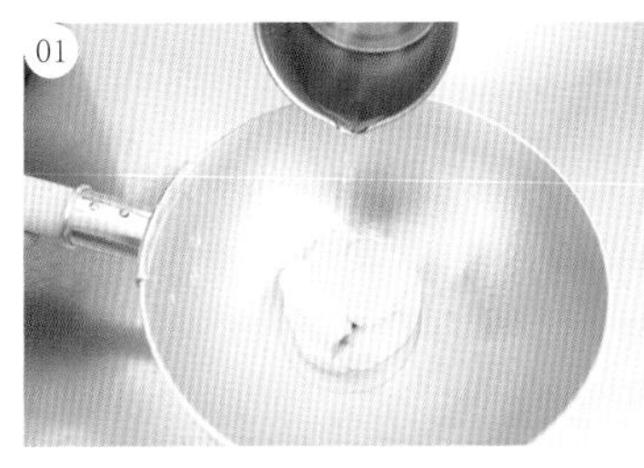

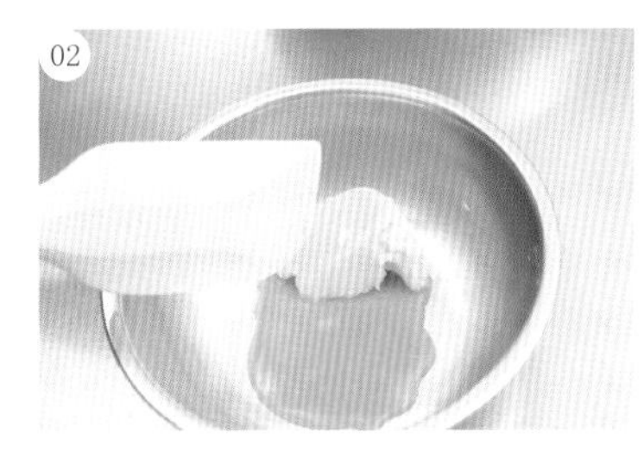

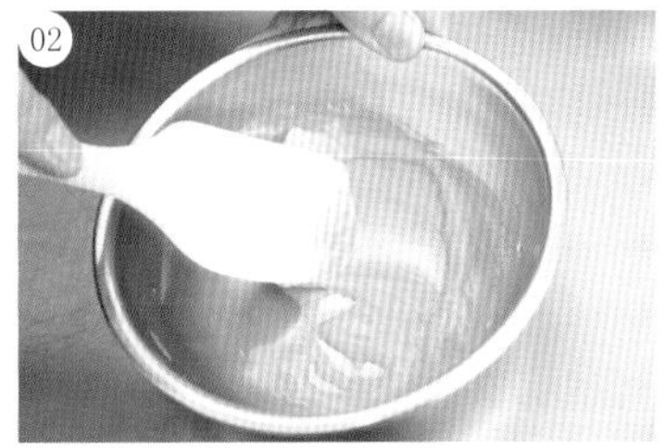

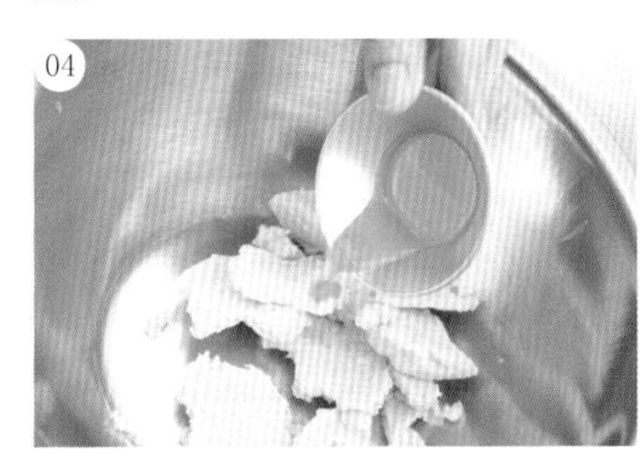

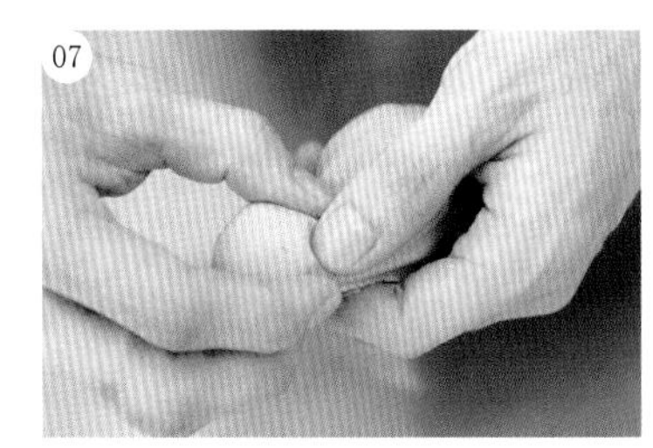

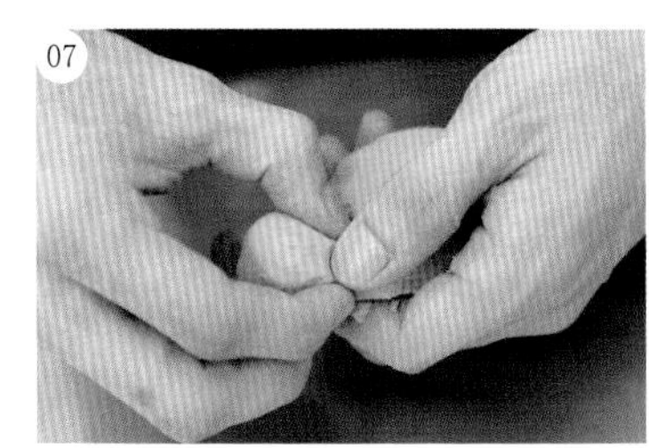

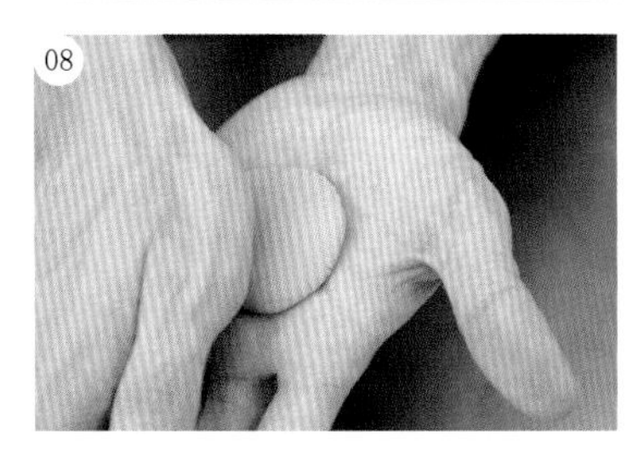

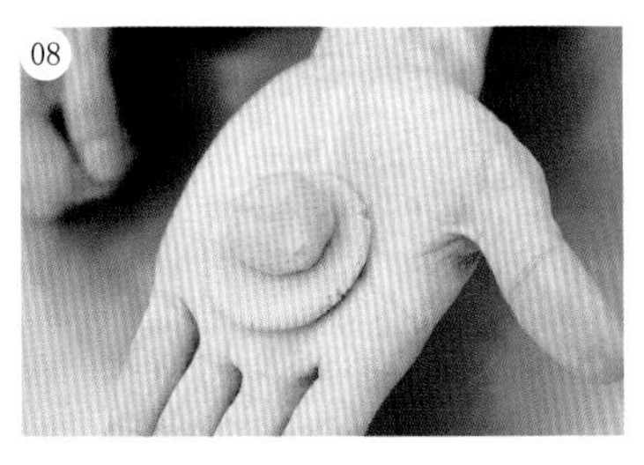

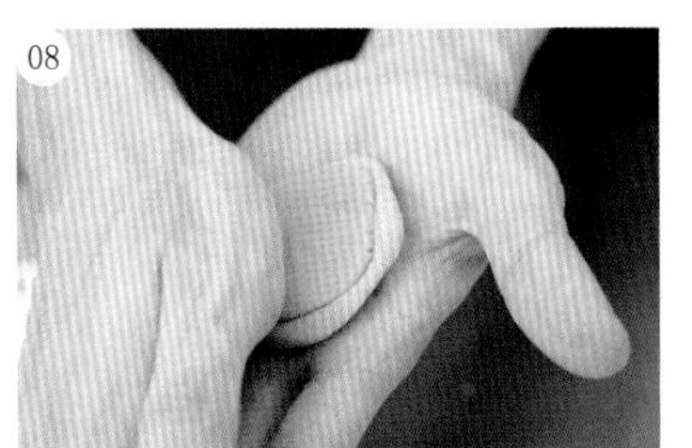

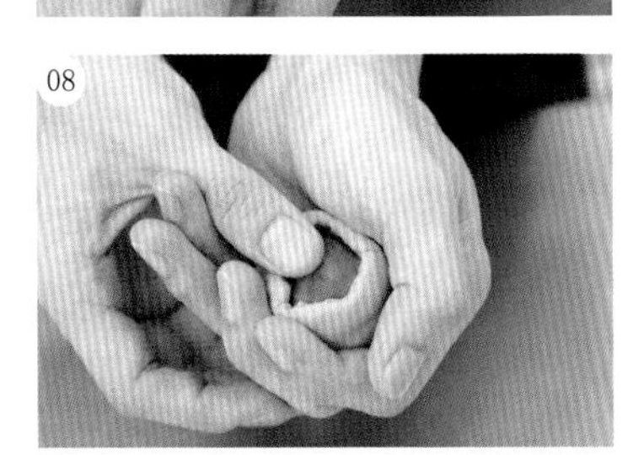

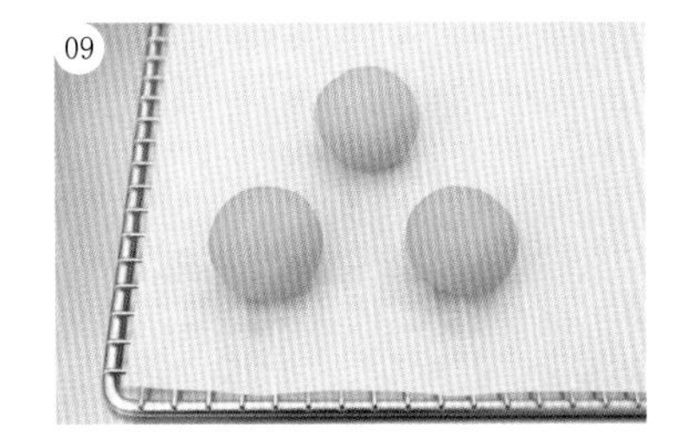

05 上新粉、苏打粉混合后加入做法04中，用手揉合均匀。

06 将外皮$\frac{3}{5}$以绿色食用色素着色，$\frac{2}{5}$以红色食用色素着色。

07 将绿色外皮与红色外皮进行分割。

08 绿色外皮在外、红色外皮在内相贴压平，包馅。

09 大火蒸8～15分钟即完成。

果子典故

破西瓜的起源有诸多说法，其中一种是指原本为祈祷海运、渔业及游泳安全顺利，将西瓜献于海神的仪式。在失去方向感时，与西瓜对峙，击破西瓜，意指在这样的状态下，可以发挥潜在的能力，与海神对话。

秋之和果子

9月 初雁 はつかり

夏天转换成秋天之际，最先从北方飞来的是雁，便称作『初雁』。

材料（6个）

白豆沙　180克

水煮蛋黄　1颗

水麦芽　15克

肉桂粉　适量

红豆沙　适量

准备

冷水中放入鸡蛋，沸腾后保持小火，煮约11～13分钟，冷却后取出备用。

红豆沙分割备用。

工具

布巾、木型、烧印、木勺子、金团筷、金团滤网、30目滤网

使用技法

分割（第34页）

分割

红豆沙　10克

做法

01 以木勺子轻压水煮蛋黄，使其通过30目滤网。

02 移至布巾上，与白豆沙混合，开火拌炒。

03 加入水麦芽，拌炒至不粘手背硬度，冷却备用。（此为黄味馅）

04 以手直接推压，使其通过金团滤网。

05 夹取少量放入木型，放入红豆沙，再用黄味馅填满木型。

06 以掌腹按压表面，使密度增大后，敲出。

07 将烧印蘸肉桂粉，压于表面即完成。

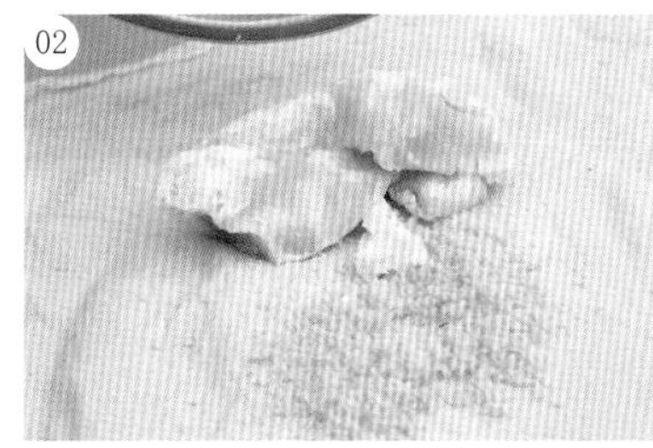

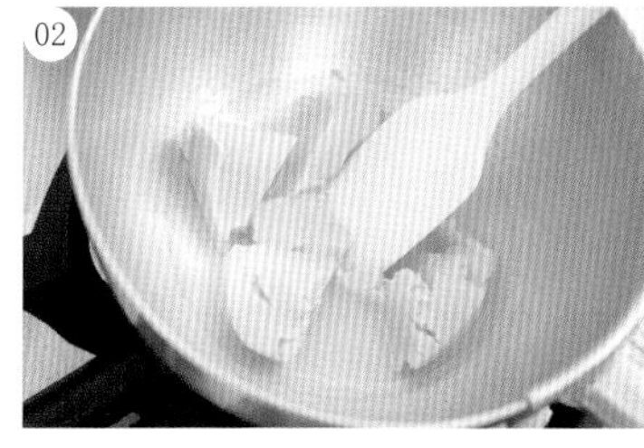

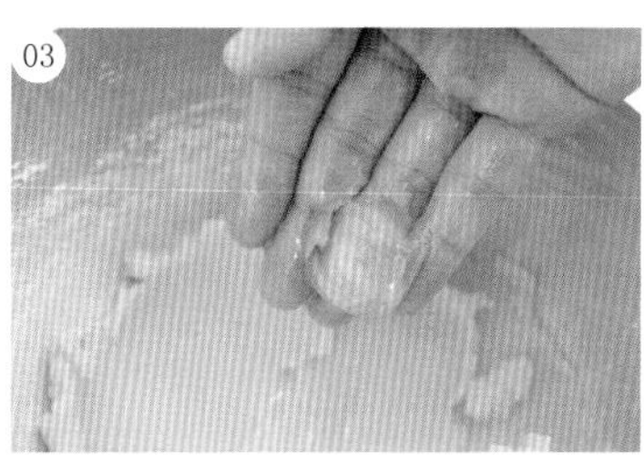

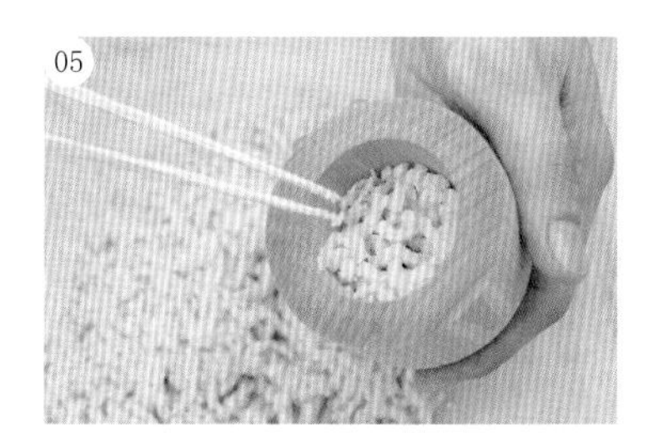

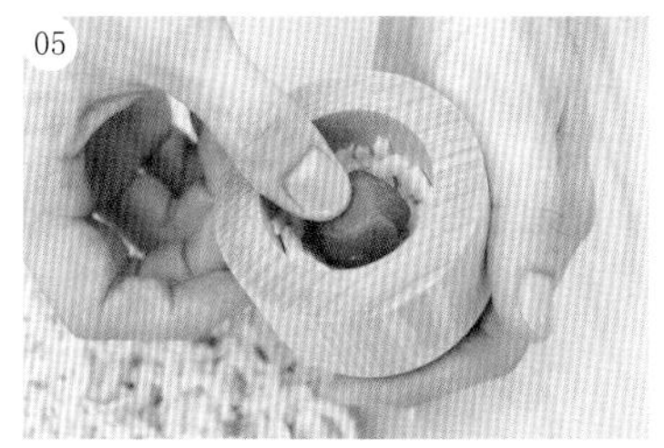

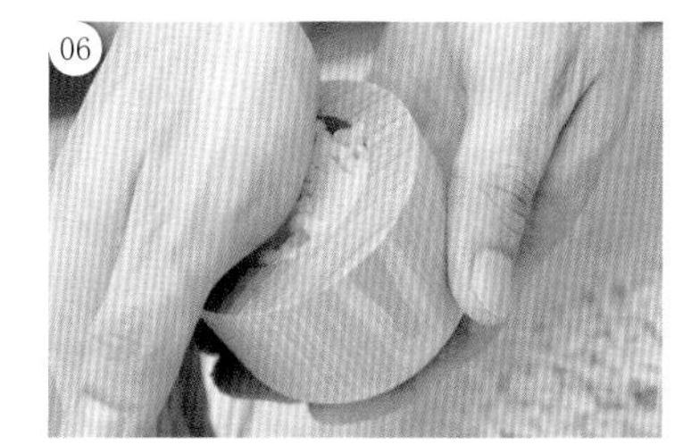

果子典故

自古以来，每到初秋，就会有各式各样的初雁果子被设计制作出来。这一颗初雁，表现在夕阳余晖的天空下，初雁展翅飞翔的姿态。

9月 栗蒸羊羹

くりむしようかん

羊羹是以寒天制作，是极具日本代表性的和果子之一。而蒸羊羹比使用寒天的羊羹历史还要悠久，是从镰仓时代开始（公元一一八五～一三三三年）。

材料（20个）

红豆沙 1000克
低筋面粉 84克
砂糖 125克
片栗粉 16克
食盐 2.5克
调节水 适量
黄金栗 20颗

（艳天）

粉寒天 1克
水 50克
砂糖 50克

工具

刮勺、刮板、毛刷、量尺、羊羹刀、烘焙纸、剪刀、方形模具

准备

低筋面粉先过筛备用。

片栗粉与食盐先混合备用。

将黄金栗沥干糖蜜，取出备用。

果子典故

公元一六八五年发现寒天，一七九八年才开始被制作成寒天羊羹。蒸羊羹与寒天羊羹不同之处在于『口感』，较为Q弹是蒸羊羹的特征。而栗蒸羊羹使用大量黄金栗子，表现出强烈的秋季风味。

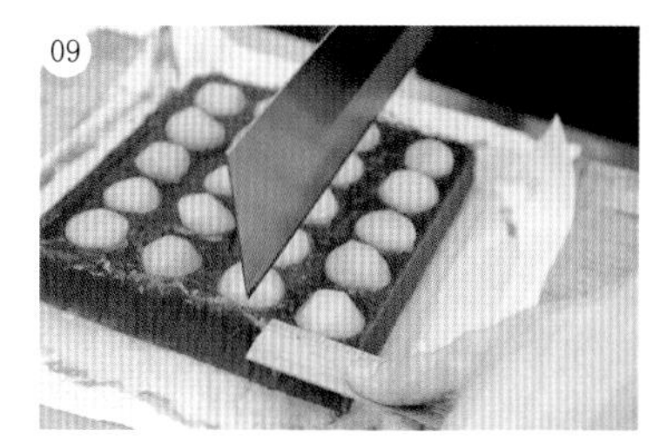

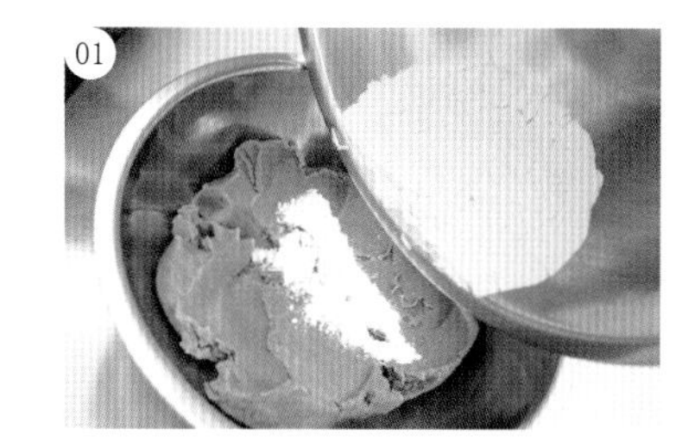

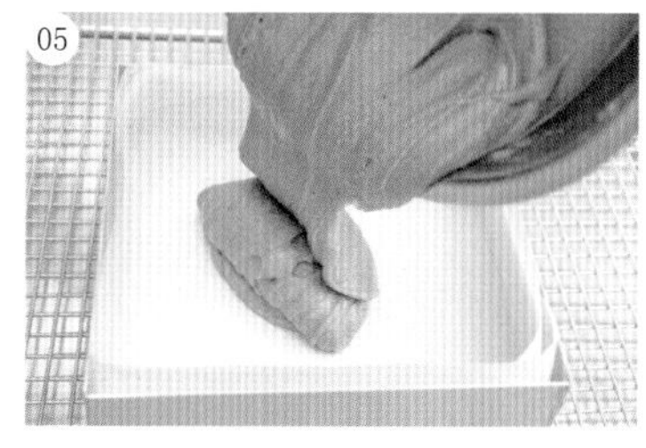

做法

01 红豆沙内加入过筛低筋面粉，揉合。

02 出现黏稠度后，再加入砂糖揉合。

03 加入片栗粉与食盐，揉合。

04 加入调节水，调整硬度。

Ⓣ 调整到落下后有些许痕迹，摇动锅子痕迹会消失的硬度。

05 倒入铺好烘焙纸的方形模具中，用刮勺铺平，以大火蒸80分钟。

Ⓣ 剪裁烘焙纸的方式，请参阅第88页。

06 出锅后，使用刮板除去表面湿气。

07 依序放上黄金栗。

08 等待冷却后，用毛刷于表面涂上艳天。

Ⓣ 艳天做法请参阅第56页。

09 等待艳天凝固后，以羊羹刀切割即完成。

9月 栗茶巾 くりちゃきん

岐阜县的中津川市、惠那市在很久以前就盛产山栗，从古时候开始以栗子为主要材料制作的料理、果子特别多。

材料（4颗）

剥壳干燥栗子 100克
砂糖 40克

工具

绢布
喷枪
磨碎机

分割

栗茶巾分割 30克（颗）

使用技法

分割（第34页）

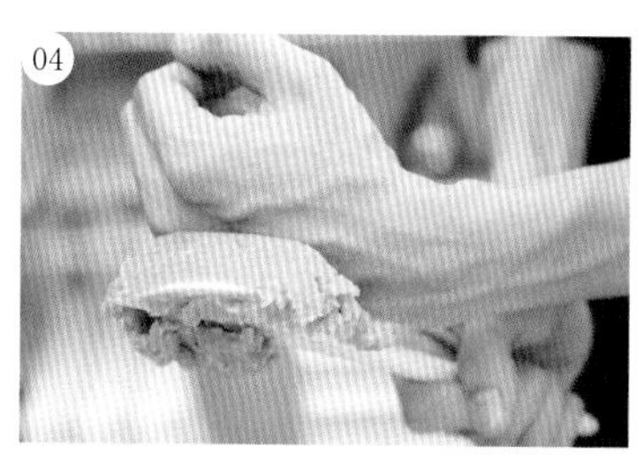

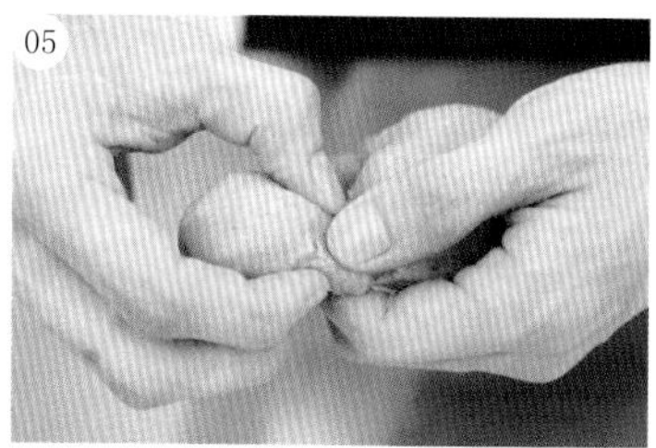

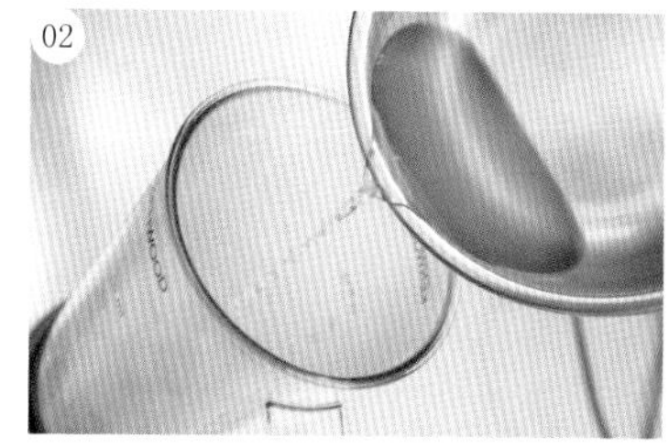

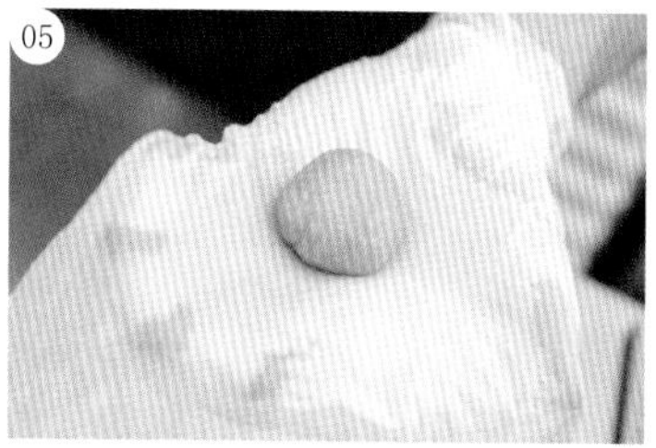

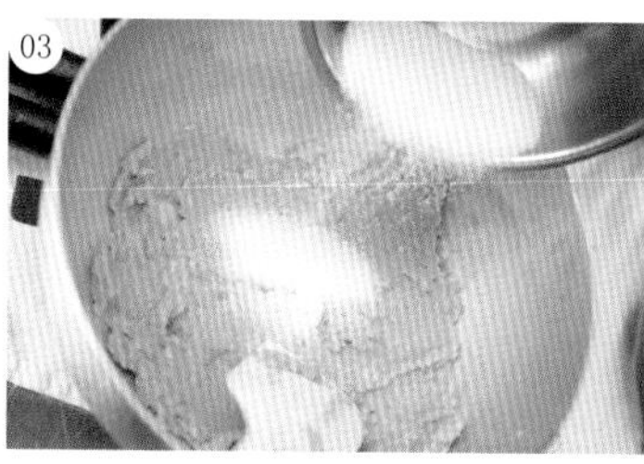

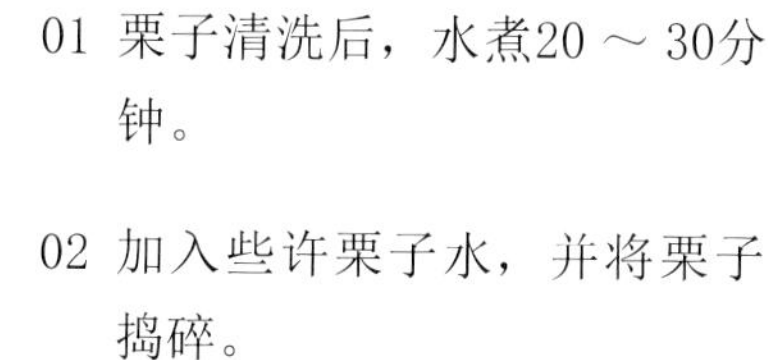

做法

01 栗子清洗后，水煮20～30分钟。

02 加入些许栗子水，并将栗子捣碎。

03 将栗子、三分之一砂糖混合后，以小火拌炒，再将剩余砂糖分次倒入。

04 砂糖化了以后，再炒至不粘手背硬度，即可起锅。

05 分割后，覆上绢布捏紧，表现纹理。

06 以喷枪于表面微烤，即完成。

果子典故

明治时代中期开始，栗茶巾被当作和果子来贩售，为了欢迎来旅游的人们，在旅馆内开始制作栗茶巾。当时，在中津川市中心的旅馆街道，日本古典短诗渐渐流行，各地的俳人、歌人造访此地，因而品尝到栗茶巾，栗茶巾便成为人气商品。

9月

栗手揉 くりこなし

『手揉』日文为こなし，音同KONASHI。食材经过大火蒸后，需要大力揉捏，使其柔顺光滑，因此得名『手揉』。

材料（4个）

- 红豆沙 200克
- 低筋面粉 16克
- 糯米粉 4克
- 砂糖 30克
- 芥子种子 适量
- 栗子馅 60克

准备

红豆沙煮至不粘手背硬度，待凉备用。

低筋面粉与糯米粉混合过筛。

工具

布巾

使用技法

分割（第34页）

包馅（第34页）

分割

- 外皮 25克
- 栗子馅 15克

Ⓣ 栗子馅请参阅第117页栗茶巾做法01～04。

做法

01 将红豆沙依序加入过筛粉类、砂糖，混合揉捏均匀。

02 分割小块，置于布巾上，以大火蒸20分钟。

03 出锅后，揉匀稍待冷却。

04 进行分割、包馅。

05 以大拇指与食指推出栗子的尖头形状。

06 底部沾取芥子种子装饰。

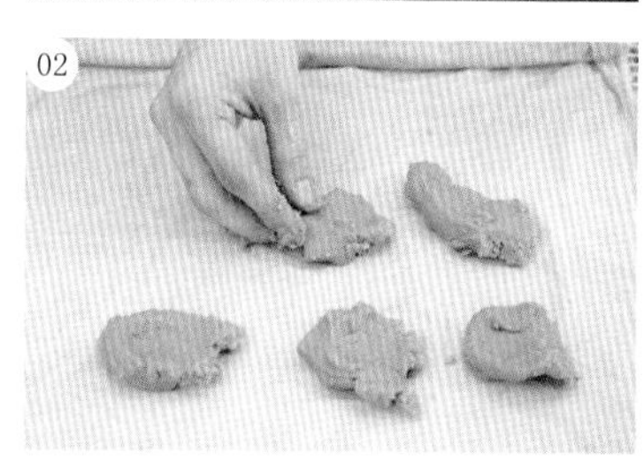

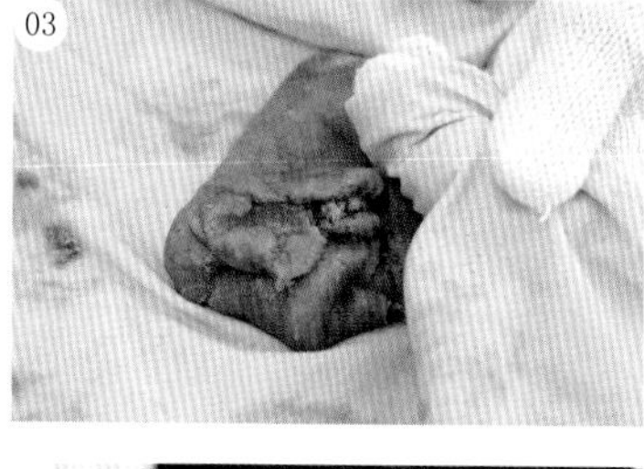

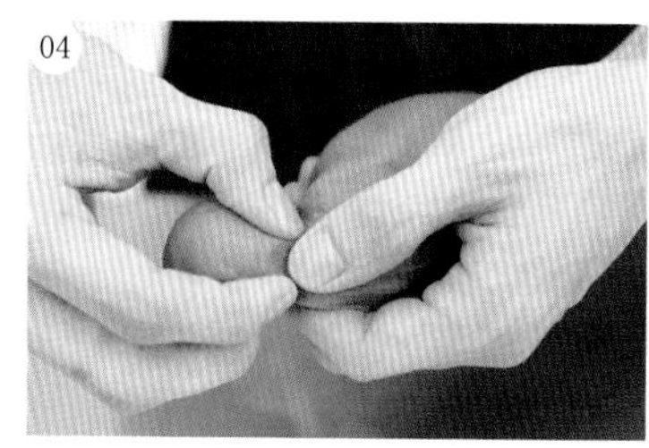

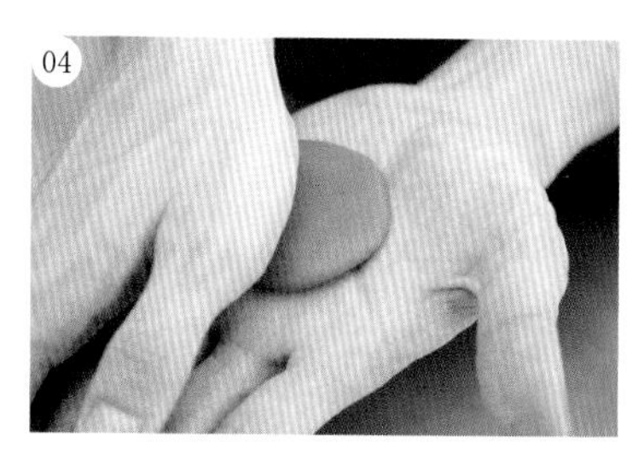

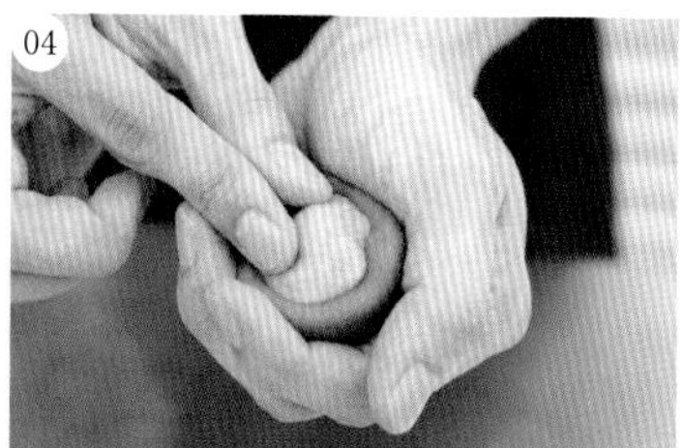

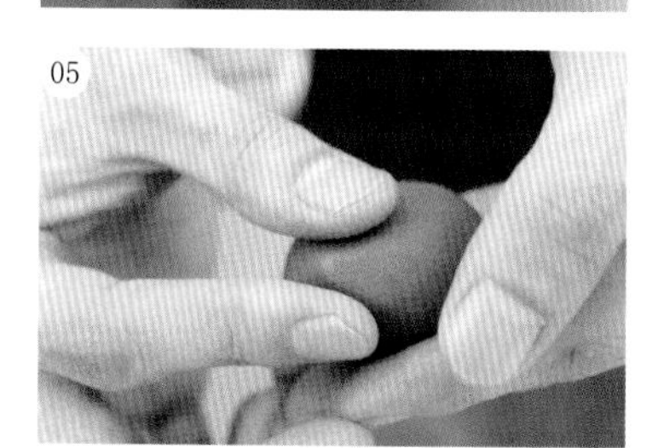

果子典故

『手揉』主要为关西地区上生果子所使用的素材，关东地区所使用的大多为『练切』，因此手揉有『关西风练切』之名。其使用方法与练切相同，但是相较于练切较有弹性，不太适合细小技法。

9月

栗馒头 くりまんじゅう

这款果子涂上蛋黄液，烧烤后亮亮的表面，让人联想到栗子，因此称为栗馒头。

材料（9个）

〔栗子馅〕

红豆沙 200克

砂糖 15克

黄金栗 40克

水麦芽 12克

〔外皮〕

砂糖 40克

蛋液 24克

无盐奶油 6克

炼乳 10克

苏打粉 1克

低筋面粉 80克

〔艳液〕

蛋黄 适量

味醂 适量

工具

刮勺

毛刷

番重

喷雾器

滤网

分割

外皮 15克

栗子馅 30克

准备

将黄金栗沥干糖蜜，取出备用。

番重先撒上低筋面粉手粉备用。

烤箱预热温度，上火180℃、下火150℃。

使用技法

分割（第34页）

包馅（第34页）

做法

〔栗子馅〕

01 将黄金栗切碎，备用。

02 红豆沙内加入砂糖后，开火拌炒。

03 待热度均匀后，加入切碎的黄金栗。

04 加入水麦芽，拌炒至小山形硬度即可起锅，待凉备用。

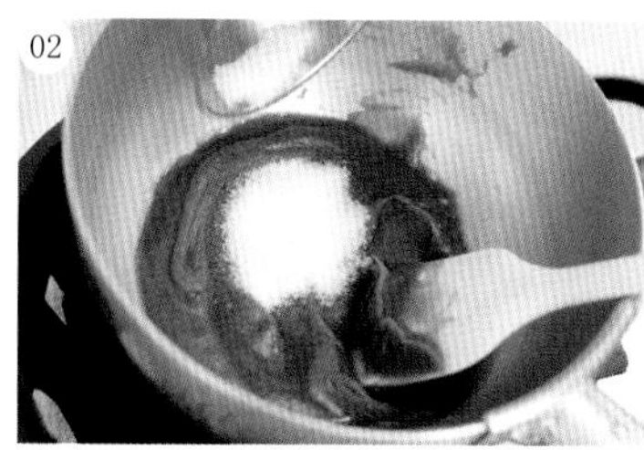

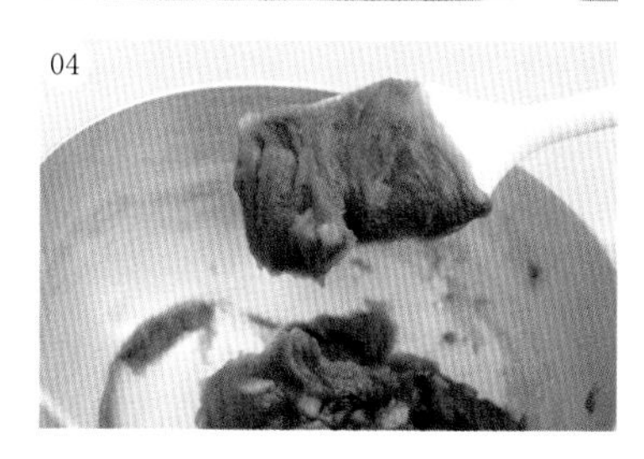

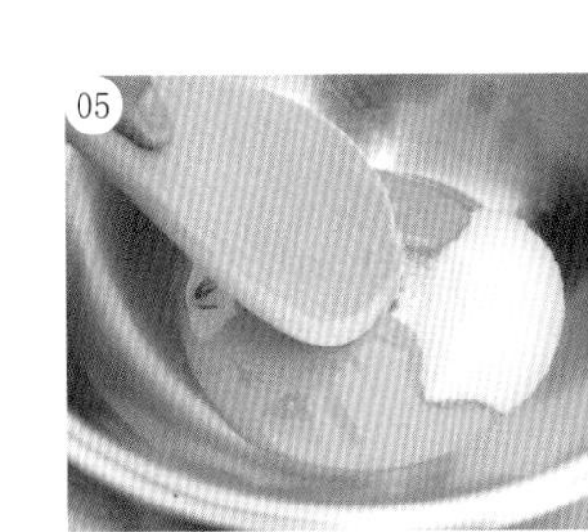

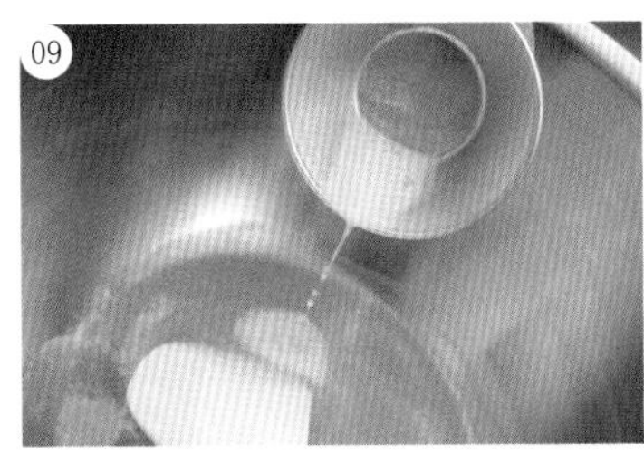

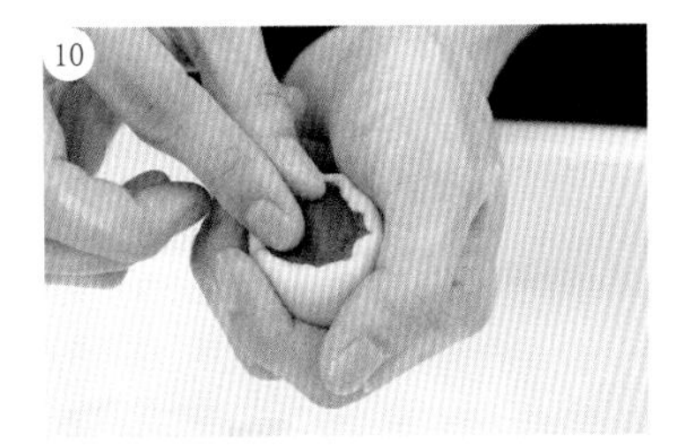

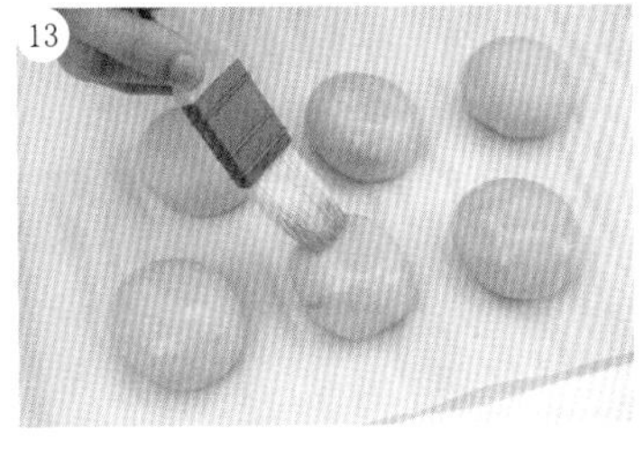

〔外皮〕

05 蛋液加入砂糖内混合。

06 融化奶油、炼乳，依序加入混合，搅拌均匀。

07 隔水加热使砂糖溶化后，进行过滤。

08 将做法07隔水降温。

09 加入溶解于水的苏打粉、过筛低筋面粉，搅拌均匀。

10 将外皮移至番重上，进行分割、包馅。

11 烤盘先喷上些许水雾。

12 完成包馅后，塑形。置于烤盘上，表面喷上水雾，待干。

13 过滤蛋黄，加入适量味醂，制作艳液。于面团表面涂抹两次后，放入烤箱，烤15分钟即完成。

T 等待第一次涂抹干后，再涂第二次。

果子典故

在和果子出现之前，栗子就被人们大量使用，而栗子与和果子之间，有着非常深的渊源，搭配的同时让人更能享受到秋天的风味。

9月 重阳 ちょうよう

重阳为日本的五节句之一（节句即是传统节日之意）。农历九月九日，正好是菊花盛开之时，因此又称为『菊之节句』。

材料（7个）

（外皮）
- 白玉粉 12克
- 水 80克
- 砂糖 80克
- 上新粉 40克
- 片栗粉 8克
- 手蜜 适量
- 粉色食用色素 适量
- 白豆沙 105克

（薯蓣）
- 大和芋 16克
- 砂糖 24克
- 上用粉 14.4克

工具

布巾
毛刷
擀面棒
打蛋器
三角刀
方形模具

分割

外皮 25克
薯蓣 5克
白豆沙 15克

准备

片栗粉手粉适量备用。
白豆沙分割备用。

使用技法

分割（第34页）
包馅（第34页）

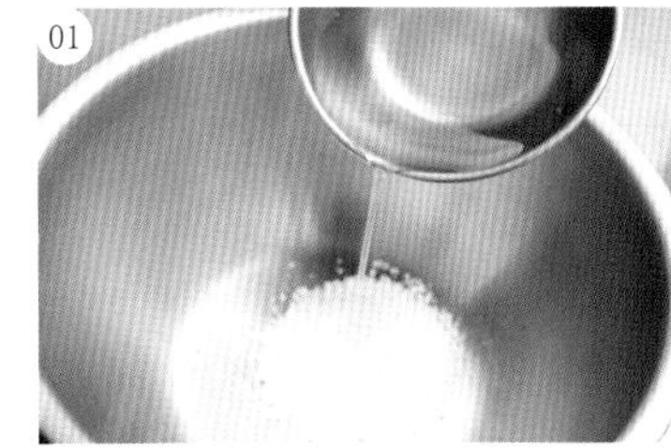
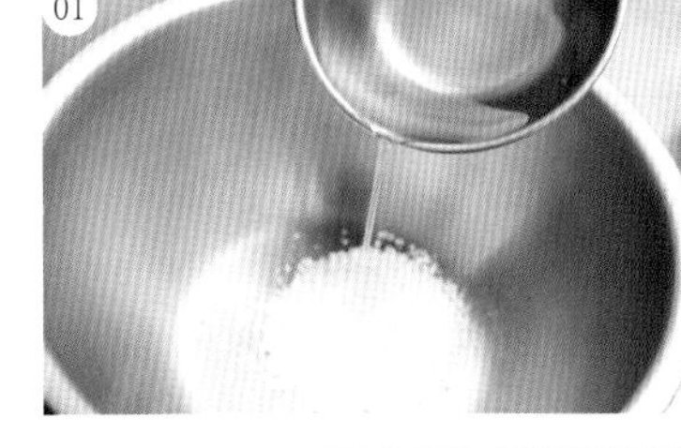
01

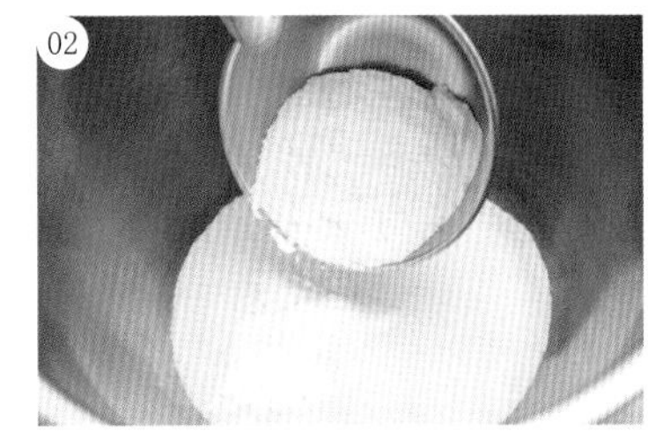
02

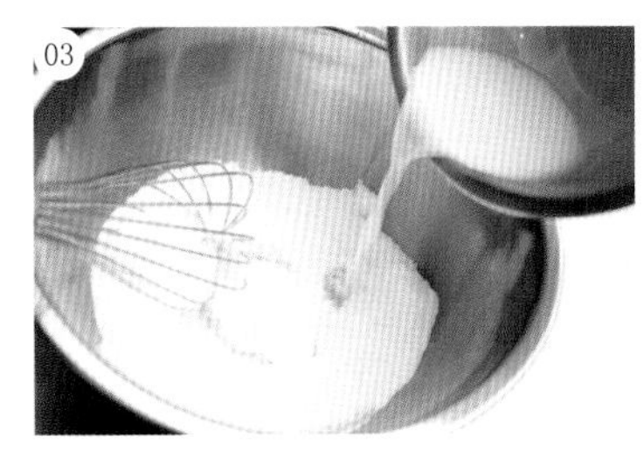
03

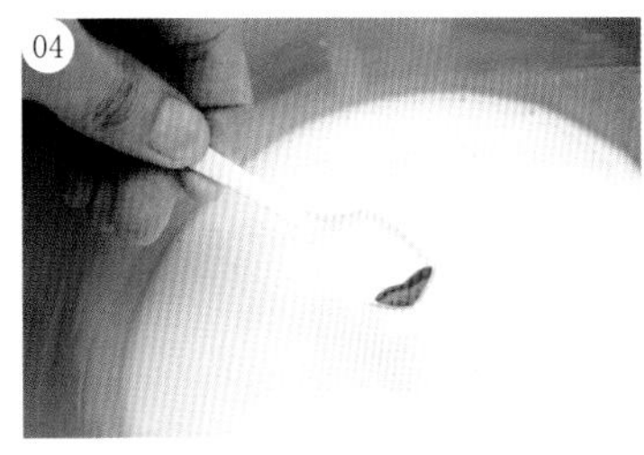
04

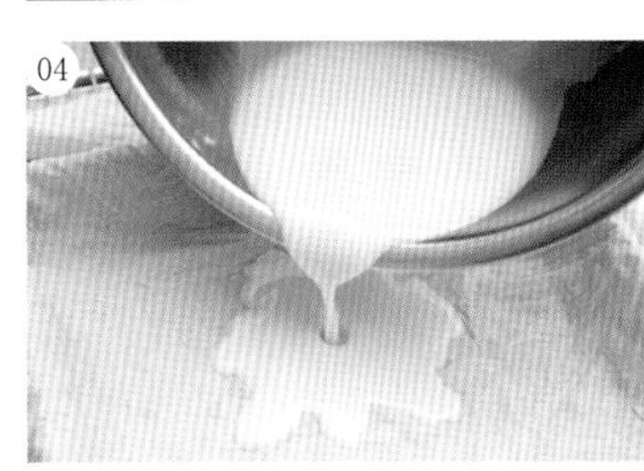
04

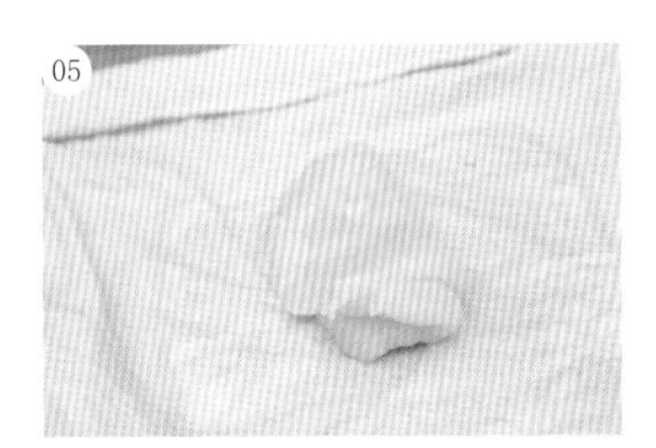
05

05

06

06

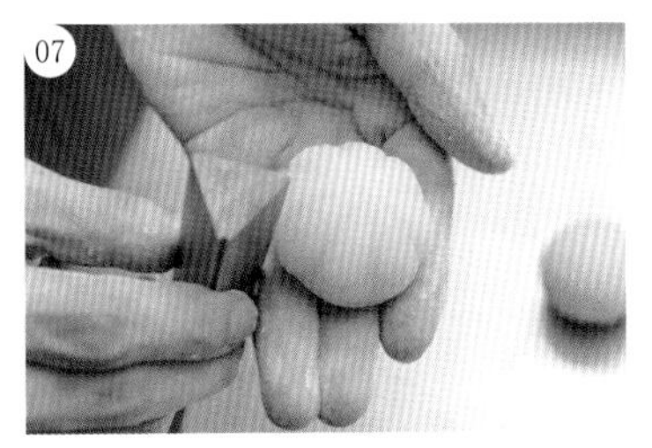
07

做法

〔外皮〕

01 白玉粉与水混合均匀。

02 将砂糖、上新粉、片栗粉混合均匀。

03 将做法01加入，使用打蛋器搅拌均匀。

04 用粉色食用色素着色后，倒入铺有布巾的方形模具，以大火蒸30分钟。

T 先将铺有布巾的方形模具空蒸3分钟，以防渗漏。

05 出锅后揉匀，一边蘸手蜜、一边分割外皮。

T 手蜜即是将砂糖与水依2∶5的比例混合煮至溶化，多使用于揉匀、分割和果子。

06 包馅后，使用毛刷刷上片栗粉手粉。

07 以三角刀划分为八等份后，备用。

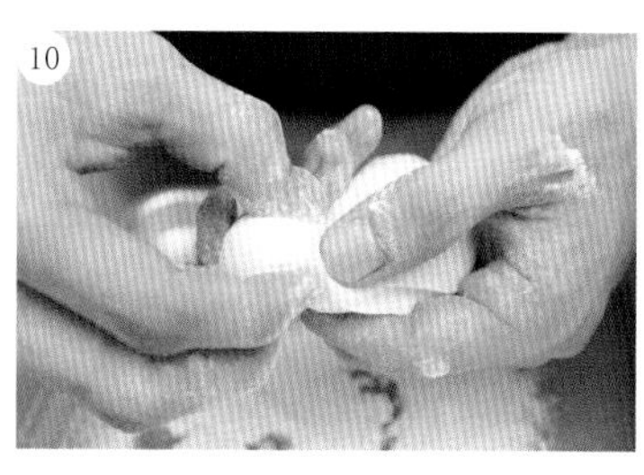

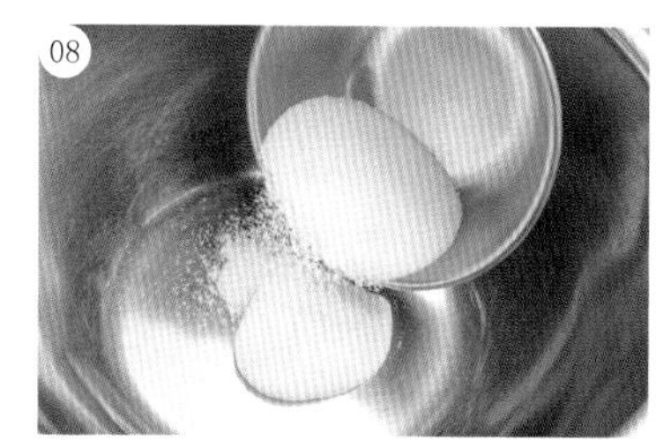

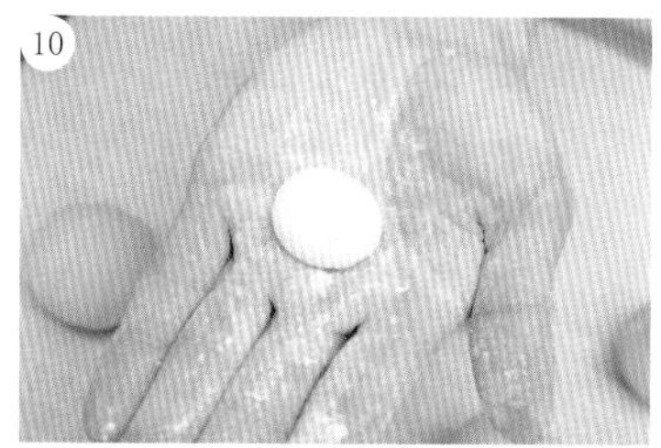

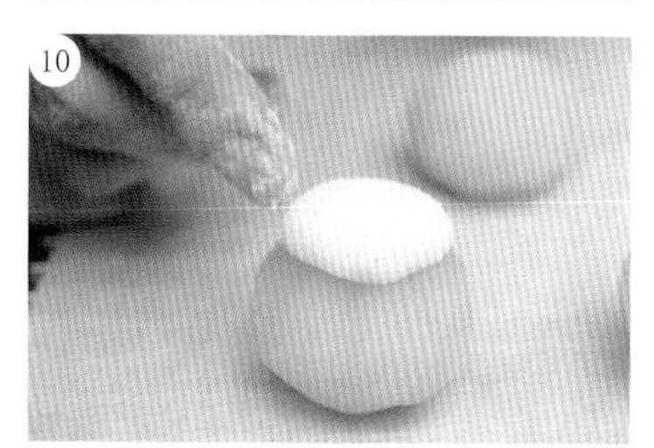

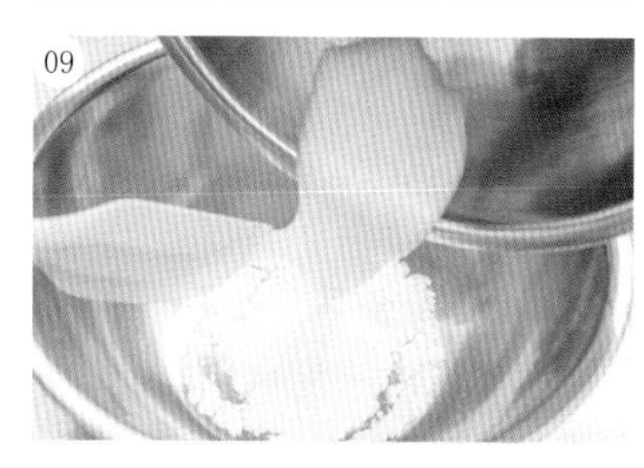

〔薯蓣〕

08 砂糖分三次倒入大和芋中混合，使用擀面棒以画圈方式搅拌。

09 将做法08加入上用粉内，用手慢慢揉匀。

10 分割后塑形置于粉色外皮上方，以大火蒸5分钟即完成。

果子典故

阴阳家（中国东周战国中期主要学派之一）的阴阳概念中，奇数为阳数，九为阳数中最大的数字，因此重复两个九的这一天，称为『重阳』。

人们为了祈祷长命百岁，在重阳节这一天四处装饰菊花、喝菊花酒。或者在前一天晚上，将棉花放在菊花上，让棉花吸收露水，隔日用吸饱露水的棉花擦拭全身，将邪气扫除，希望延年益寿。

9月

大輪咲

たいりんざき

秋天的代表花种，菊花。

材料（1个）

红色练切 24克

红豆沙 18克

黄色练切 适量

金粉 适量

工具

竹签

细工铗

三角刀

平底小碗

使用技法

包馅（第34页）

果子典故

菊花的种类、姿态千变万化，这里使用比较夸张的技法来表现。层层分明的花瓣，细腻且大方，展现菊花怒放的优美之姿。

做法

01 红色练切揉匀压平，包馅。

02 用竹签在花蕊中心做记号。

T 将练切放在倒扣的平底小碗上，较好进行塑形、剪花瓣的动作。

03 使用三角刀，依记号压出花蕊位置。

04 以细工铗在花蕊边缘剪出小花瓣。在第一圈的花瓣与花瓣之间，剪出第二圈花瓣。以相同手法逐圈加大花瓣。

T 剪花瓣时，可以准备干净的湿布，用来擦细工铗，以免练切黏住。

05 在三角刀花蕊模型内蘸取适量金粉，再填入黄色练切，轻压至花蕊处。

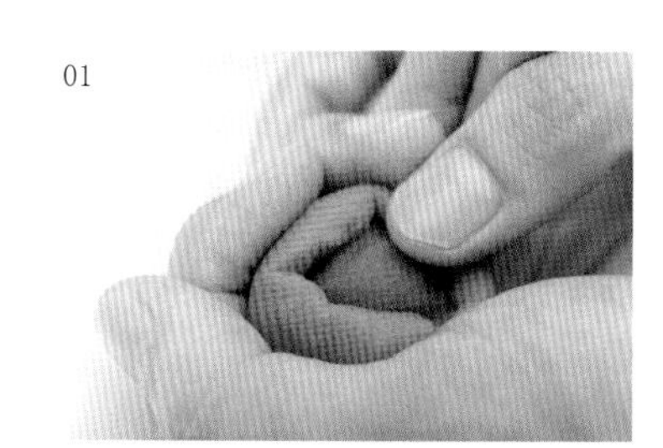

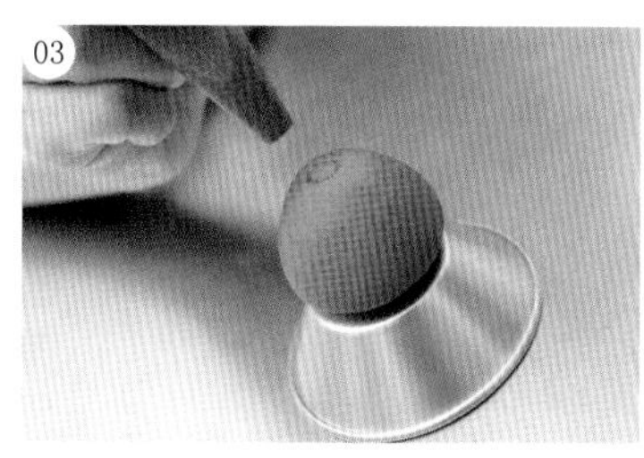

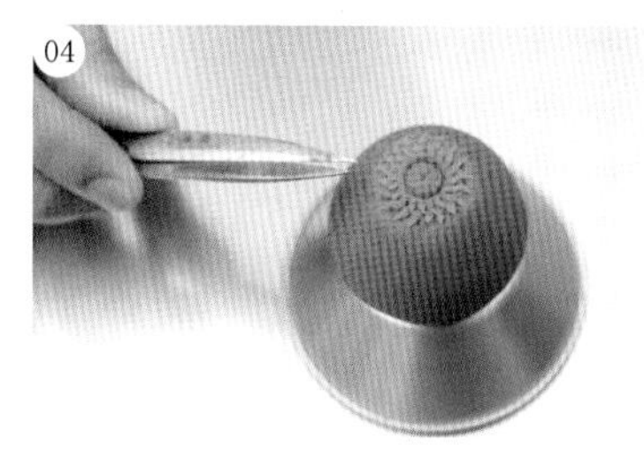

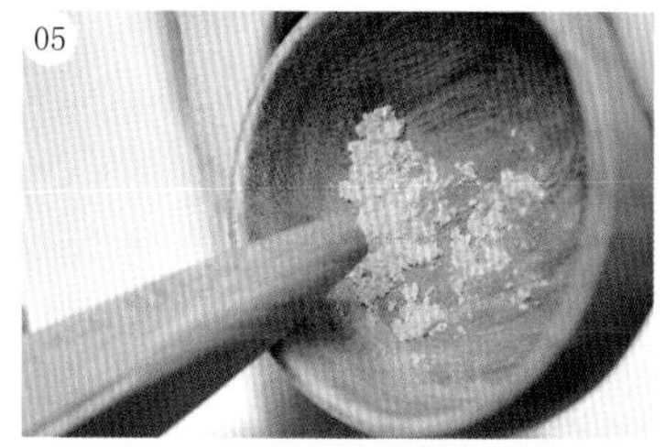

9月

隐逸

いんいつ

秋天的代表花种，菊花。

材料（1个）

白色练切 22克

紫色练切 适量

黄色练切 适量

银粉 适量

红豆沙 18克

工具

竹签

三角刀

细工针筷

使用技法

三分渐层法（第39页）

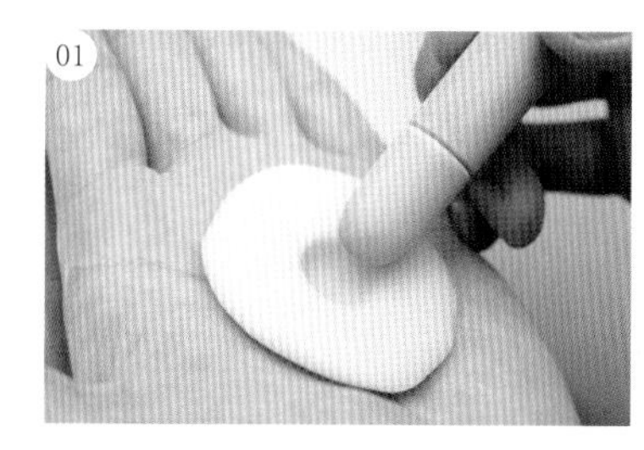

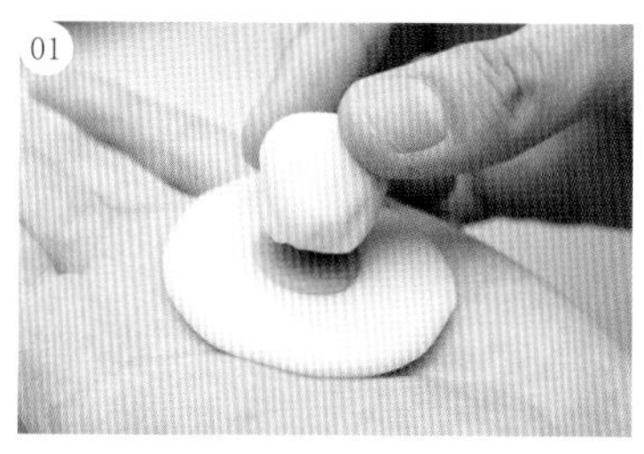

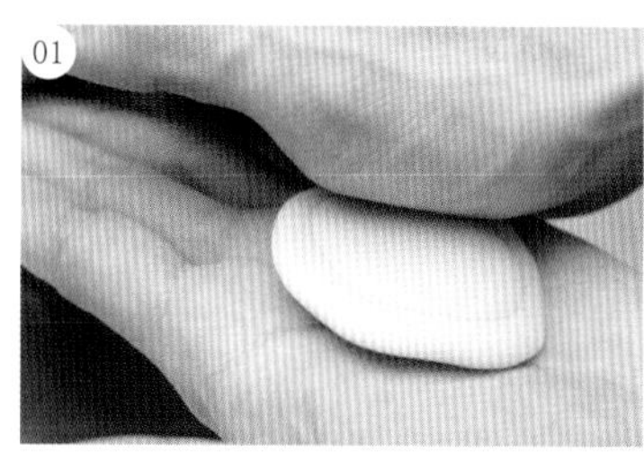

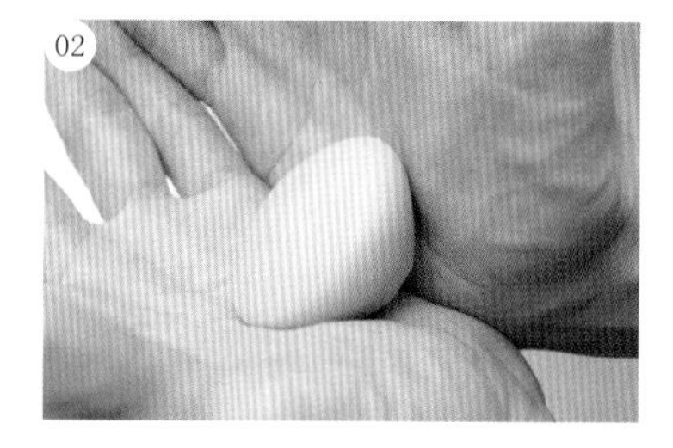

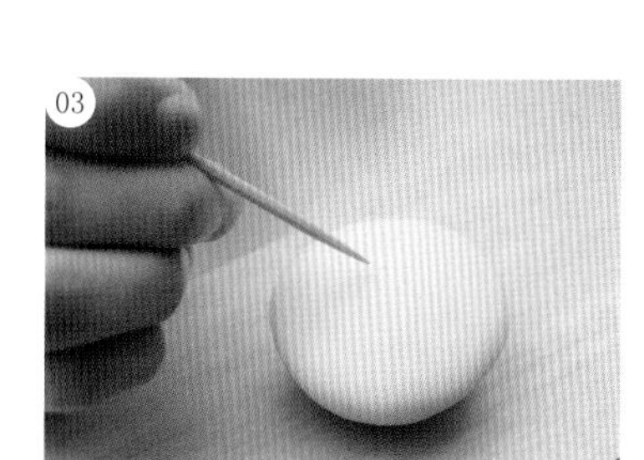

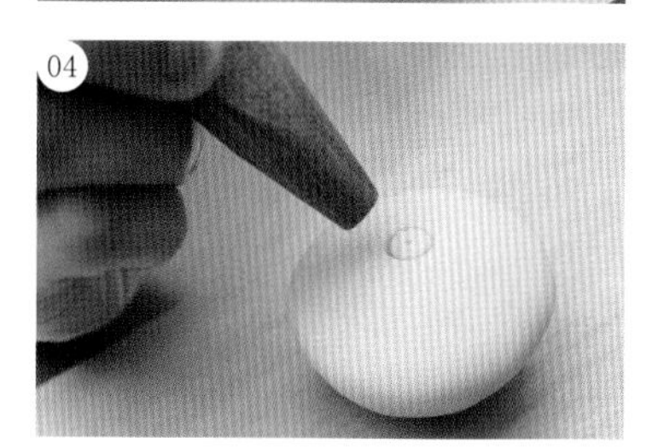

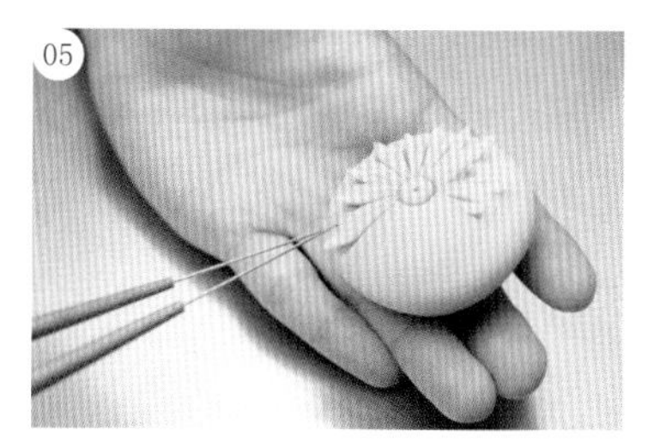

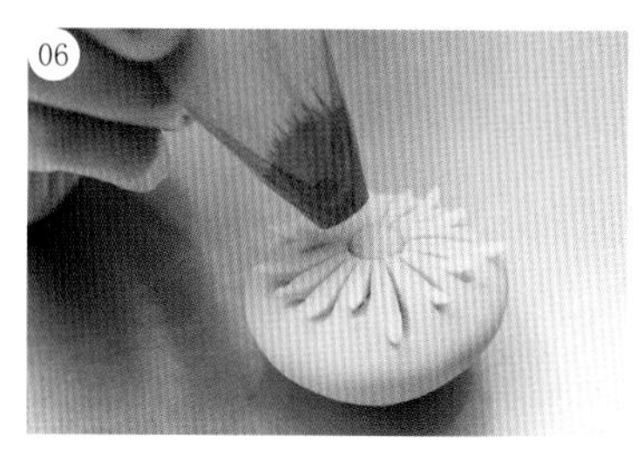

做法

01 白色、紫色练切揉匀压平，进行三分渐层法的操作。

02 用手推出陀螺形。

03 使用竹签寻找中心点，稍做记号。

04 在记号处用三角刀压出花蕊位置。

05 以细工针筷由中心点拉出一圈花瓣，花瓣可一大一小交错。

06 三角刀的花蕊模型内填入黄色练切，轻压于练切中心，制作花蕊。

07 在练切表面撒上银粉装饰。

果子典故

菊花的种类、姿态千变万化，这里表现技法较低调平稳，却又不失其中魅力，交错的大小花瓣，透出菊花的层次感，适量的银粉装点隐约的典雅之气。

9月

十五夜

じゅうごや

十五夜，指的是农历八月十五日，刚好是秋天中段，满月的时候，因此又称『中秋节』。

材料（1个）

黑色练切 22克
黄色练切 适量
白色练切 适量
红豆沙 18克
金粉 适量

工具

毛刷
平板
小田卷
圆形切模

使用技法

包馅（第34页）

做法

01 黑色练切揉匀压平，包馅。

02 将练切贴于平板上，再用手推成陀螺形。

03 使用毛刷刷上金粉。

04 用小田卷推挤白色练切，贴在黑色练切上，表现云的姿态。

05 以圆形切模压在黄色练切上按压出圆，代表月亮，贴在黑色练切上即完成。

果子典故

若提到日本中秋节，最先联想到的是月亮、芒草、团子。

月亮：在一年之中，中秋这一天是月亮最美丽的时候，但是事实上十五夜并非一定是满月，每年或许会有几天的差异。在这一天，人们将收获的米、芋类作为供品，举行收获感谢祭，因此这一天也有『芋名月』之别名。

芒草：中秋这一天人们会装饰芒草，将芒草当作稻穗，祈祷今年也能丰收。

团子：中秋这一天吃了圆形的团子，祈祷家人健康、幸福，有圆满之意。

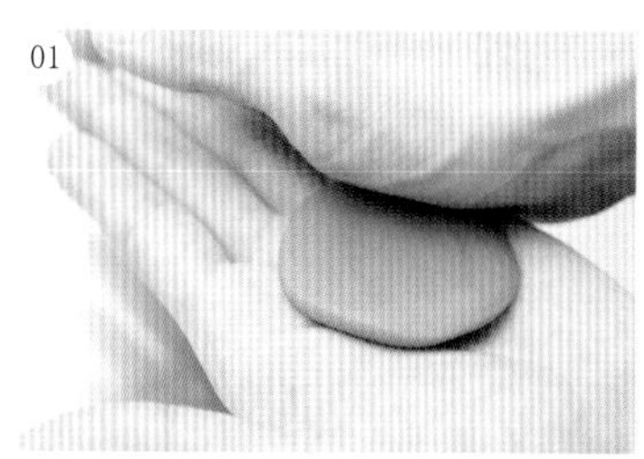

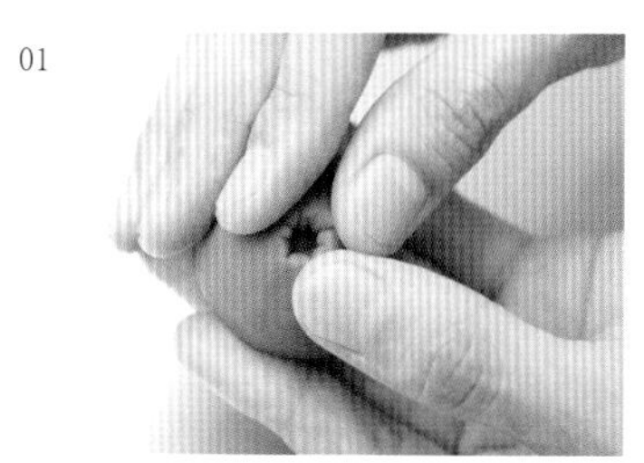

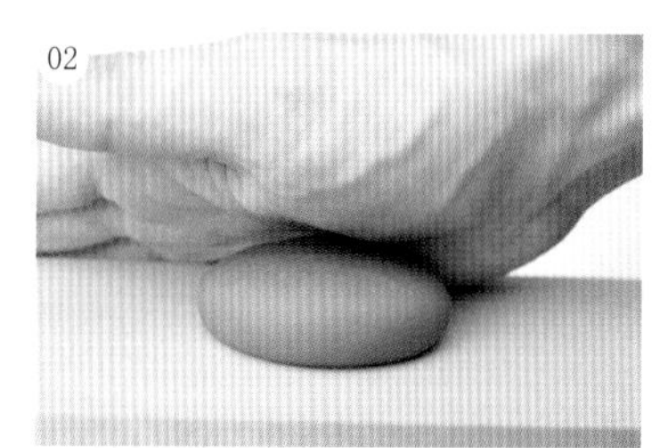

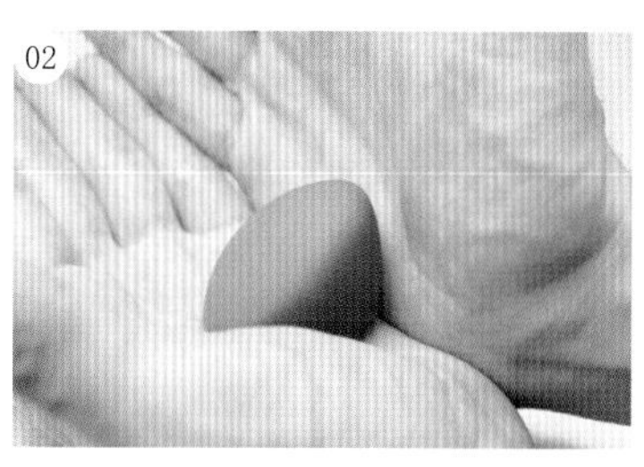

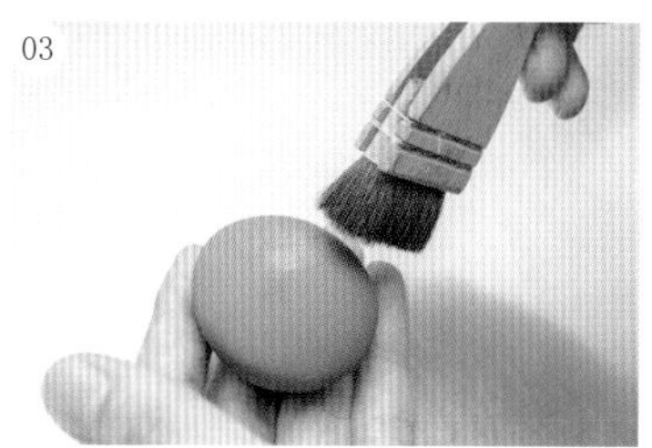

9月 御萩

おはぎ

江户时代，当砂糖还是高贵稀有食材的时候，御萩是平常无法吃到的豪华食物。

材料（11~20个）

- 糯米 200克
- 热水 200克
- 食盐 1克
- 食用水 适量
- 颗粒红豆馅 600克（外皮用）
- 颗粒红豆馅 165克（内馅用）
- 含糖黄奈粉 适量
- 含糖芝麻粉 适量

T 御萩有不同呈现方式，可将糯米作为内馅，红豆沙、颗粒红豆馅为外皮；也可将糯米作为外皮，红豆沙、颗粒红豆馅当内馅。依喜好来准备材料！

T 颗粒红豆馅可换成红豆沙，材料重量与分割重量均相同。

T 黄奈粉、芝麻粉与砂糖的调配比例为五比一。

工具

刮勺、布巾

分割

◎糯米为内馅时
- 糯米 20克
- 颗粒红豆馅 30克

◎糯米为外皮时
- 糯米 35克
- 颗粒红豆馅 15克

准备

颗粒红豆馅分割备用。

使用技法

分割（第34页）
包馅（第34页）

做法

01 糯米清洗后，浸泡于水中，静待一晚。将糯米沥水，置于网布巾上，并以大火蒸25分钟。

02 蒸好的糯米移至碗中，加入热水、食盐混合均匀。

03 覆盖保鲜膜，静置闷30分钟。

04 手蘸食用水，把糯米分割成适当重量。

05 将颗粒红豆馅（或红豆沙）压平，包入糯米内馅后塑成椭圆形。

06 将糯米压平，包入颗粒红豆馅（或红豆沙）后塑成椭圆形，表面裹上黄奈粉或芝麻粉即完成。

果子典故

使用有驱魔避邪效果的红豆，加入高级食材砂糖，拌炒煮成红豆馅，再将红豆馅与米饭、麻糬结合，制作成御萩，作为奉献给神明的供品。还有另一种『牡丹饼』，于春天时制作；秋天则称御萩。

一开始，牡丹饼是豆沙馅制作，御萩是颗粒红豆馅制作，现今已经没有特别区分。

红豆约在四月~六月种植，九月~十一月收获。因此在九月时，使用刚收获的红豆制作，红豆皮较柔软，制作成颗粒红豆馅；而保存至隔年春天的红豆，届时外皮变硬，则去皮制作成红豆沙馅。

10月

松球

まつぼっくり

材料（1个）
茶色练切 24克
红豆沙 18克

工具
喷枪
细工铗
平底小碗

使用技法
包馅（第34页）

松球为松树的果实，每到十月，松球渐渐成熟，便会开始掉落。

做法

01 茶色练切揉匀压平，包馅。

02 再用手推出水滴形状。

03 使用细工铗剪出一片一片交错的松球果鳞。

04 以喷枪微烤表面，即完成。

T 将练切放在倒扣的平底小碗上，比较好进行塑形、剪花瓣的动作。

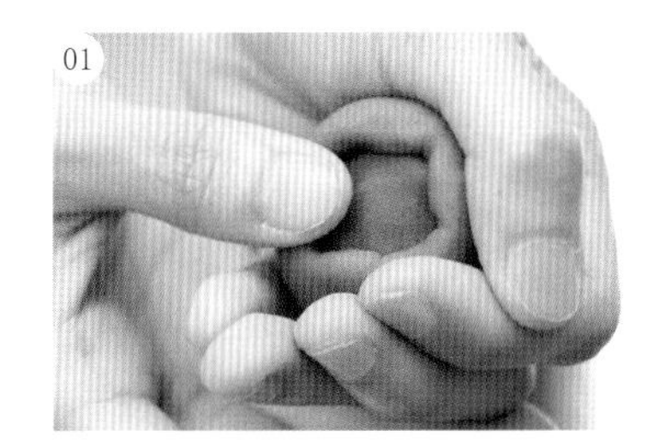
01

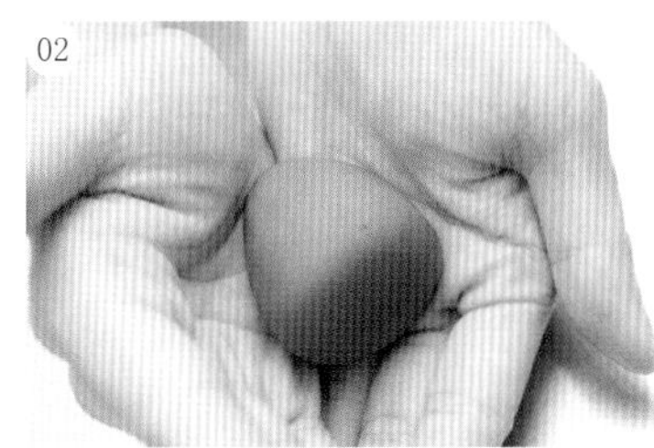
02

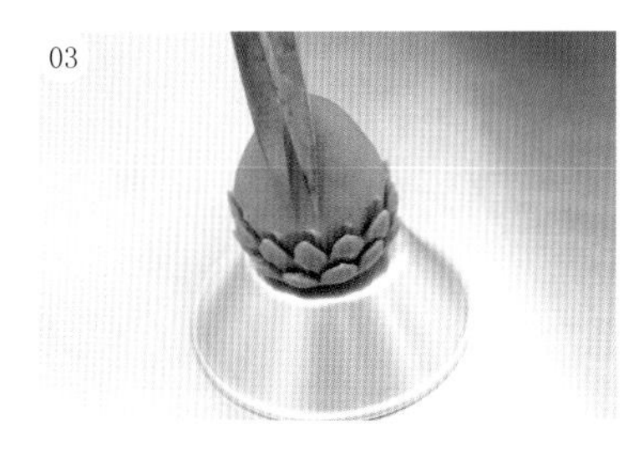
03

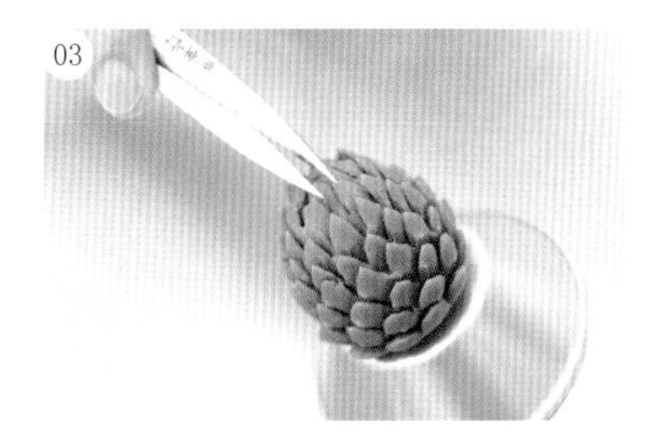
03

04

果子典故

松球一碰到水，果鳞便会紧收，相反，若是天气干燥，果鳞便会张开，非常有趣。

10月

马铃薯 じゃがいも

一般来说，马铃薯的丰收季节为九月至十一月，现代农业发达，通常一年之中都可以品尝得到。

材料（5个）

（马铃薯馅）
白豆沙 100克
马铃薯 35克
砂糖 25克
无盐奶油 8克
水麦芽 2克
食盐 0.6克

（外皮）
蛋液 14克
蛋黄 1.5克
砂糖 8克
炼乳 12克
水麦芽 2克
酱油 1克
苏打粉 0.4克
低筋面粉 40克

工具

滤网、布巾、绢布、竹签、木勺子、番重、刮勺、喷雾器

分割

外皮 14克
内馅 28克

准备

先洗清马铃薯，并削皮。
烤箱设定温度上火180℃、下火130℃。
番重先撒上低筋面粉手粉。

使用技法

分割（第34页）
包馅（第34页）

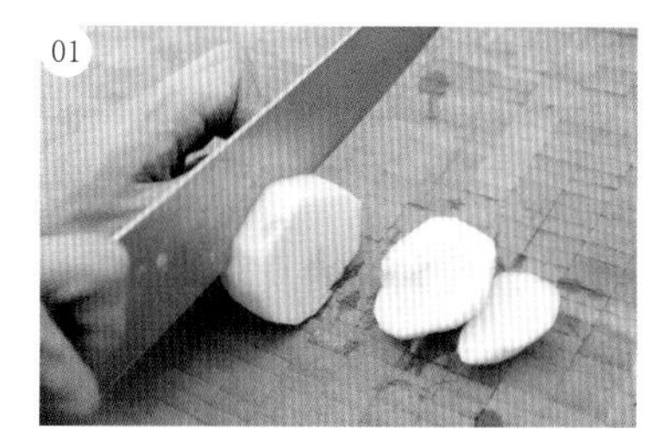

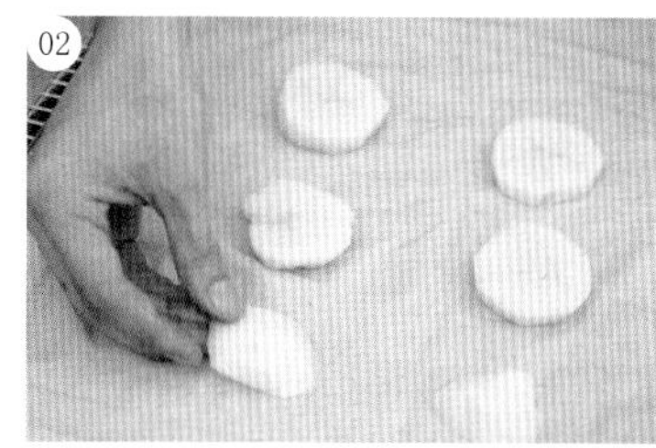

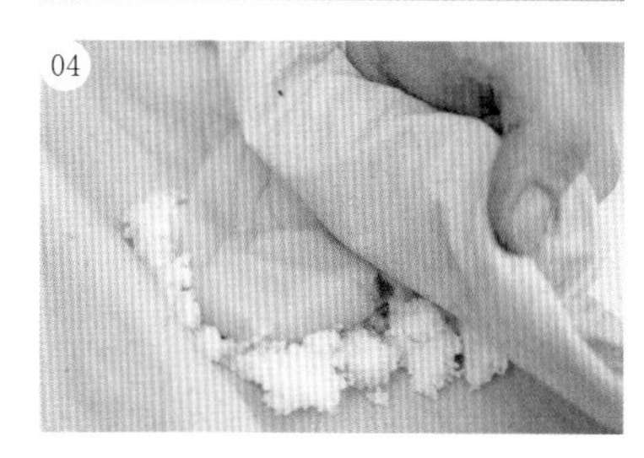

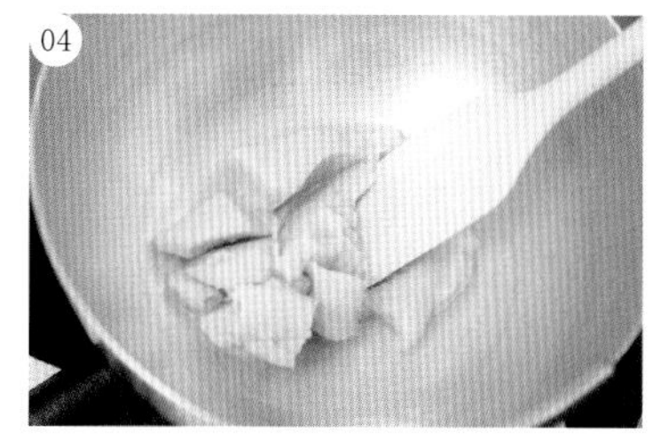

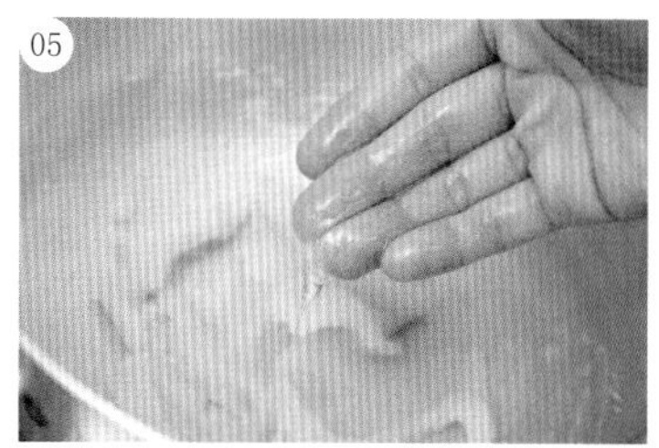

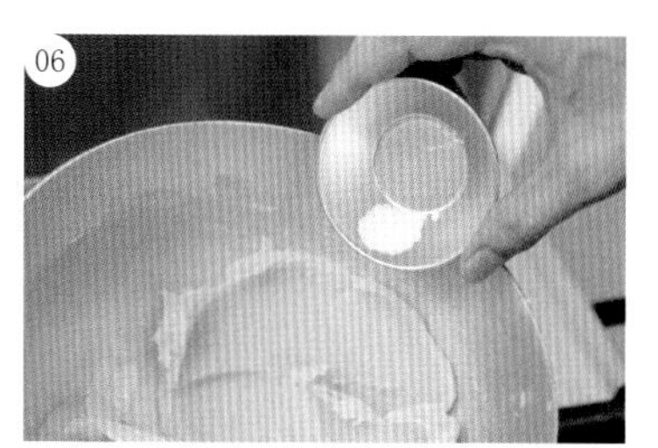

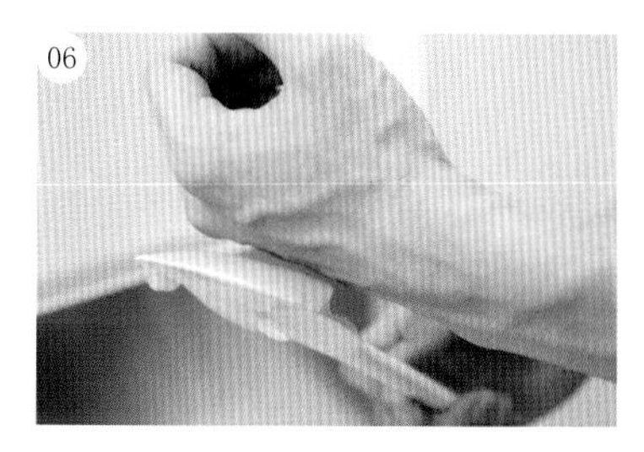

做法

〔马铃薯馅〕

01 将马铃薯切成1厘米厚的片。

T 切完的马铃薯可以先泡水，以防变色。

02 移至布巾，以大火蒸约25分钟，至马铃薯变软。

T 马铃薯蒸熟至可用竹签穿透程度即可。

03 使用滤网，以木勺子轻压马铃薯过滤。

04 将过滤后的马铃薯与白豆沙混合，开火拌炒均匀。

05 依序加入砂糖、无盐奶油、水麦芽拌炒。

06 起锅前，加入食盐，炒至不粘手背硬度即可起锅，备用。

果子典故

马铃薯的使用方法非常多，除了众所皆知的洋芋片、薯条之外，也被用于快煮面之中。这里将马铃薯带进和果子当中，是和果子中较少见的食材。

〔外皮〕

07 砂糖内加入蛋液混合，以木勺子搅拌均匀。

08 炼乳、水麦芽依序加入混合。

09 隔水加热后，进行过滤。

10 待冷却后，加入酱油，搅拌均匀。

11 把溶解于水的苏打粉、过筛低筋面粉依序加入后，以刮勺搅拌均匀。

12 将做法11移至番重内，进行分割。

13 包入马铃薯馅。

14 覆盖上绢布，以竹签压出4个十字线，表现马铃薯的凹洞。

15 放入烤盘，用喷雾器将外皮喷湿，进入烤箱烤15分钟，即完成。

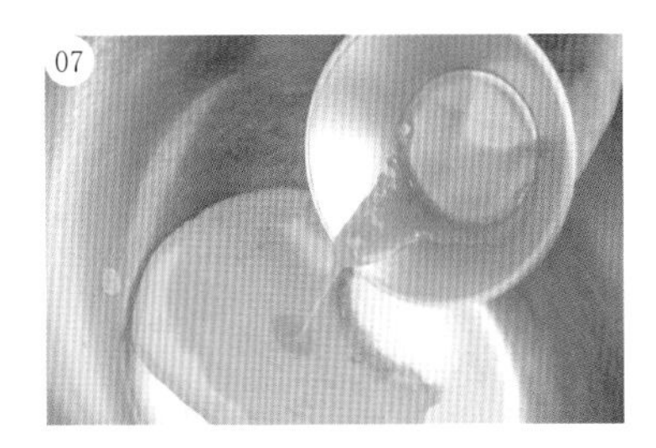

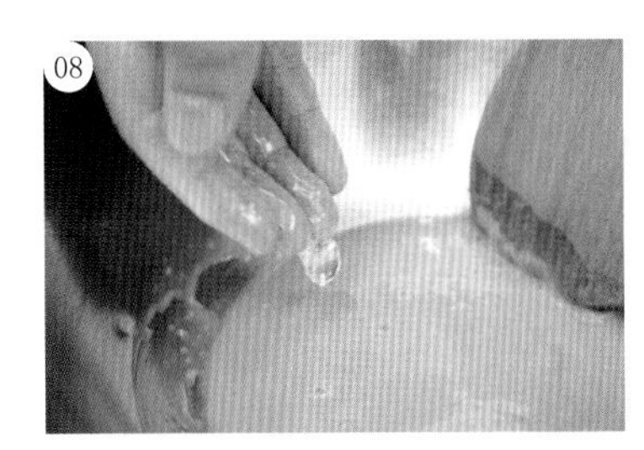

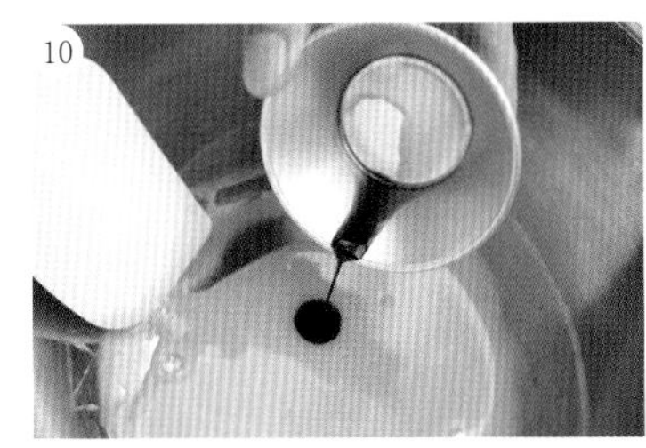

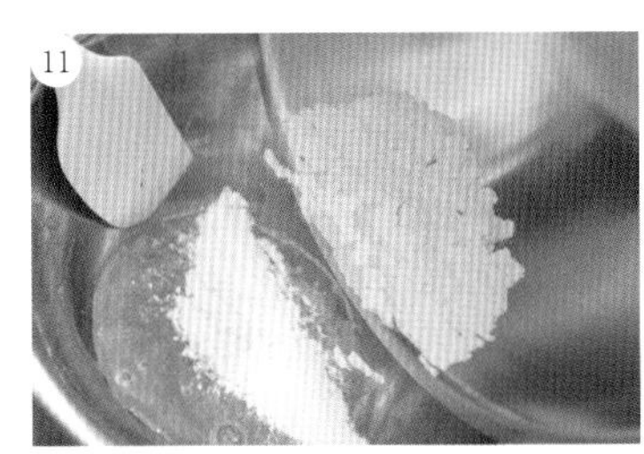

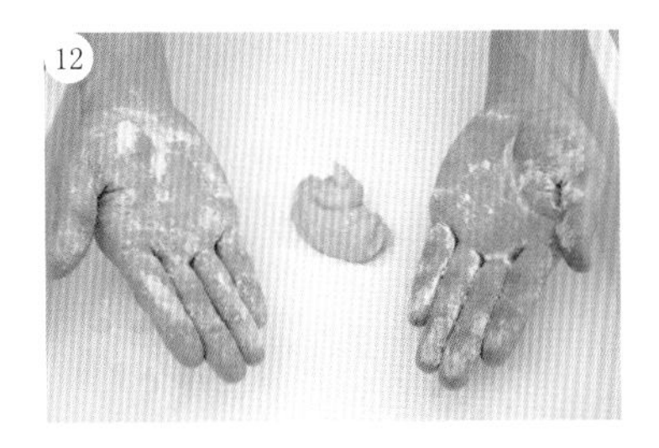

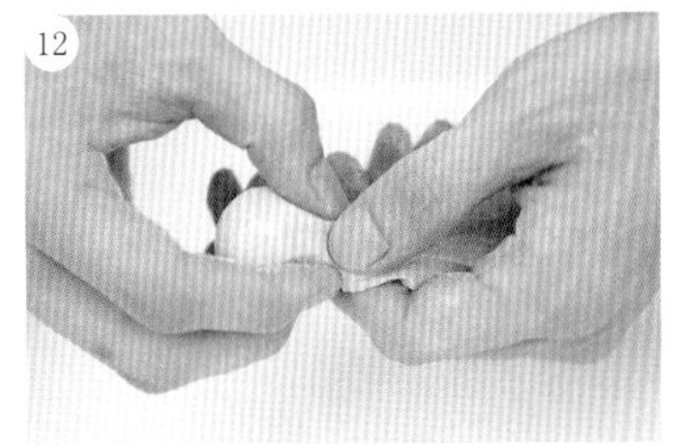

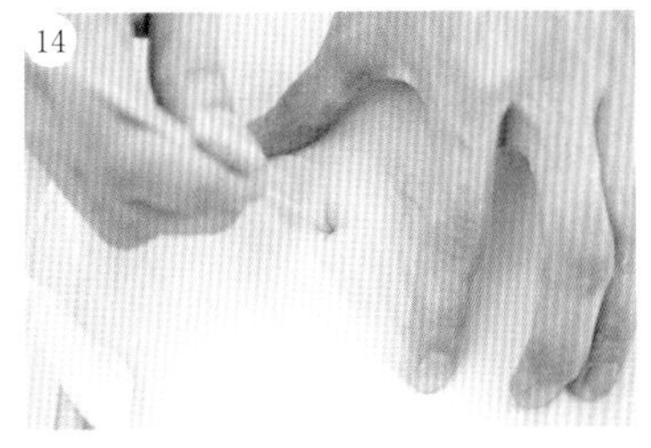

10月 万圣节

ハロウィン

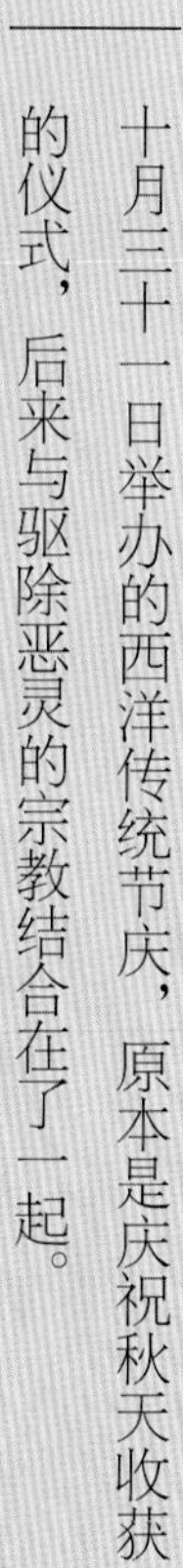

十月三十一日举办的西洋传统节庆，原本是庆祝秋天收获的仪式，后来与驱除恶灵的宗教结合在了一起。

材料（2个）

〔捣蛋鬼〕

白色练切 22克

粉色练切 适量

黑芝麻 2颗

红豆沙 18克

〔南瓜灯〕

橙色练切 22克

绿色练切 适量

红豆沙 18克

工具

针

竹签

汤匙

烧印

蛋型

细工铗

三角刀

锯齿状模型

做法

〔捣蛋鬼〕

01 白色练切揉匀压平，包馅。

02 用手推出水滴形状，在细端处，以手指轻捏出尾巴造型。

03 用小汤匙划出嘴巴。

04 粉色练切制作舌头形状并于中间划线。

05 将舌头放入嘴巴，再将嘴巴合上。

06 取适量粉色练切贴于两侧，进行一部渐层法的操作，表现腮红。

07 用细工铗剪出双手。

08 以竹签沾取黑芝麻贴上，表现眼睛。

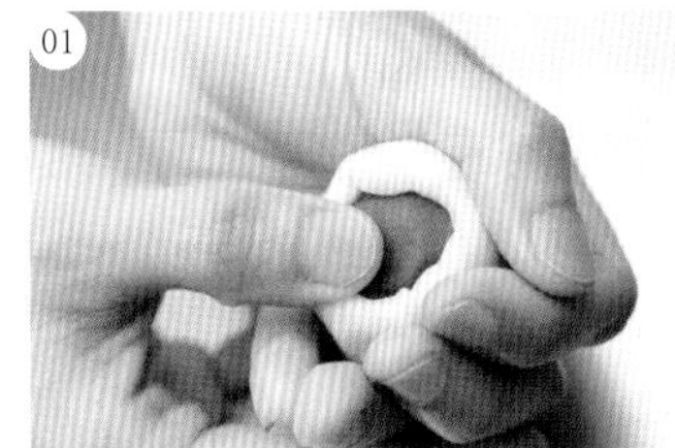

01

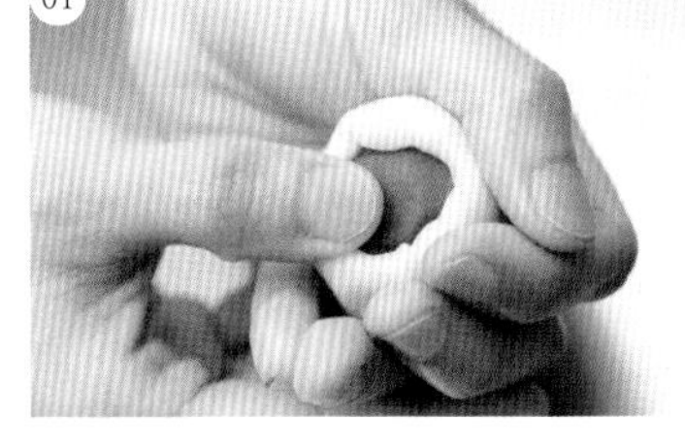

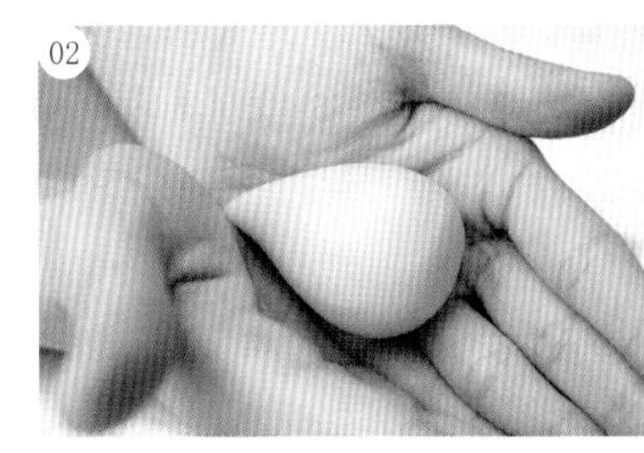

02

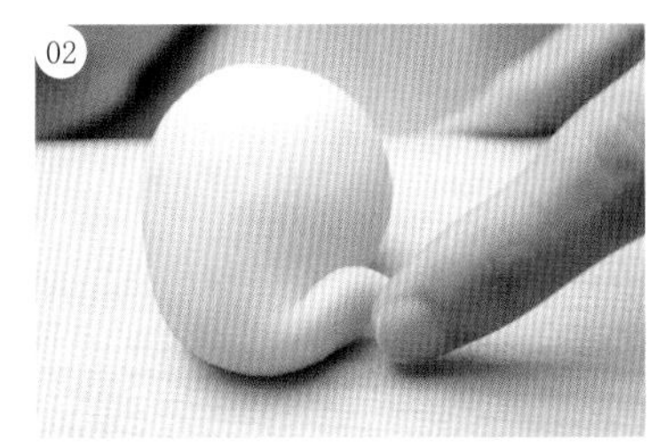

02

03

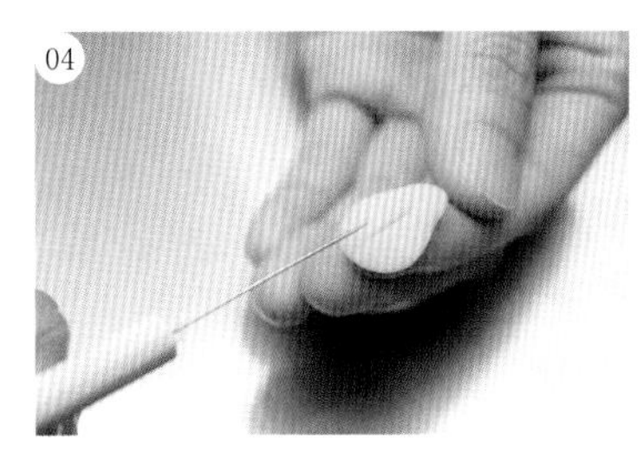

04

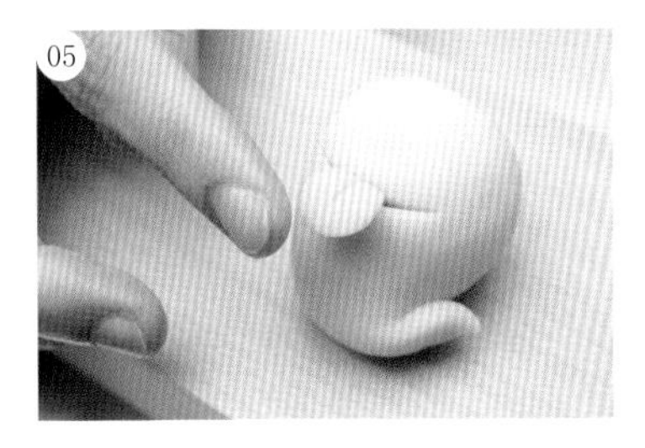

05

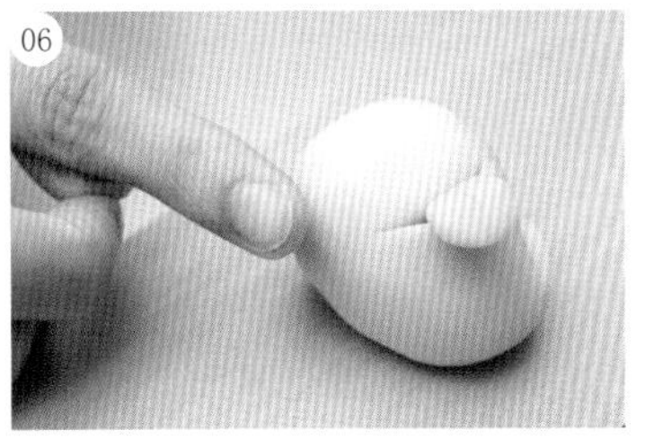

06

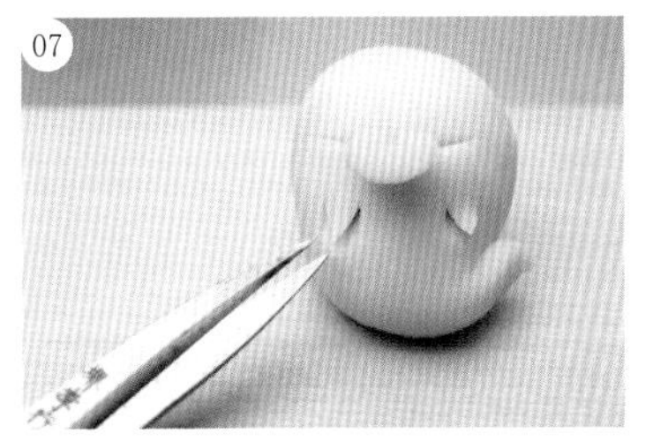

07

08

使用技法

包馅（第34页）

一部渐层法（第40页）

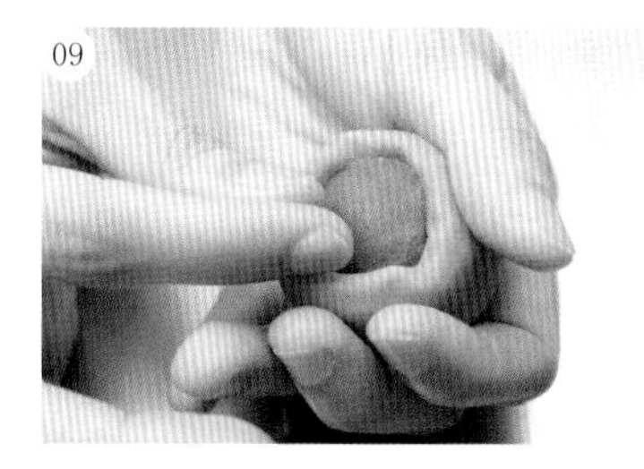

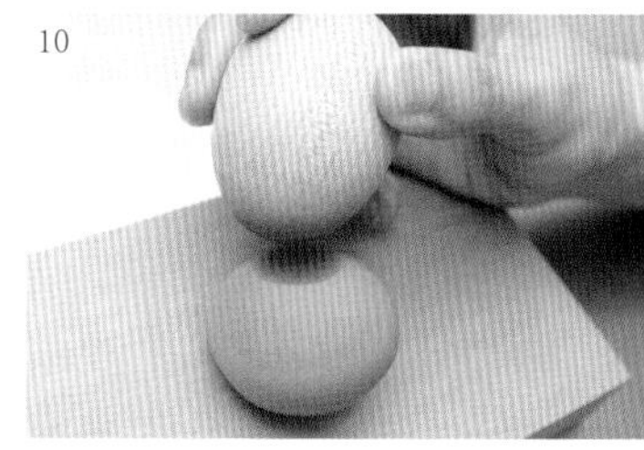

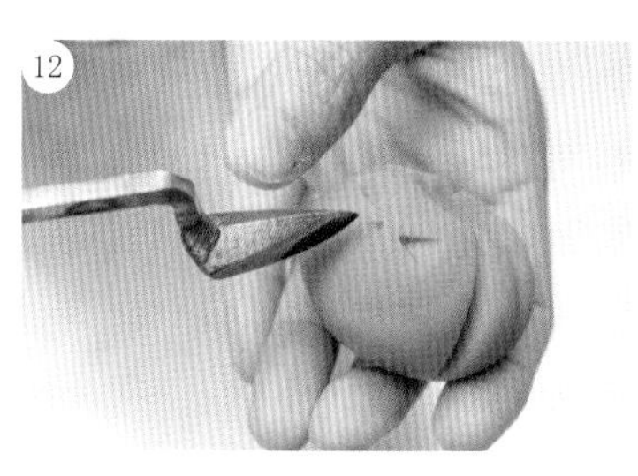

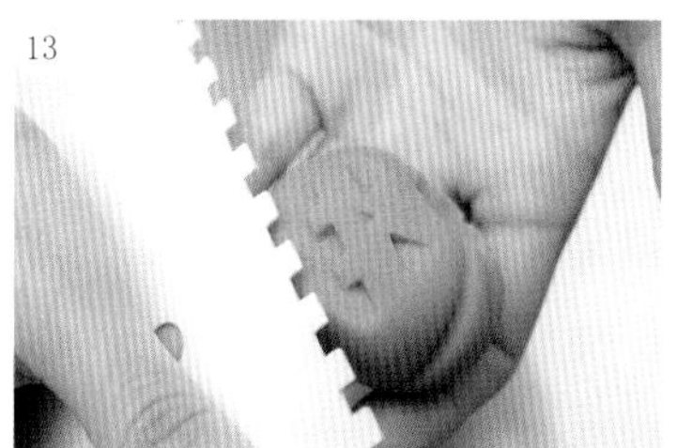

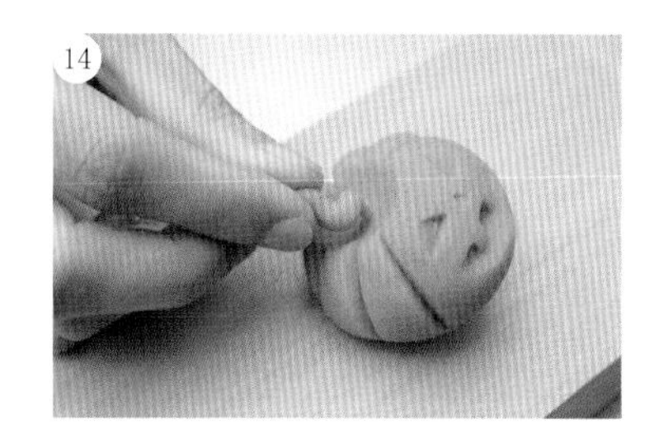

〔南瓜灯〕

09 橙色练切揉匀压平，包馅。

10 使用蛋型压出凹槽。

11 使用三角刀划出七道线，注意需保留练切的三分之一面不做切割，以便制作脸部。

12 以烧印轻压出鼻子以及三角眼睛。

13 使用锯齿状模型，压出嘴巴。

14 取适量绿色练切，搓揉呈长条弯曲状，放在南瓜上，表现蒂头。

果子典故

现今家中的孩子们每到万圣节，便会装扮成各种鬼怪，到邻居家中按门铃，并喊着：Trick or Treat（不给糖就捣蛋），演变成有趣的民间活动。

而家家户户门口都会摆上的南瓜杰克灯，是万圣节不可或缺的重要角色。传说杰克是个敢戏弄撒旦的可怕人物，到哪里大家都头痛；杰克死后，撒旦只给他一盏灯火，杰克将灯火塞进挖洞的甜菜根中，让灯火熄得慢一些，后来渐渐地改成南瓜来代替，因此形成了杰克南瓜灯。

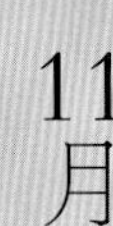

11月

枫红 もみじ

秋天一到，阳光洒落在金黄与酒红色的枫叶间，令人不由自主赞叹自然之美，而此时也正是赏枫红的绝佳时机。

材料（12个）

〔羊羹薄片〕

- 粉寒天 1克
- 水 40克
- 砂糖 40克
- 白豆沙 80克
- 起锅重量 130克
- 黄色食用色素 适量
- 粉色食用色素 适量

做法

〔羊羹薄片〕

01 粉寒天和水混合，开火煮至沸腾。

02 沸腾后，依序加入砂糖、白豆沙。

03 煮至起锅重量130克后，分成三等份。

Ⓣ 扣除锅子的重量后，即为起锅重量。

04 分别以黄色、橘色、橘红色食用色素着色。

Ⓣ 橘色与橘红色是以黄色、粉色食用色素调配，可依喜好调整。

05 待冷却凝固后，使用枫叶切模切出，备用。

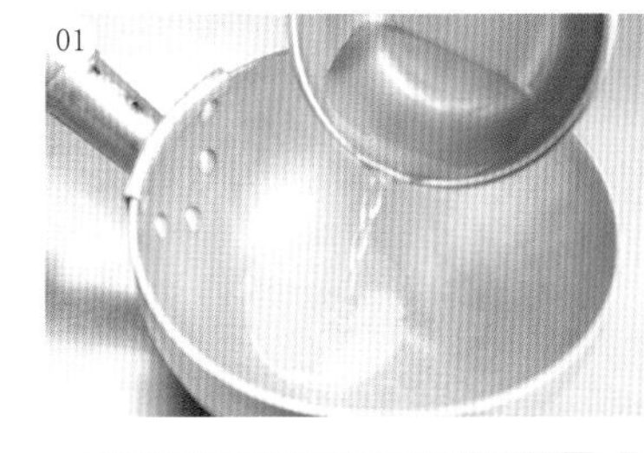

01

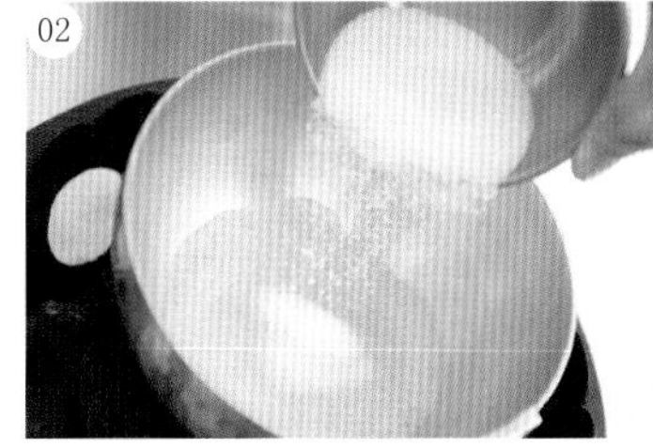

02

02

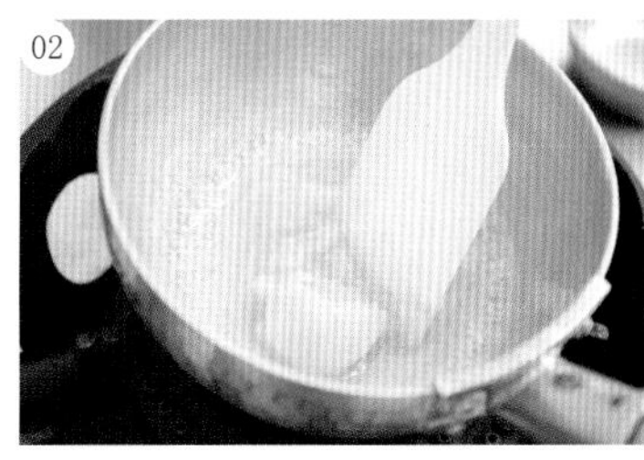

02

03

04

05

〔锦玉羹〕

粉寒天 2.7克

水 135克

砂糖 135克

起锅重量 216克

〔小仓羊羹〕

粉寒天 3.8克

水 160克

砂糖 160克

颗粒红豆馅 320克

水麦芽 25克

工具

刮勺

量尺

磅秤

羊羹舟

羊羹刀

枫叶切模

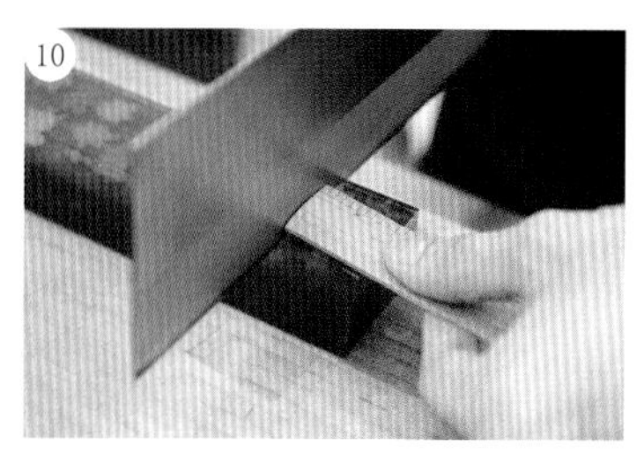

〔锦玉羹〕

06 重复做法01，加入砂糖后，煮至起锅重量216克，取一半的量，倒入羊羹舟。剩下一半锦玉液，隔热水保温，以防凝固。

Ⓣ 扣除锅子的重量后，即为起锅重量。

Ⓣ 寒天、水、砂糖融合的液体称为『锦玉液』，凝固后的固体称为『锦玉羹』。

07 待羊羹舟的锦玉液呈现半凝固状态时，便可铺上三色羊羹薄片。

08 此时将另一半锦玉液倒入，即完成锦玉羹制作。

〔小仓羊羹〕

Ⓣ 小仓羊羹做法请参阅第91页。

09 小仓羊羹煮至糖度62度后，即可起锅。待锦玉羹半凝固状态时，倒入。

10 等待凝固，取出后切割。

Ⓣ 可依喜好切割大小。

果子典故

秋天日照时间缩短，枫叶便会变黄变红，这被认为是枫叶老化的现象，却使人们趋之若鹜，饱览枫叶美景。这一颗果子，参考因枫叶而负盛名的奈良『龙田川』的风景，表现枫叶掉落至溪河的景象。

11月 银杏 いちょう

在秋冬转换时，银杏与枫叶一样颜色会发生变化，银杏渐渐被染成黄色。

材料（7个）

砂糖 118克
水 126克
上用粉 63克
糯米粉 13克
浮粉 14克
手蜜 适量
黄色食用色素 适量
绿色食用色素 适量
白豆沙 84克

分割

黄色外皮 30克
绿色外皮 适量
白豆沙 12克

工具

毛刷
布巾
滤网
打蛋器
擀面棒
三角刀
方形模具
圆形切模（直径8厘米）

准备

片栗粉手粉适量备用。

使用技法

分割（第34页）
三分渐层法（第39页）

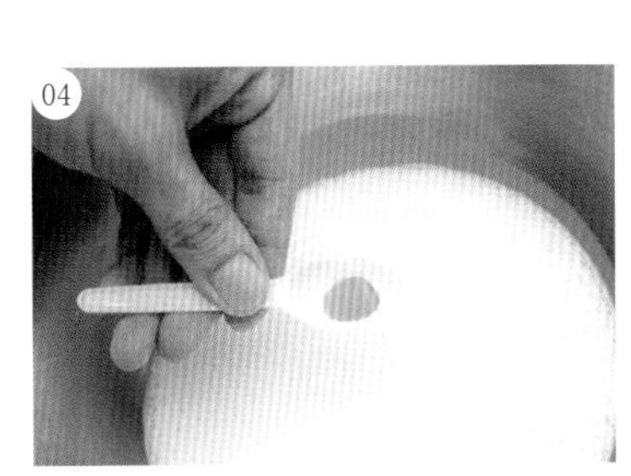

做法

01 砂糖与水混合，煮至砂糖溶成糖蜜。

02 上用粉、糯米粉、浮粉混合。

03 将糖蜜倒入混合粉类中，使用打蛋器搅拌均匀。

04 以黄色食用色素着色。

05 倒入铺有布巾的方形模具，以大火蒸35分钟。

Ⓣ 先将铺有布巾的方形模具空蒸3分钟，以防渗漏。

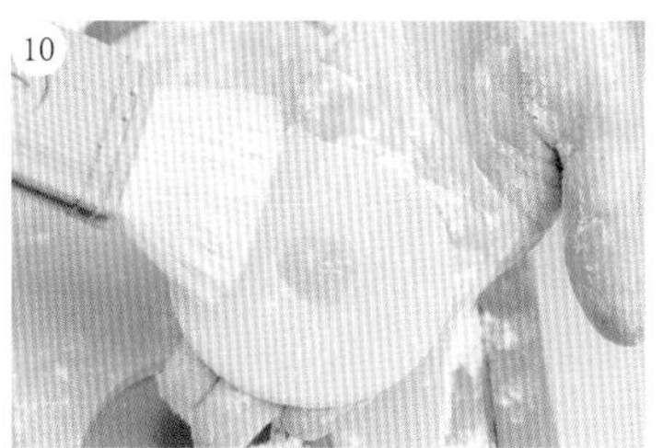

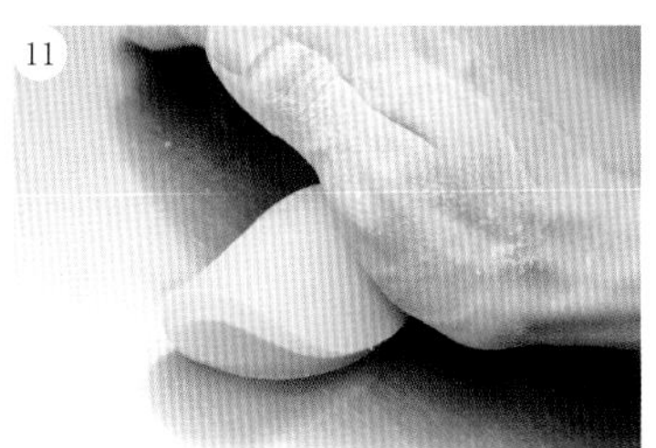

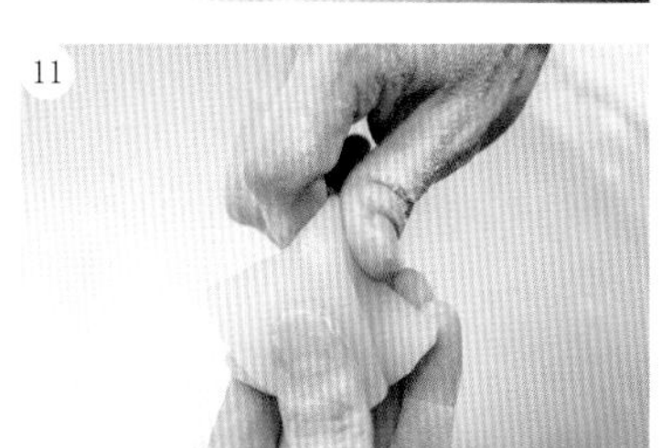

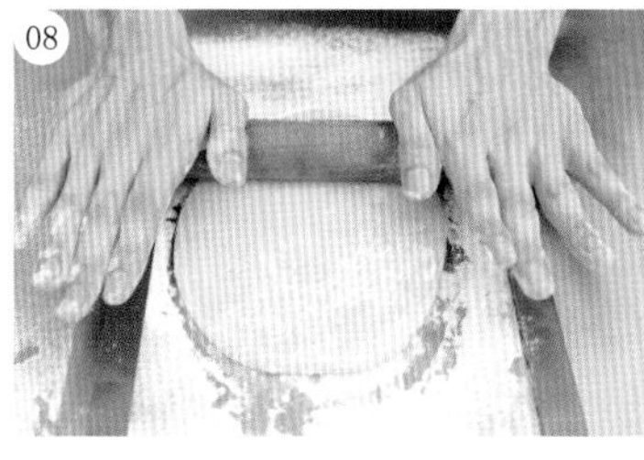

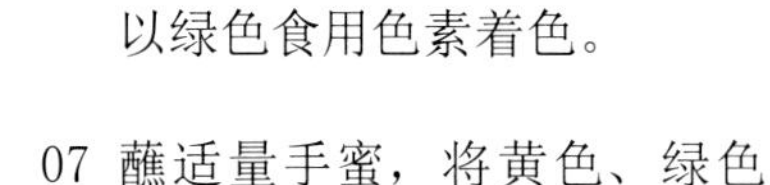

06 出锅后取约20克黄色外皮，以绿色食用色素着色。

07 蘸适量手蜜，将黄色、绿色外皮揉至滑顺。

T 手蜜即是将砂糖与水依2：5的比例混合煮至溶化，多使用于揉匀、分割和果子。

08 作业台撒上片栗粉手粉，使用擀面棒将黄色外皮擀平，厚约0.5厘米。

09 轻压出凹槽，填入绿色外皮，再以圆形切模压出圆形外皮。

10 用毛刷刷掉多余手粉，放上内馅。

11 外皮先做一次对折，再从左侧向右侧折三分之二，塑形。

12 使用三角刀在边缘处划一刀，表现扇形叶片的分裂处。

果子典故

黄色的银杏四处掉落，形成浪漫的金黄色地毯，在日本或台湾都有几处观赏点，如东京的明治神宫外苑、大阪的御堂筋大道等；台湾则是南投大仑山武岫农园、宜兰明池国家自然游乐公园。

11月 地瓜羊羹

いもようかん

地瓜是秋天的代表之一。地瓜羊羹有两种类型，另一种添加了寒天，口感较轻盈。

材料（20个）

地瓜 1000克
砂糖 200克
食盐 2克

工具

布巾
量尺
刮勺
平板
烘焙纸
保鲜膜
搅拌机
羊羹刀
方形模具

准备

地瓜清洗后去皮。

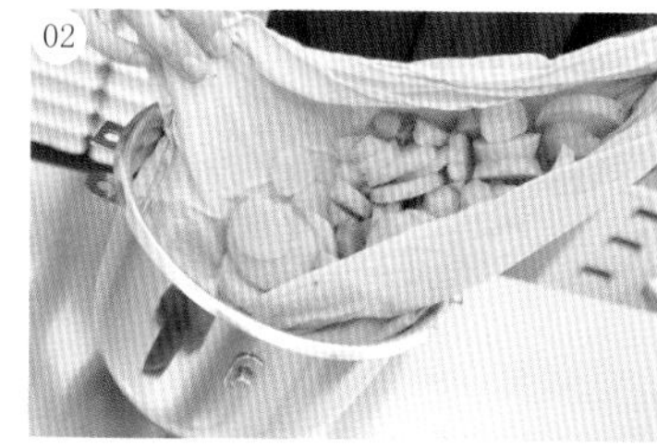

做法

01 将去皮地瓜切1厘米厚的片，放置于布巾上，以大火蒸约25分钟。

Ⓣ 地瓜蒸至可用竹签穿刺程度即可起锅。

02 将出锅后的地瓜，放入搅拌机搅拌均匀。

03 趁热度还在时，加入砂糖、食盐混合，搅拌均匀。

04 倒入已贴好烘焙纸的方形模具内。

Ⓣ 烘焙纸剪裁方式请参阅第88页。

05 使用刮勺铺平，再以平板确实压紧地瓜。

Ⓣ 平板包上布巾，以避免沾黏。

06 包上保鲜膜或布巾，待凉后，进行切割即完成。

果子典故

蒸地瓜羊羹是用了大量的地瓜制作，在明治三十年代左右，小林和助与石川定吉共同开发，以唾手可得的地瓜代替当时高价的寒天羊羹。因为成分都是地瓜，几乎没有添加其他材料，因此赏味期限非常短。

冬之和果子

12月

柚子馒头

ゆずまんじゅう

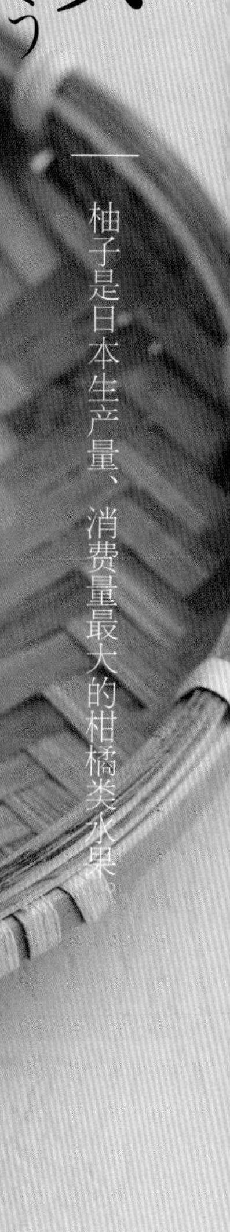

柚子是日本生产量、消费量最大的柑橘类水果。

材料（6个）

- 砂糖 33克
- 蛋液 6克
- 水 4克
- 苏打粉 0.8克
- 柚子酱 6克
- 白双糖 10克
- 低筋面粉 30克
- 上用粉 10克
- 黄色食用色素 适量
- 绿色练切 适量
- 红豆沙 180克

工具

番重
竹签
绢布
打蛋器
木勺子
喷雾器
圆形模具

分割

外皮 15克
红豆沙 30克

准备

蛋液搅拌后备用。
白双糖、过筛低筋面粉、上用粉混合备用。
番重撒上低筋面粉手粉备用。
红豆沙分割备用。

使用技法

分割（第34页）、包馅（第34页）

做法

01 砂糖内慢慢加入蛋液，用木勺子搅拌至乳黄色。

02 将溶于水的苏打粉、柚子酱，依序加入。

03 加入黄色食用色素着色。

04 将白双糖、过筛粉类倒入混合，使用木勺子搅拌均匀。

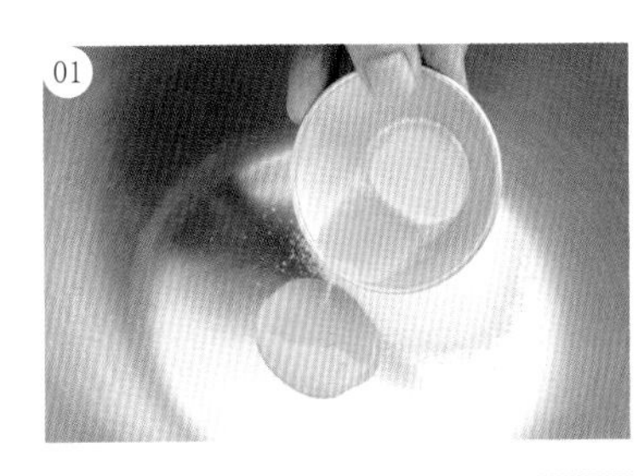

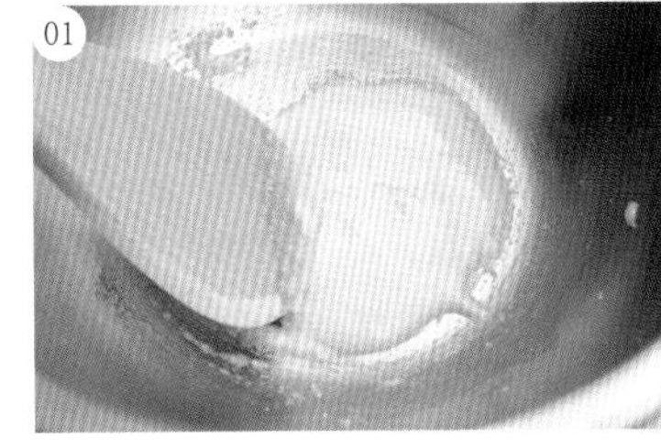

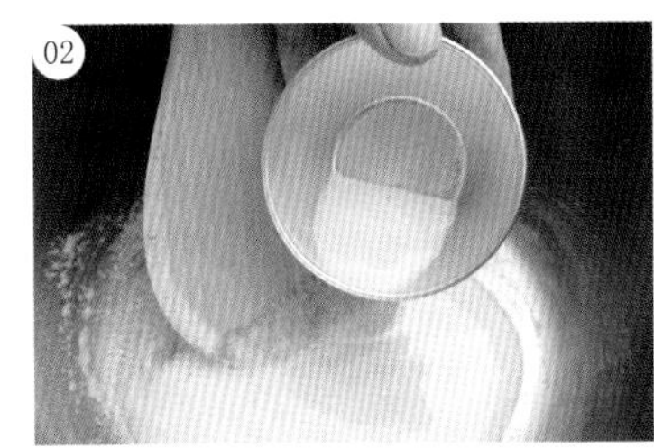

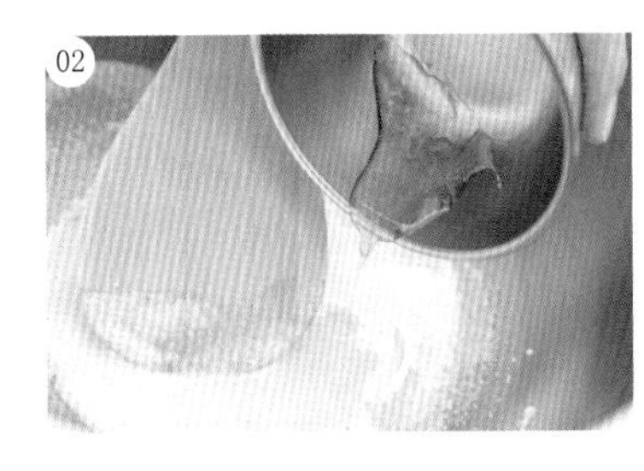

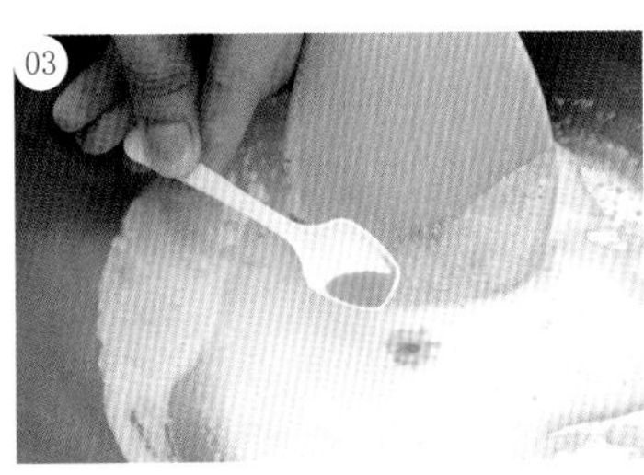

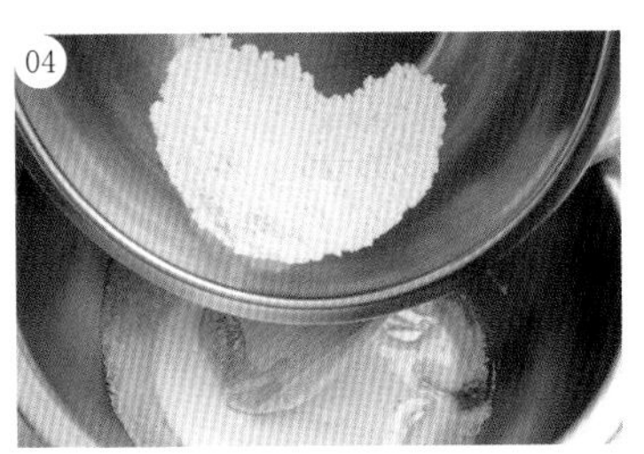

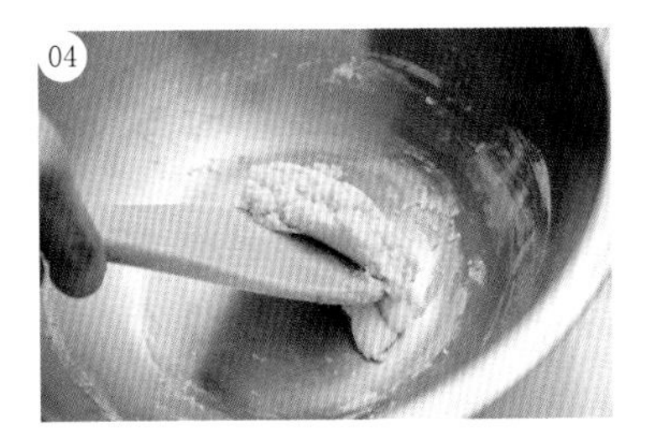

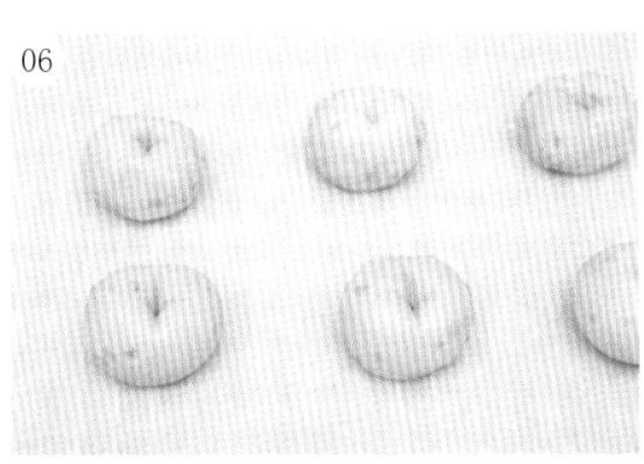

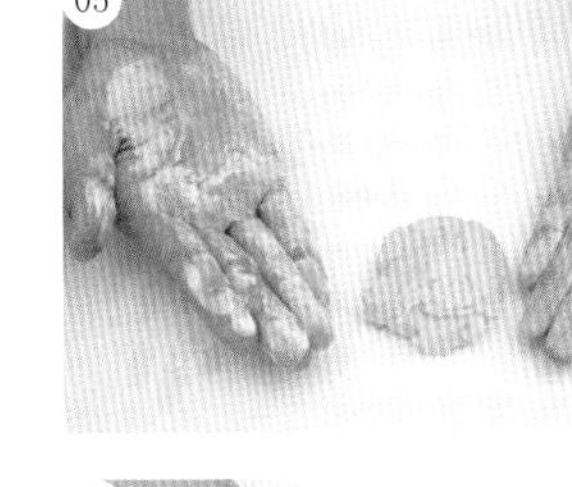

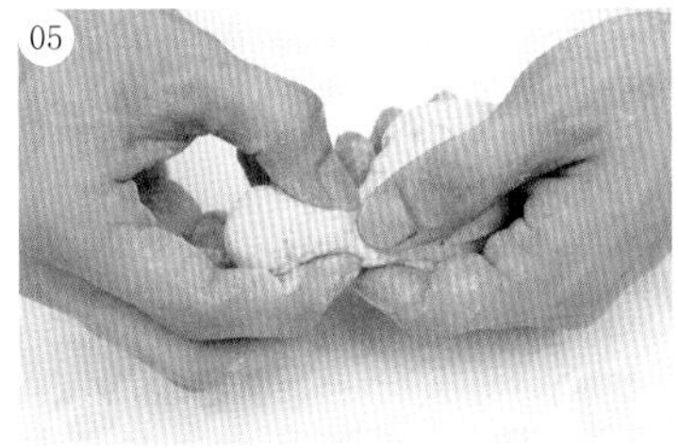

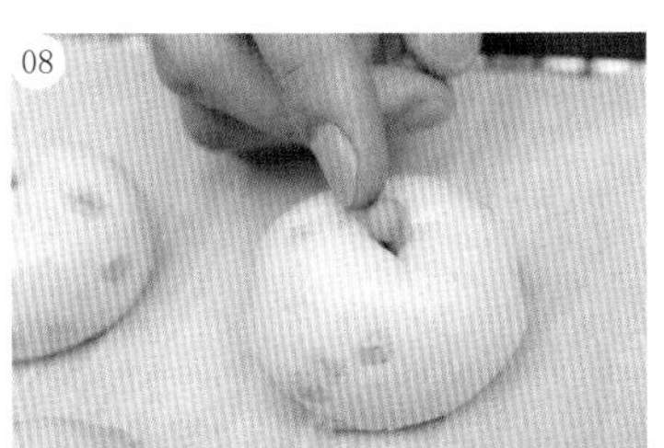

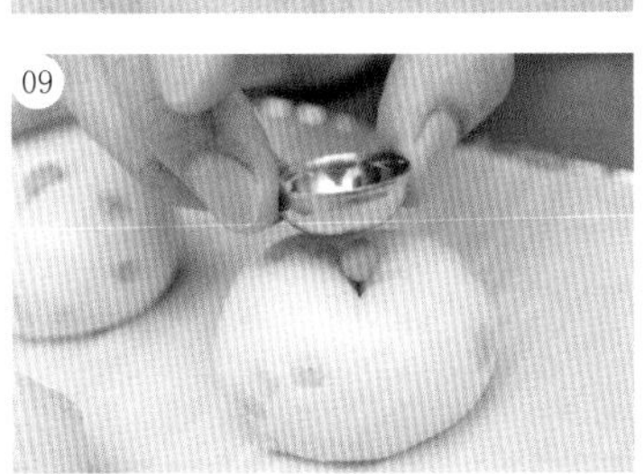

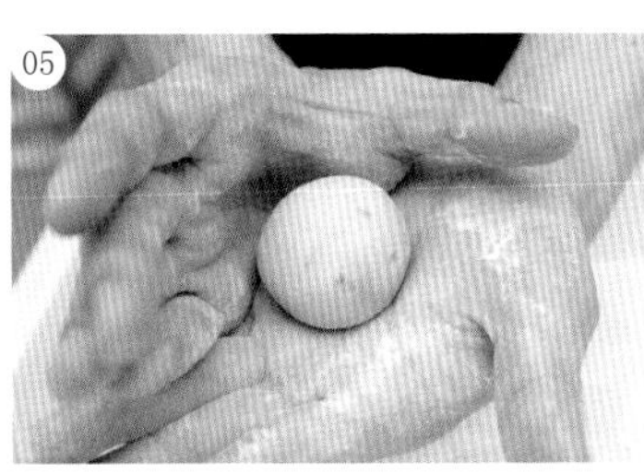

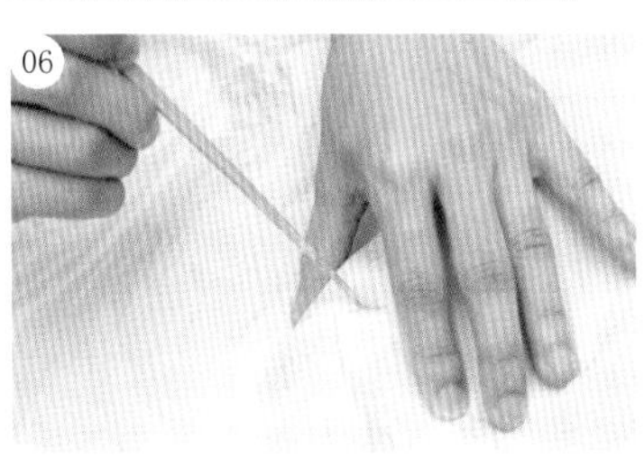

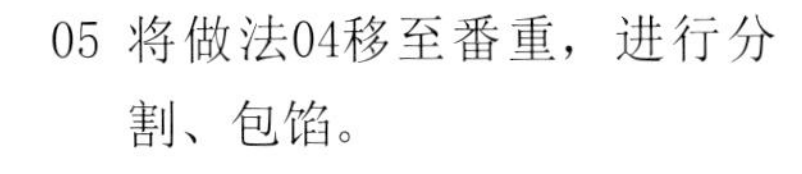

05 将做法04移至番重，进行分割、包馅。

06 再将做法05盖上绢布，以竹签刺出十字线，表现柚子蒂头处。

07 使用喷雾器在面团表面喷上水雾，以大火蒸10分钟。

08 出锅后，使用绿色练切，搓圆后贴上蒂头。

09 使用圆形模具轻压绿色练切，表现蒂头造型即完成。

果子典故

柚子的原产地是中国扬子江流域，据说是奈良时代传入日本。

将柚子的整颗果肉或果皮放入布袋中，再丢进浴缸中，制成柚子汤。听说柚子汤可以促进血液循环，预防感冒，特别是柚子的收获季刚好也在冬季，所以冬至时，一定要泡上柚子澡来度过寒冬。

12月 吹雪馒头

ふぶきまんじゅう

冬季来临，白雪纷纷扬扬，落在大地上，搭配时节景色，吹雪馒头应运而生。

材料（5个）

- 细砂糖 9克
- 白双糖 15克
- 浮粉 19.5克
- 苏打粉 0.3克
- 大和芋 15克
- 红豆沙 200克

工具

- 番重
- 喷雾器
- 打蛋器

分割

- 外皮 10克
- 红豆沙 40克

准备

- 红豆沙分割备用。
- 番重撒上浮粉手粉备用。

使用技法

- 分割（第34页）
- 包馅（第34页）

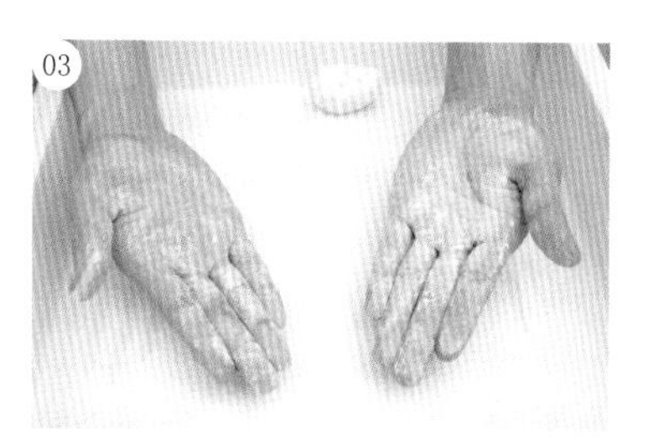

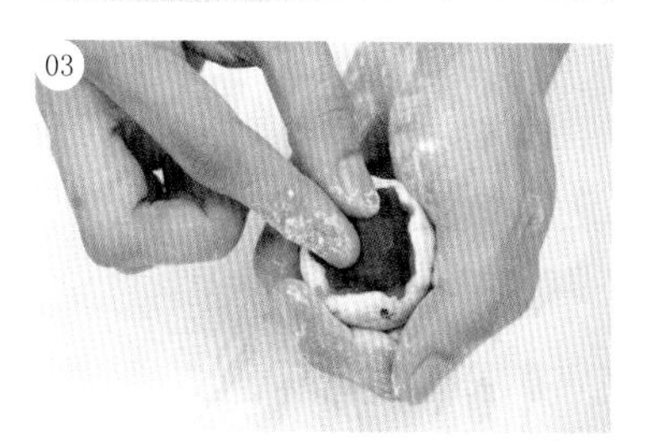

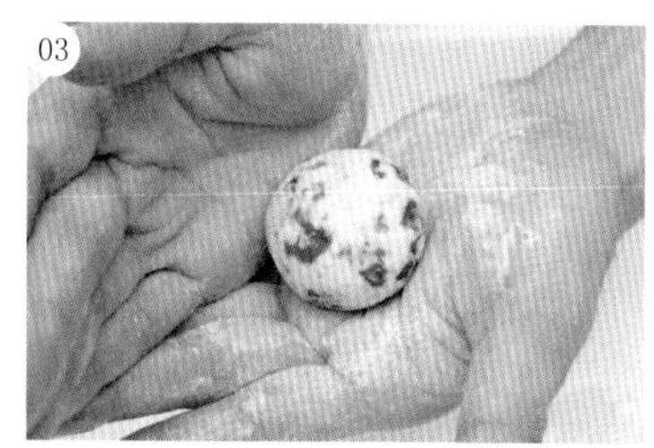

做法

01 细砂糖、白双糖、浮粉、苏打粉倒入不锈钢盆中混合，以打蛋器混合搅拌。

02 将大和芋放入做法01中，以手慢慢揉合。

03 将做法02移至番重，以浮粉作为手粉，进行分割、包馅。

04 用喷雾器在表面喷上水雾，以大火蒸10分钟，即完成。

果子典故

吹雪馒头的白色外皮混有颗粒较大的砂糖，蒸过之后，表面有着砂糖溶解的痕迹，看起来像是村舍经风雪吹过，因而得『吹雪』之名。与吹雪馒头相似的有『田舍馒头』，田舍馒头表现的是挖起田里积雪的风景，常常被误认为是同样的果子。

12月

圣夜 せいや

圣诞节少不了圣诞老人，传说他本名为 Saint Nicholas，转换成英文，被误解流传成了 Santa Claus。

材料（2个）

（红帽）

红色练切 22克

白色练切 适量

红豆沙 18克

（红鼻鹿）

红豆粒练切 22克

茶色练切 适量

红色练切 适量

可可练切 适量

红豆沙 18克

工具

竹签

滤网

喷枪

绢布

小丸棒

擀面棒

鹿角切模

使用技法

包馅（第34页）

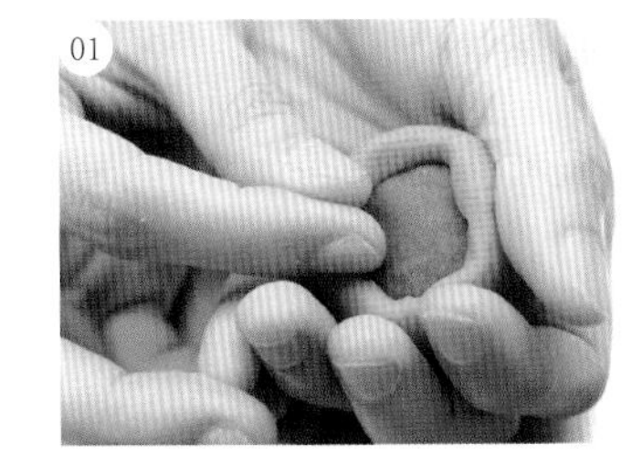

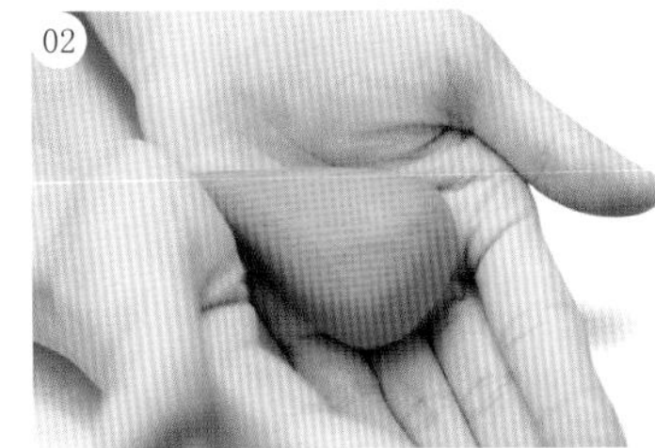

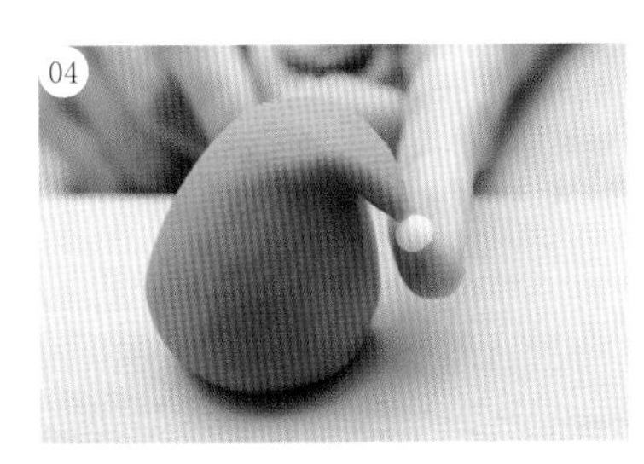

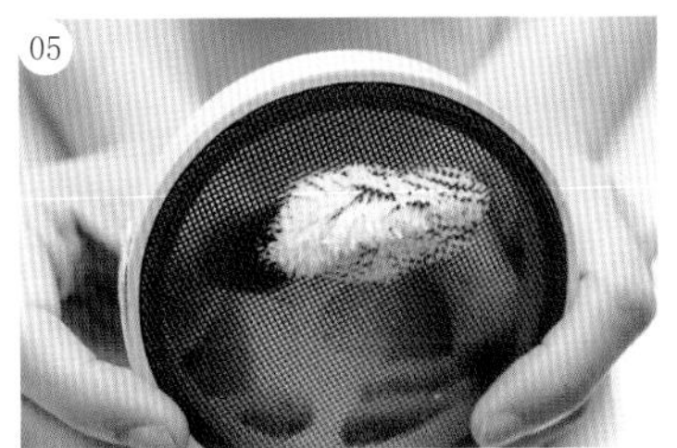

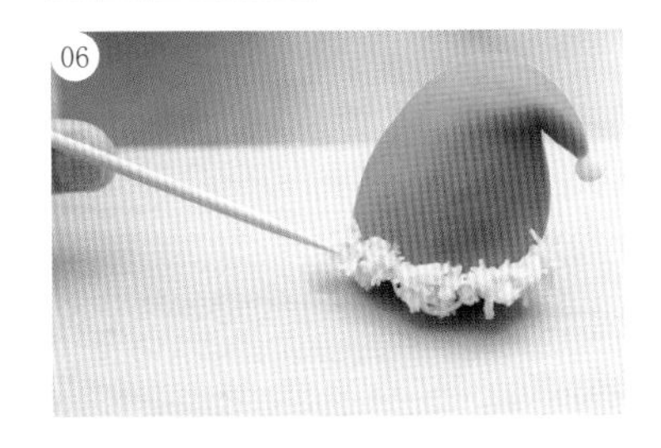

做法

（红帽）

01 红色练切揉匀压平，包馅。

02 用手推出水滴形状，细端部分拉长。

03 将细端处往下压，表现出帽尖垂下的样子。

04 取适量白色练切搓圆后，贴在帽尖上，表现毛球。

05 挤压白色练切通过滤网。

06 使用竹签取适量做法05贴于红帽周围，完成造型。

〔红鼻鹿〕

07 红豆粒练切揉匀压平，包馅。

08 使用小丸棒制作三个小凹槽，压出眼睛、鼻子位置。

09 以可可练切制作眼睛，红色练切制作鼻子，贴上。

10 取茶色练切，盖上绢布后擀平，再用鹿角切模切出。

11 使用喷枪将鹿角稍微炙烧，贴上即完成。

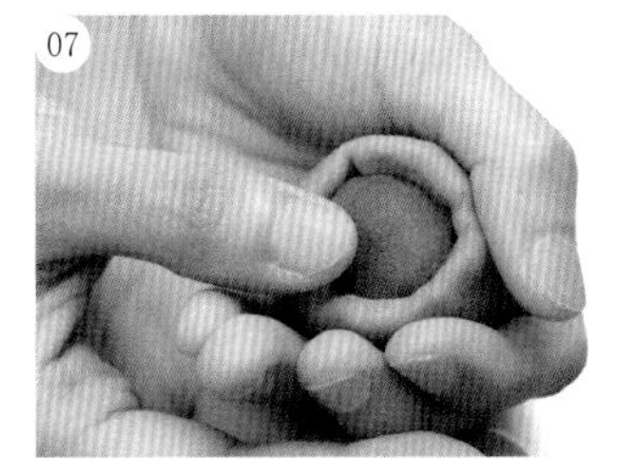

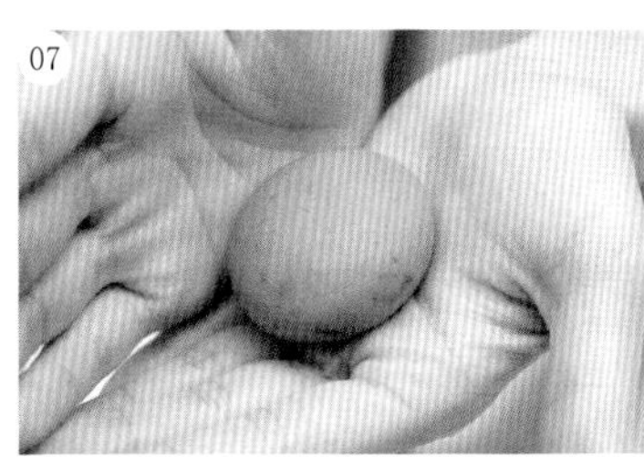

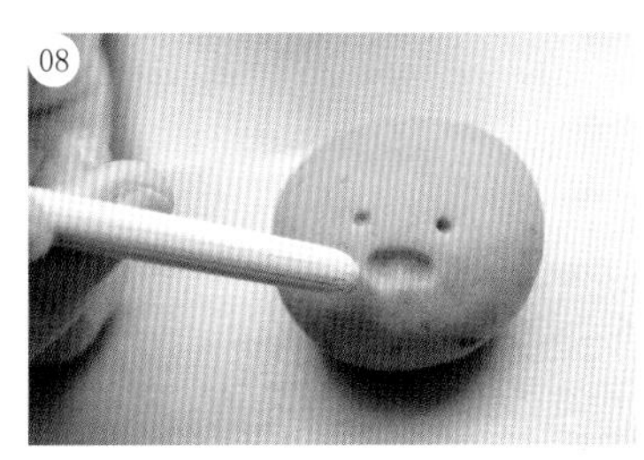

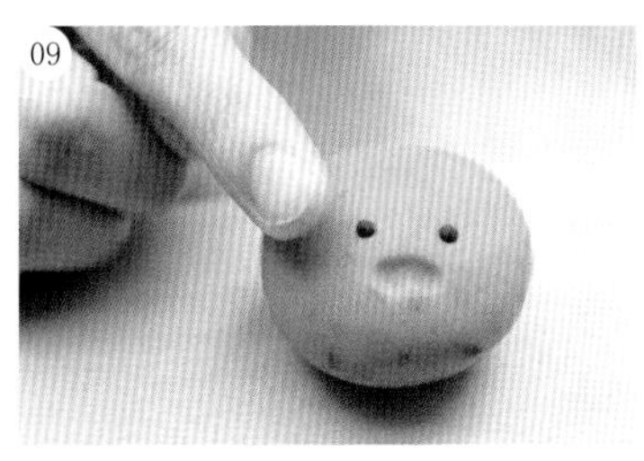

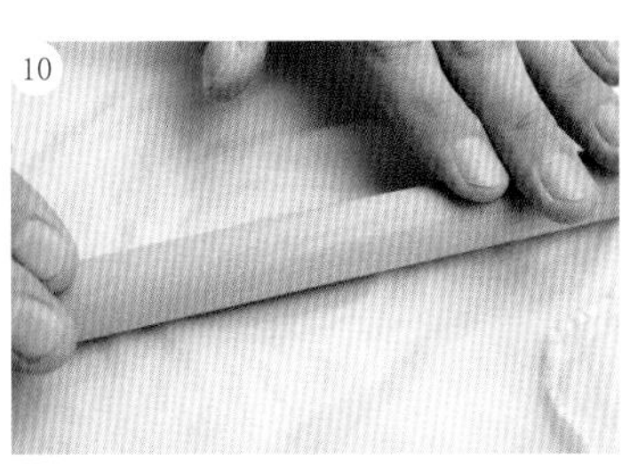

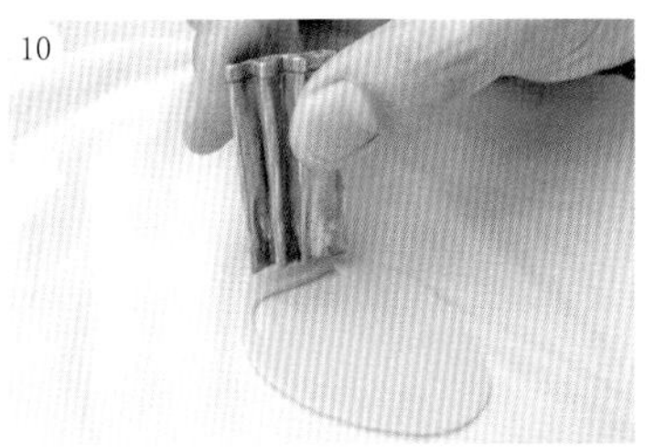

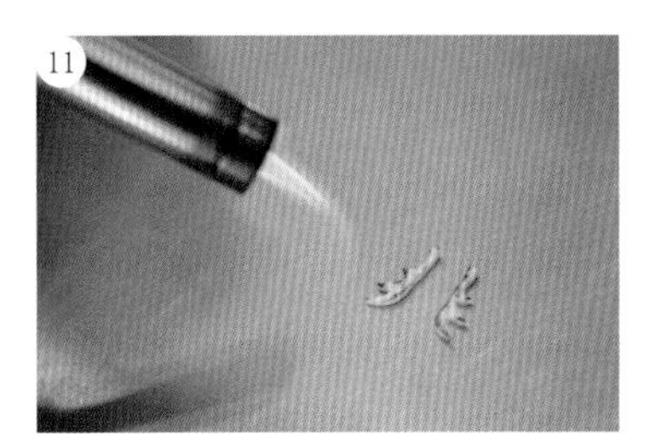

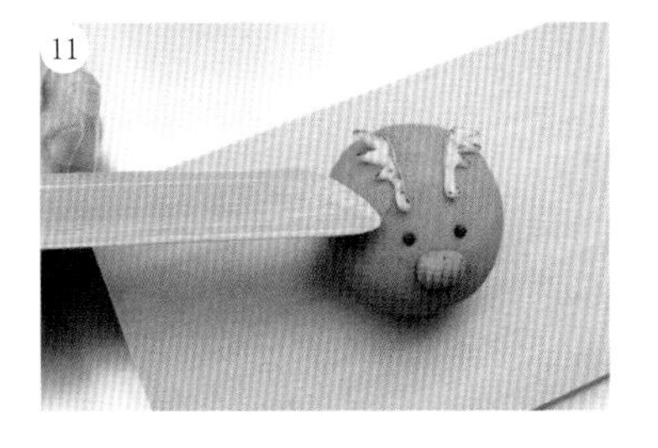

果子典故

Saint Nicholas一生乐善好施，是经常赈济贫穷人家的主教，他曾偷偷从窗户丢入金币，恰巧掉入挂在火炉附近的长袜里，因此每到圣诞节，大家都会仿照此情景，挂起长袜。

荷兰人将Saint Nicholas塑造成穿着红袍，留着白胡子的主教；传到美国后，变成了圆圆胖胖，带着红帽，驾着十二只驯鹿在天空飞行的慈祥老人。其中最有名的驯鹿是鲁道夫，它有圆圆红红大大的鼻子，一直被同伴嘲笑，有一次下大雪，大家看不清前方的路，圣诞老人邀请鲁道夫当领队，给大家指引正确的方向。

1月 花瓣饼

はなびらもち

明治时代，里千家家元十一世『玄玄斋』在初釜（一年之中，最早的茶会）的时候得到了宫中的许可，花瓣饼便成为在新年的时候所使用的和果子。

材料（5个）

（牛蒡蜜渍）

糖蜜（砂糖与水各半）

新鲜牛蒡 1根

（味噌馅）

白豆沙 100克

味噌 5克

（外皮）

糯米粉 63克

砂糖 63克

热水 97克

水麦芽 27克（白色用）

水麦芽 4.5克（粉色用）

粉色食用色素 适量

使用技法

分割（第34页）

工具

布巾

刮勺

滤网

毛刷

量尺

海绵刷

打蛋器

圆形模型

分割

白色外皮 35克

粉色外皮 5克

味噌馅 18克

准备

片栗粉手粉适量备用。

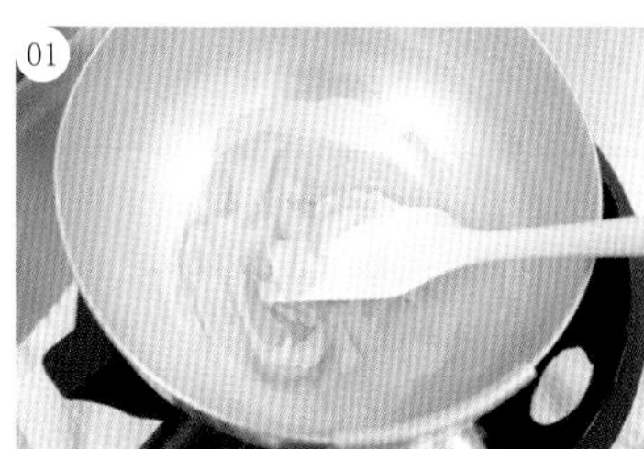

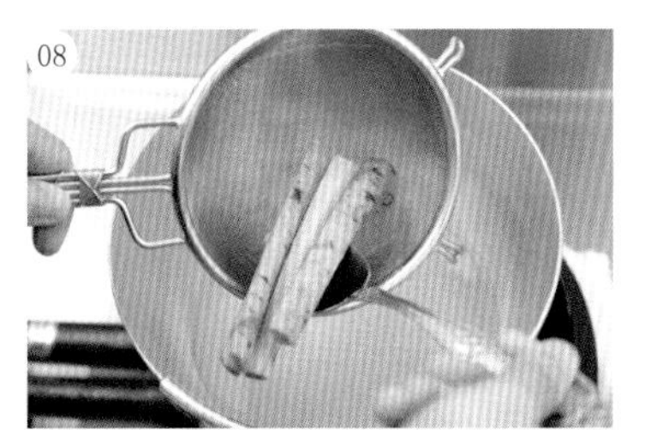

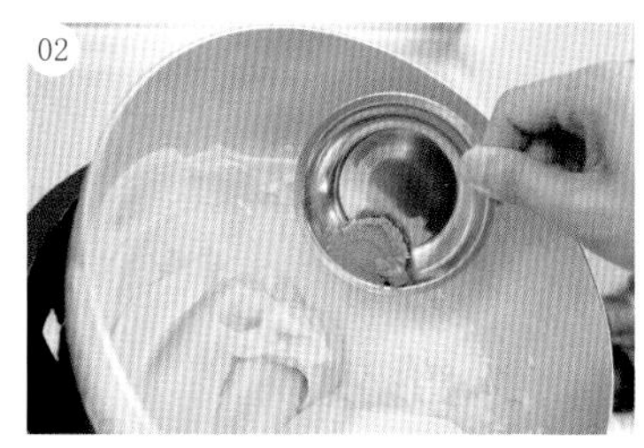

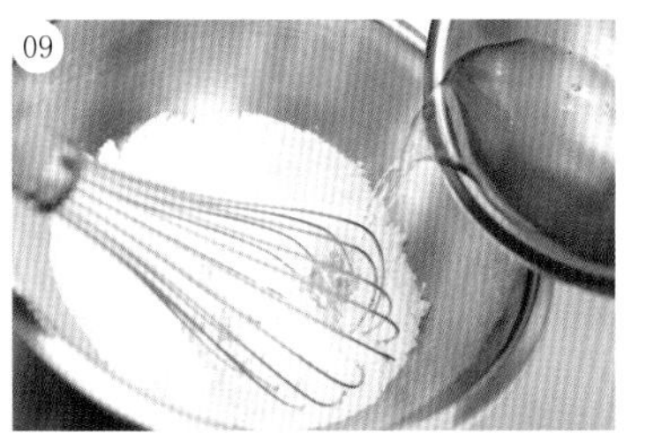

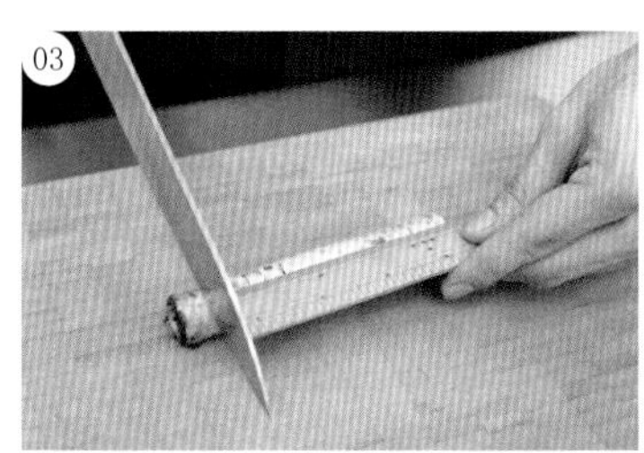

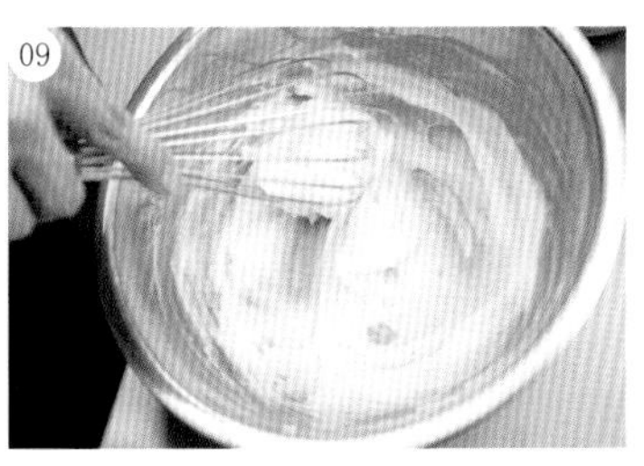

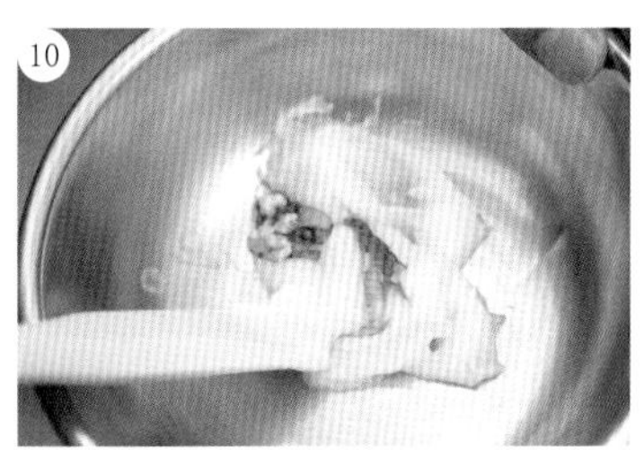

做法

〔味噌馅〕

01 将白豆沙放置锅中，取适量水加入，开火拌炒。

02 加入味噌持续拌炒至小山状，冷却后塑成椭圆形备用。

〔牛蒡蜜渍〕

03 海绵刷轻刷牛蒡将表面清洗干净，切为长约12厘米、宽4厘米的块。

04 防止牛蒡变黑，泡入醋水中备用。（醋：水=1：3）

05 再次清洗后，移至锅中，加入盖过牛蒡的水量，开火煮至沸腾。

06 沸腾后，将热水换为冷水，再次开火，煮至块中尚存一些硬度后关火。

07 将牛蒡移至糖蜜锅中（糖：水=1：1），再次开火，煮至沸腾后关火，盖上盖子闷至冷却后，冷藏一晚。

08 将冷藏后的牛蒡与糖蜜分开，糖蜜开火煮沸后，再加入牛蒡，等待糖蜜冷却，再度开火使其沸腾即可。

〔外皮〕

09 将热水与砂糖混合均匀后，倒入糯米粉中混合搅拌。

10 分割约25克的量，加入适量的粉色食用色素着色，搅拌均匀。

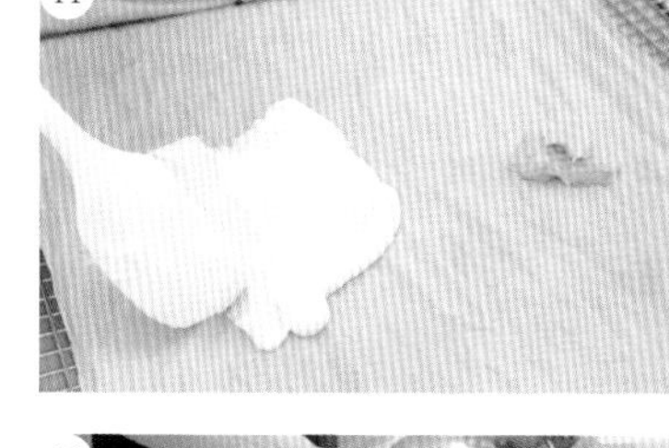

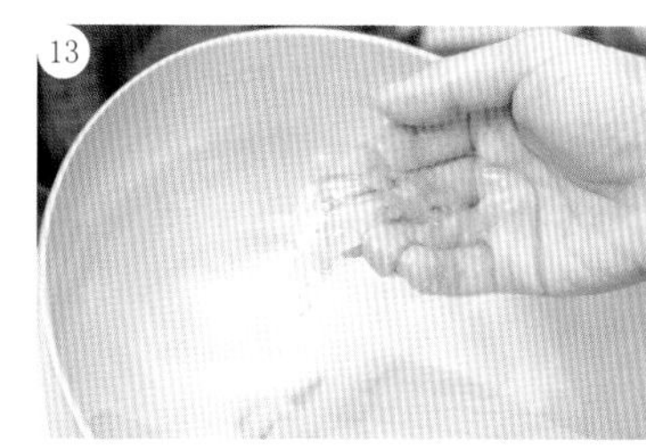

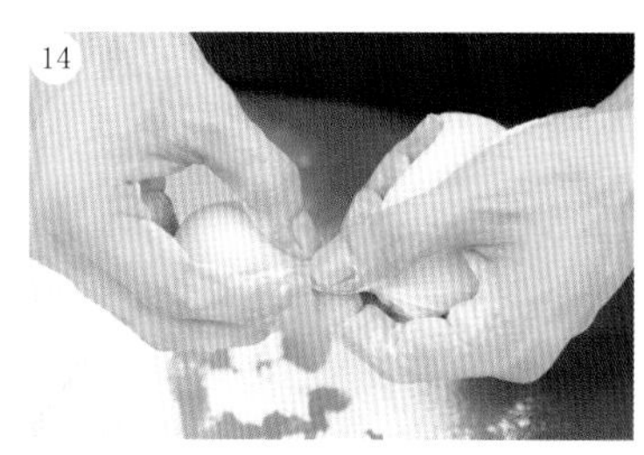

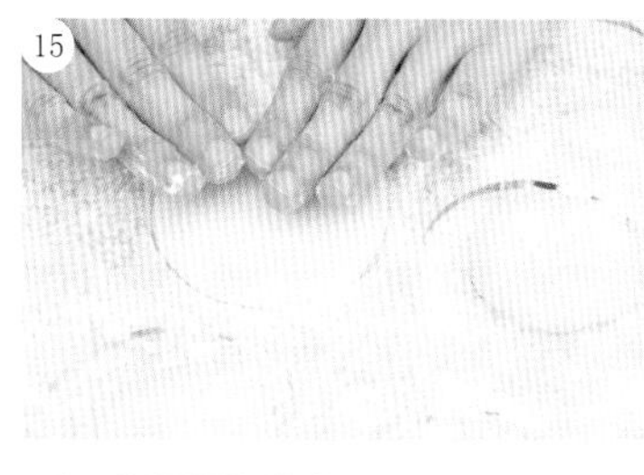

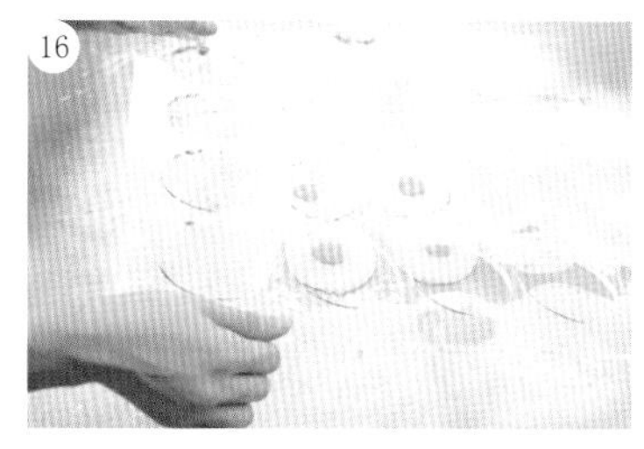

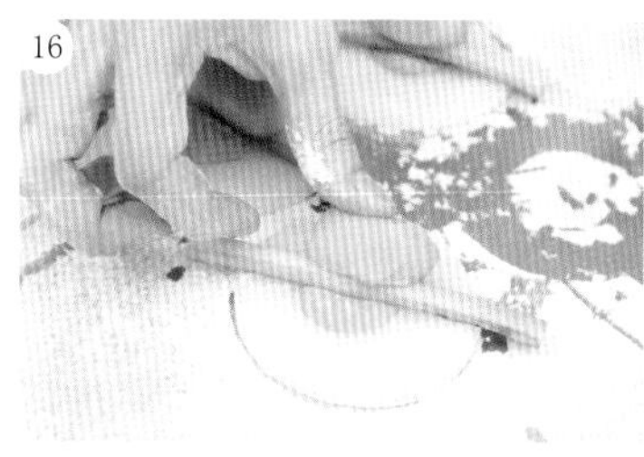

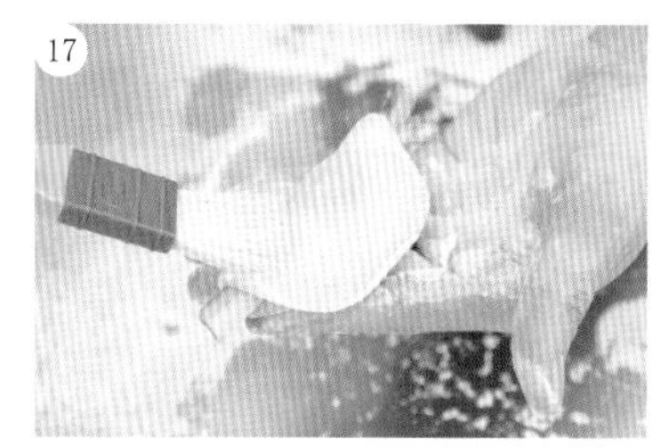

11 用刮勺将白色与粉色外皮移至湿布巾，以大火蒸20分钟。

12 准备圆形模型，撒满片栗粉手粉备用。

13 将蒸好的白色与粉色外皮，分别放入锅中拌炒，并加入水麦芽，持续拌炒至柔顺。（可流动程度）

14 可使用刮板将外皮移至片栗粉手粉上，进行分割。

T 片栗粉作为手粉使用，可避免分割时，出现沾黏的情况。

15 将白色外皮放置模型中压平后，再分割粉色外皮，压平于白色外皮上。

16 拿起模型，在外皮上放置牛蒡蜜渍与味噌馅。

17 对折并轻压使外皮密合，再用毛刷刷去多余的手粉。

花瓣饼是从平安时代宫中新年行事所举办的『齿固』仪式中慢慢演化出来的。

何谓『齿固』仪式？为了健康长寿，必须吃押鲇（将鲇盐渍、再用石头重压之食物；鲇也象征一年中顺利成长）等坚硬食物。原本是白色的麻糬上，放上红色的菱饼，再叠上各式各样的食物，而后演变成白色和红色的麻糬相叠，再次包入其他食物，称为『宫中杂煮』。现今演化而成的花瓣饼中，牛蒡代表的是鲇，麻糬和味噌馅代表的是杂煮。

1月 镜饼 かがみもち

镜饼不只是装饰，更是一种供奉『岁神』的供品。

材料（1个）

糯米 约100克

橙 1个

Ⓣ本书示范镜饼大小为1号，因糯米蒸熟后会膨胀1.6～1.8倍左右，故可依大小估算糯米重量。

工具

番重

刮勺

网布巾

擀面棒

准备

番重先撒上片栗粉手粉备用。

分割

◎台：星为7：3

1号——126克：54克

2号——252克：108克

3号——378克：162克

4号——893克：382克

◎台：星为6：4

5号——1020克：680克

6号——1530克：1020克

7号——3060克：2140克

8号——4500克：3000克

Ⓣ镜饼分割塑形为大小两种，『台』为大，『星』为小。

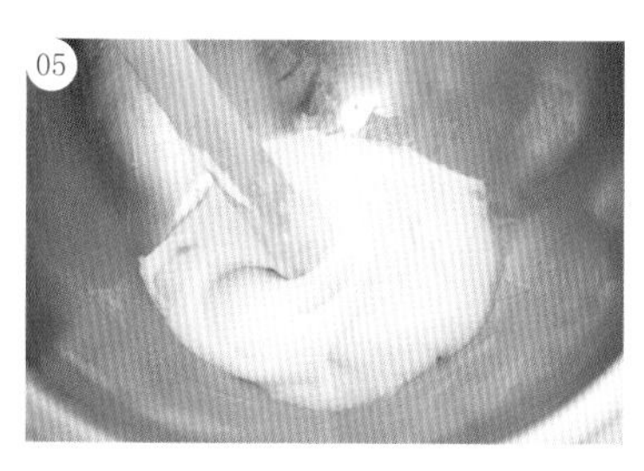

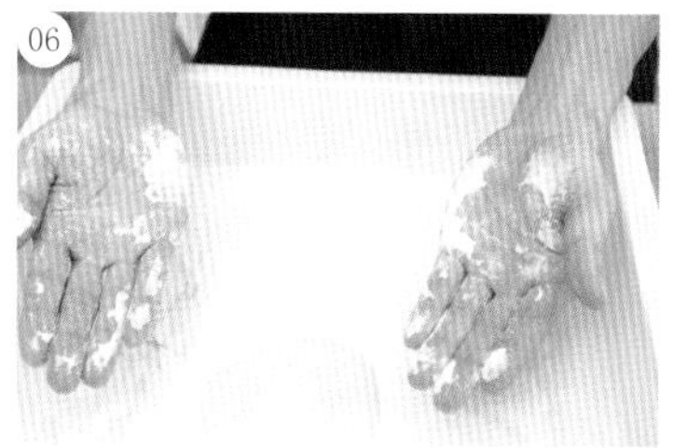

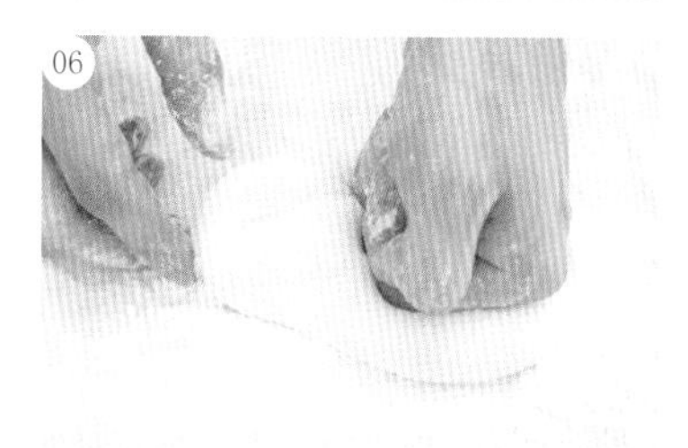

做法

01 糯米浸泡于水中6小时以上。

02 倒在网布巾上，覆盖后，以大火蒸45分钟。

T 糯米中间可推开一个洞，使热气均匀分布。

03 第一次出锅，于表面淋上热水，再蒸15分钟。

04 再重复一次做法03，第三次出锅，糯米移至不锈钢盆中。

05 使用擀面棒捣碎糯米，直至呈现黏稠状。

06 倒入番重里，使用片栗粉手粉揉匀。

07 揉匀成一大一小的圆，等待干燥时间（放冷藏约2天），干燥后相叠，放上橙即完成。

T 成品图为橙练切，依习俗可直接放上橙类水果。

果子典故

何谓岁神？新的一年带来的神明，而镜饼，则是岁神的依代（神明灵魂依附于内的物品）。元月十一日，大家切分镜饼食用，意指从岁神中分来灵魂，大家同时增长年岁。

而镜饼为何称为镜饼？其一说法是镜饼的形状似古时候的铜镜，其二是有着『借镜之意』，因镜饼的圆形外观，有着圆满之意，两个相叠表示新的一年也能圆满持续；最上方放置『橙』，日语发音DAIDAI，音同『代代』，象征代代相传、兴盛繁荣。

1月

善哉 ぜんざい

善哉在日文中即是『麻糬红豆汤』，因为地域关系，而有不同做法。

材料

（善哉）

红豆 100克

水 370克

砂糖 130克

粉寒天 0.7克

（白玉）

白玉粉 130克

水 约130克

工具

刮勺

分割

白玉 8克

使用技法

分割（第34页）

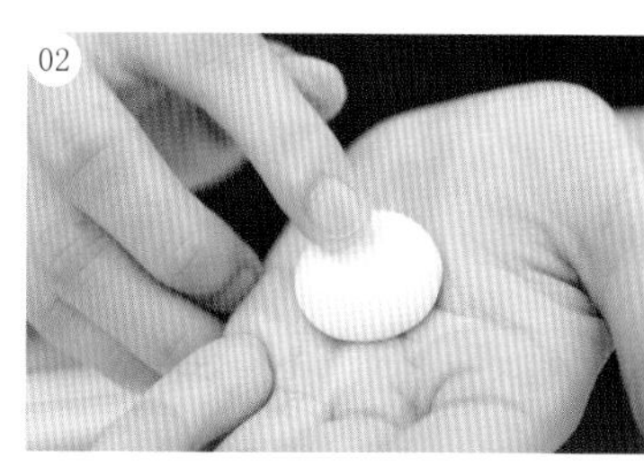

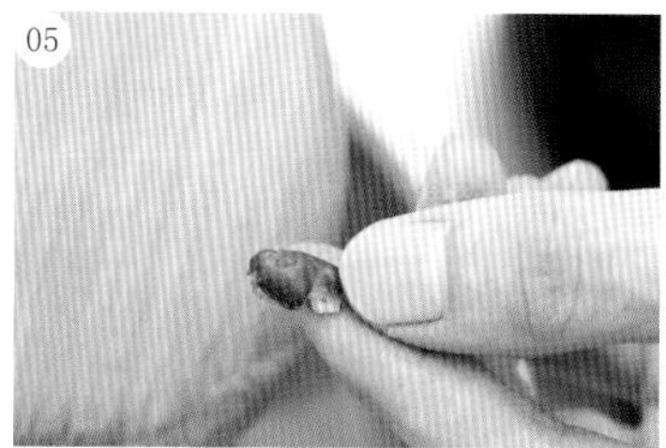

做法

〔白玉〕

01 白玉粉内慢慢加入水混合，揉至耳垂硬度。

02 搓揉成圆，以食指在中间处轻压，使受热均匀。

03 放入沸腾的水中，浮起后再煮2分钟即可捞起。

04 放入冰水内冰镇，备用。

〔善哉〕

05 红豆先煮软（请参阅第29页颗粒红豆馅做法01 ～ 04）。

06 水与砂糖混合，开火制成糖蜜。

07 沸腾后，红豆倒入静置一晚。

08 粉寒天加入适量水后，加入做法07，再次开火，煮至糖度38 ～ 39度，即可起锅。最后加入白玉即完成善哉。

果子典故

善哉之由来说法有二。其一为佛教用语。一休宗纯（僧侣）品尝之后觉得美味脱口而出『善哉』，因此为名。其二为于日本出云的『神在祭』的祭祀之中，发给民众的麻糬名为『神在饼』，神在的日文发音为ZINNZAI，久而久之误传为ZENNZAI，善哉。

关东地区的善哉是以麻糬为主，铺上颗粒红豆馅。关西地区的善哉是以红豆粒馅汤为主，放入麻糬。

1月 酒馒头 さかまんじゅう

三国时代，诸葛亮制作馒头来取代人头作为供品，此为馒头的开端。

材料（5个）

- 大和芋 6克
- 砂糖 24克
- 酒粕 12.5克
- 苏打粉 0.6克
- 低筋面粉 20克
- 红豆沙 90克

T 大和芋泥是山药类中黏性最强的，可在日本进口材料行找到。

工具

- 番重
- 滤网
- 烧印
- 擀面棒
- 打蛋器
- 喷雾器

分割

- 外皮 12克
- 红豆沙 18克

准备

红豆沙分割备用。

使用技法

- 分割（第34页）
- 包馅（第34页）

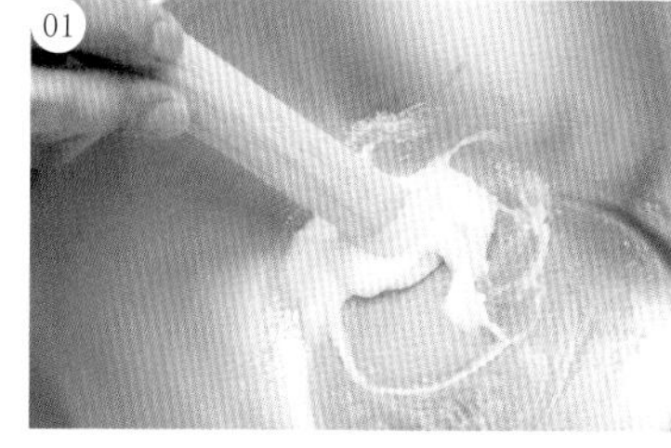

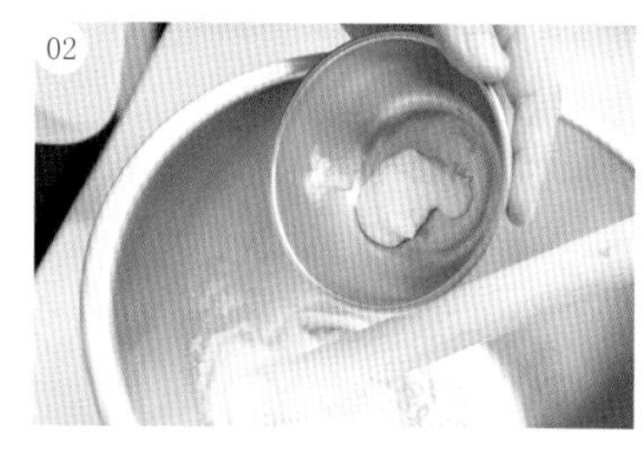

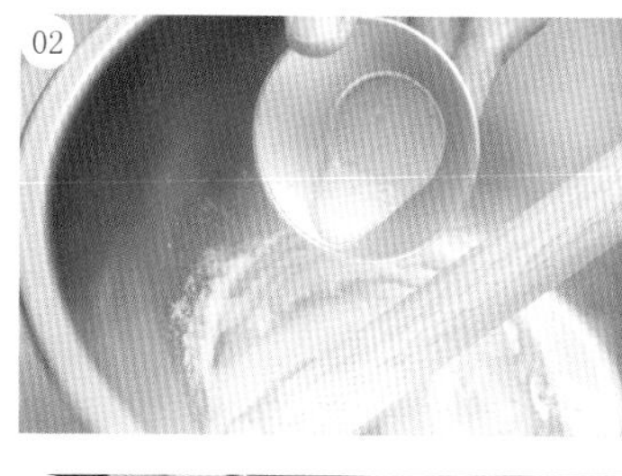

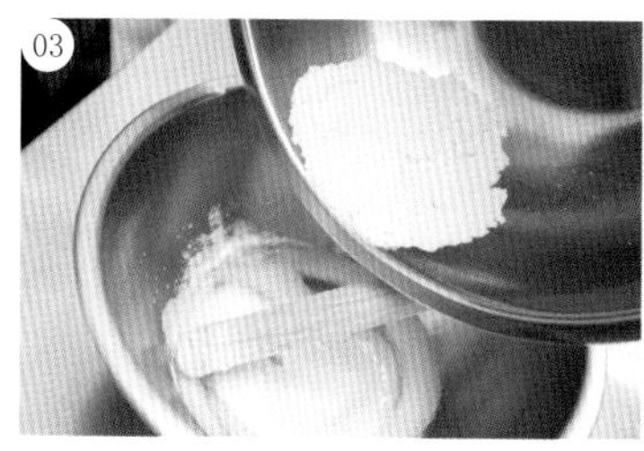

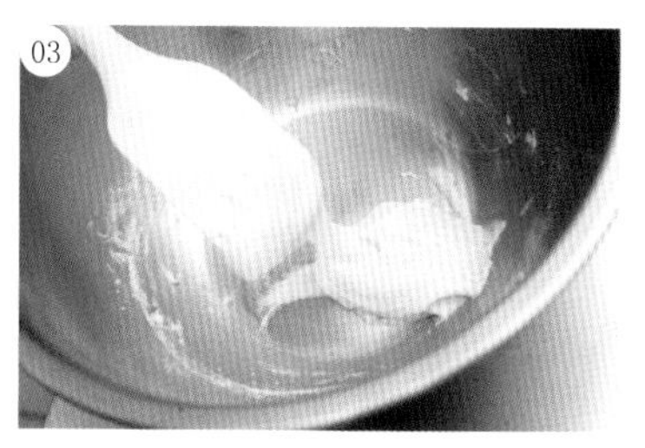

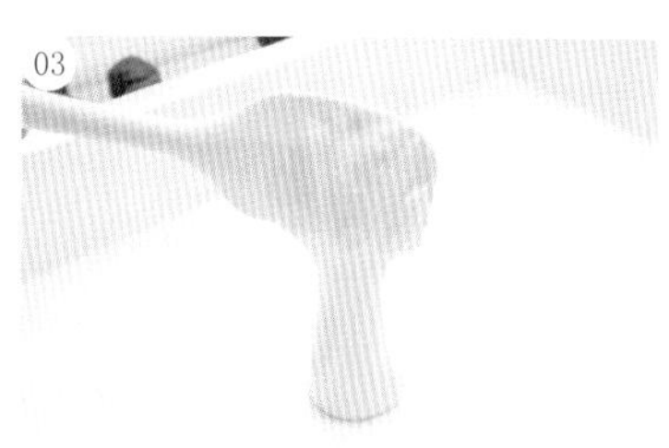

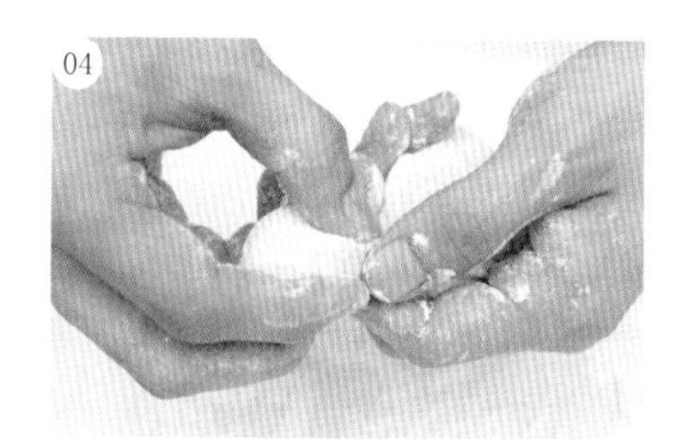

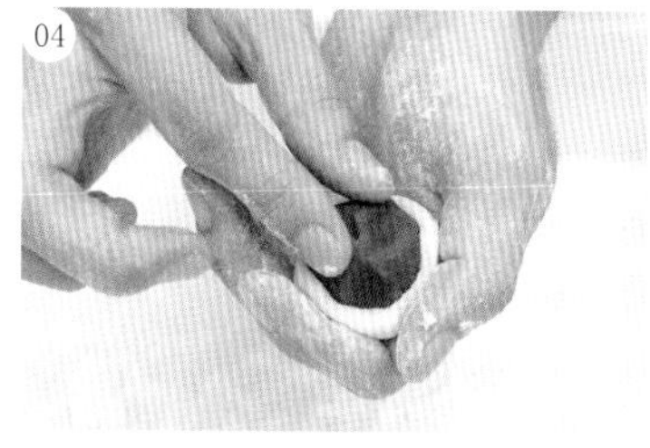

做法

01 将砂糖分三次加入大和芋内，使用擀面棒以画圆方式搅拌均匀。

02 将酒粕、苏打粉（先与少量水混合）依序加入拌匀。

03 再加入过筛低筋面粉，搅拌至均匀之后，成黏稠膏状，移至撒有低筋面粉手粉的番重内。

04 进行分割、包馅。

05 使用喷雾器将外皮喷湿，以大火蒸8分钟。

06 待出锅后，押上烧印即完成。

果子典故

自古以来，红豆有着避邪的力量，酒有着净化的作用，因此入酒的外皮包着红豆内馅的酒馒头，被广泛地当作『厄除馒头』使用。

遇厄年的人们（男性：二十五、四十二、六十一岁，女性：十九、三十三、三十七岁），将自己的厄运托付于馒头上，让厄运瓜分出去，请大家一起相互分摊；相反，当别人遇厄年之时，也帮忙一起分化厄运，此为厄除馒头的缘由。

2月

恶鬼

おに

日本每年到了二月三日前后，即是『节分』，立春前一日，有着撒大豆去厄运的习俗。

材料（1个）

肤色练切 22克
红色练切 适量
黄色练切 适量
白色练切 适量
红豆沙 18克
蜜红豆 适量
芝麻 2颗

工具

竹签
汤匙

使用技法

包馅（第34页）

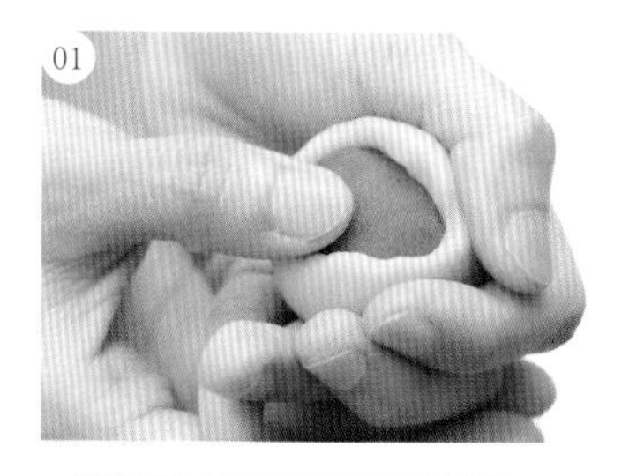

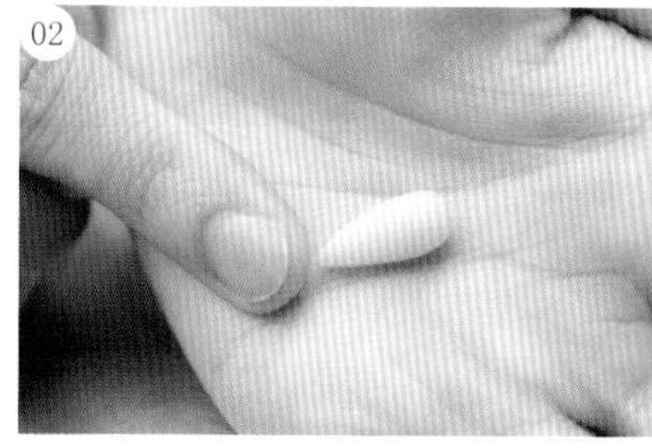

做法

01 肤色练切揉匀压平，包馅。

02 取适量黄色练切塑成锥形，表现恶鬼的角，并黏贴于肤色练切上方。

03 压上适量的蜜红豆。

04 以汤匙划出嘴巴。

05 取适量白色练切制作牙齿。

06 使用竹签贴上两颗芝麻表现眼睛。

07 取适量的红色练切制作两颊腮红。

果子典故

节分当天，从家中最里侧边念着『恶鬼出去』边撒豆子走到门口，再将门窗紧闭，接着由门口往内边撒豆子边念着『福神进来』。日本自古以来，认为谷物和水果有着驱除恶灵的灵力，五谷之一的大豆中住着谷灵，在祭祀时，除了米之外常被拿来使用。

在日语中『豆』与『魔灭』音同，祈祷今年可以无病无灾、安全生活，因此有着撒豆习俗。另外所使用的豆子必须是煎烤过的，因为生大豆若发芽，代表恶鬼长出眼睛，有着不吉祥之意。

2月 多福馒头

おたふくまんじゅう

日本自古以来，脸颊白白胖胖的女性，被认为可以避邪；虽然不是神明，但常被认为是福气的象征。多福馒头时常与恶鬼配成一对。

材料（6个）

- 水 12克
- 砂糖 28克
- 苏打粉 0.8克
- 低筋面粉 40克
- 红豆沙 144克
- 粉色食用色素 适量
- 红色食用色素 适量

工具

- 刮勺
- 番重
- 毛刷
- 烧印
- 喷雾器
- 嘴唇印模

分割

- 外皮 12克
- 红豆沙 24克

准备

- 红豆沙分割备用。
- 番重先撒上低筋面粉手粉备用。

使用技法

- 分割（第34页）
- 包馅（第34页）

01

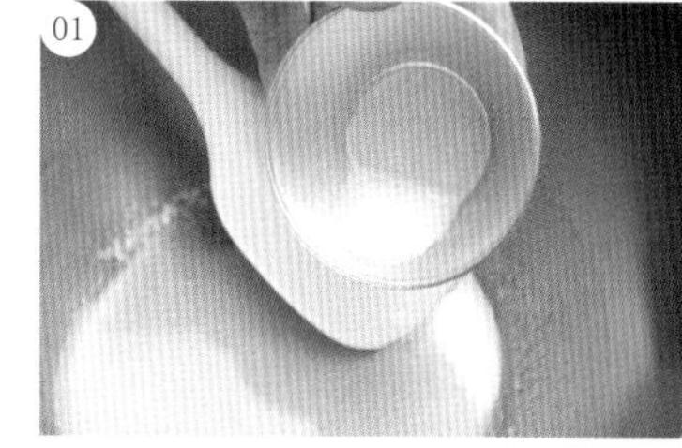
01

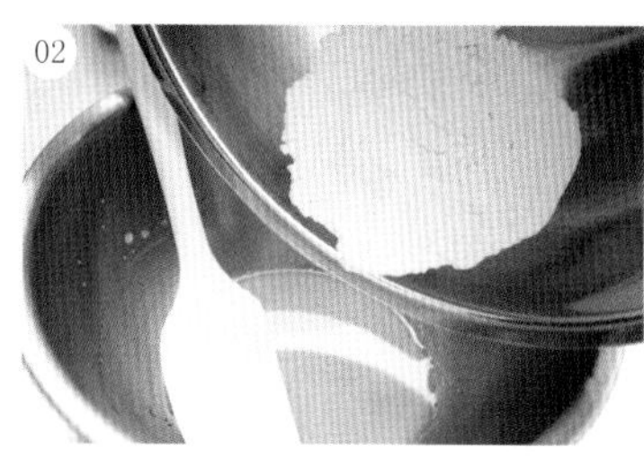
02

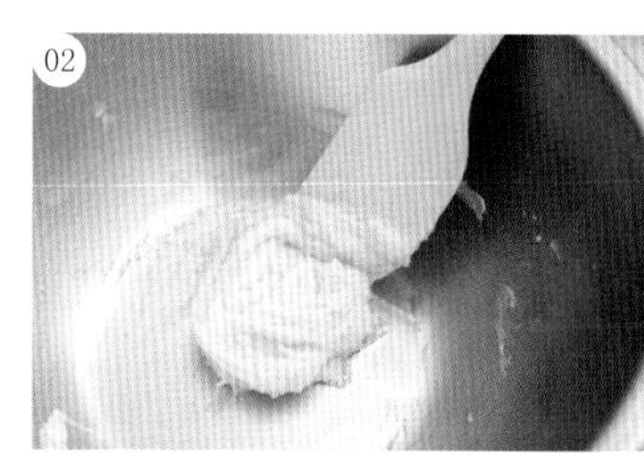
02

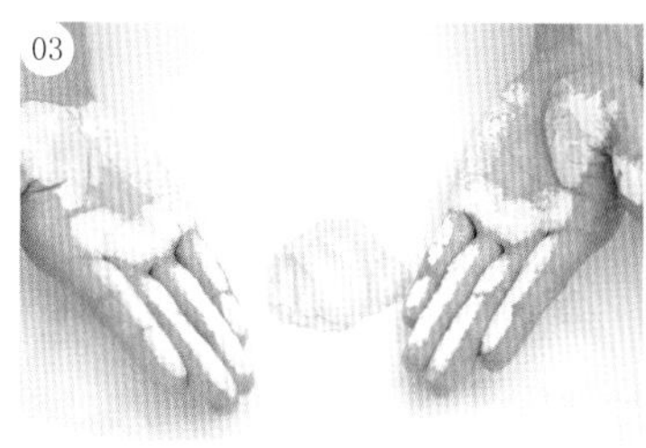
03

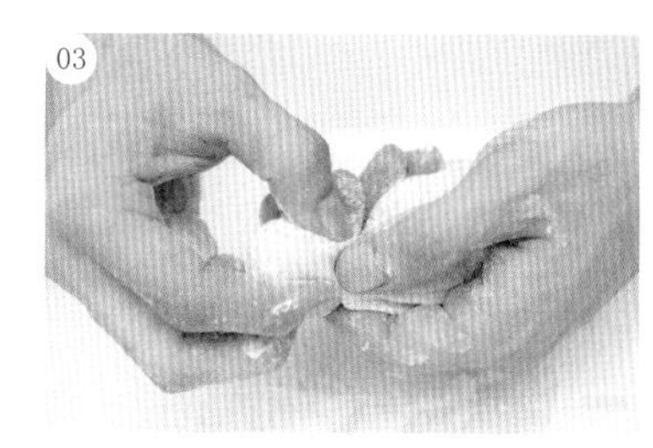
03

03

04

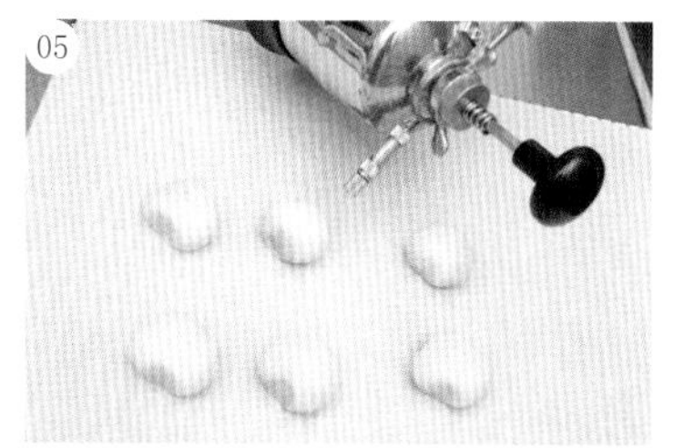
05

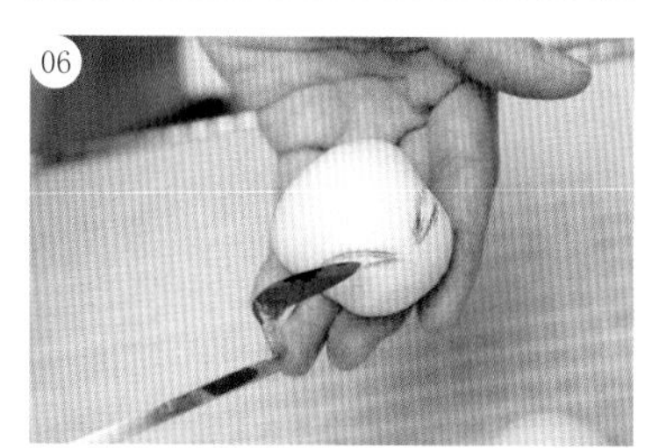
06

06

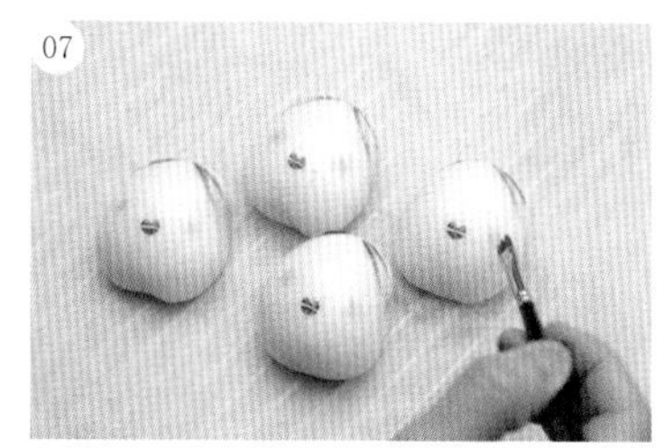
07

做法

01 水与砂糖混合后，再加入溶解于水的苏打粉。

02 加入过筛低筋面粉，使用刮勺搅拌拌匀。

03 移至番重，以低筋面粉手粉进行分割、包馅。

04 用手指于两侧轻压，表现多福胖胖的两颊。

05 使用喷雾器于表面喷上水雾，以大火蒸8分钟。

06 出锅后，使用烧印印上头发、嘴唇印模盖上唇印。

07 用毛刷刷上腮红，即完成。

果子典故

多福也被称为是『五德美人』。其一，微闭的双眼，代表着对自己有着严谨反省的心。其二，塌塌的鼻梁，代表着不骄傲、保持谦虚的心。其三，小巧的嘴巴，代表着不说他人的闲话、坏话。其四，福气的大耳，代表着倾听别人心声。其五，温柔稳重的表情，代表着可以赠予周围的人幸福。

2月 椿饼 つばきもち

椿饼于平安时代，为轻食的替代品。

材料（8个）

（外皮）
道明寺粉 100克
砂糖 30克
盐 少量
肉桂粉 2克
椿叶 16枚
红豆沙 120克

（艳天）
粉寒天 1克
水 50克
砂糖 50克

工具
布巾
滤网
刮勺

分割
外皮 30克
红豆沙 15克

准备
红豆沙分割备用。

使用技法
分割（第34页）
包馅（第34页）

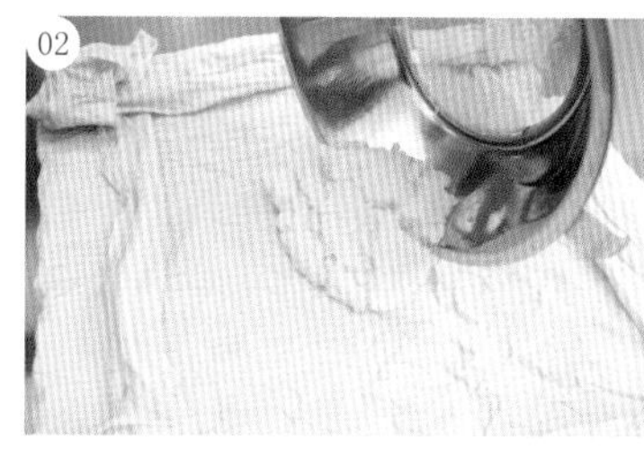

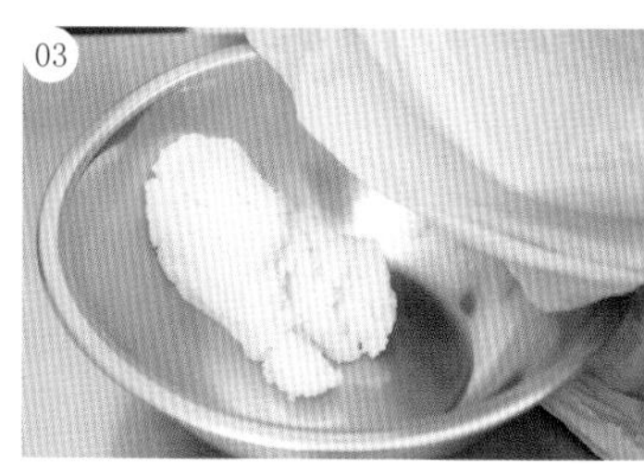

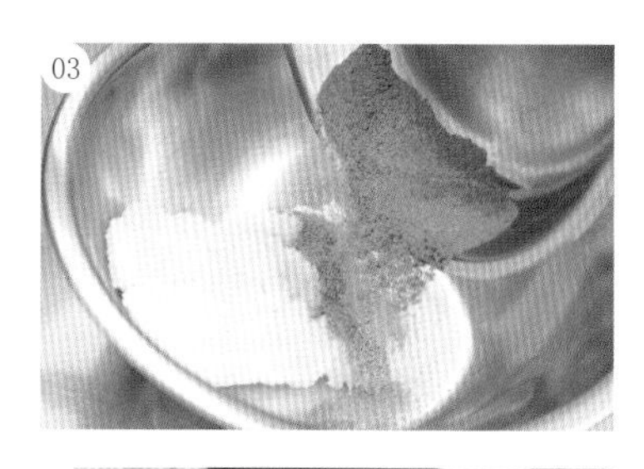

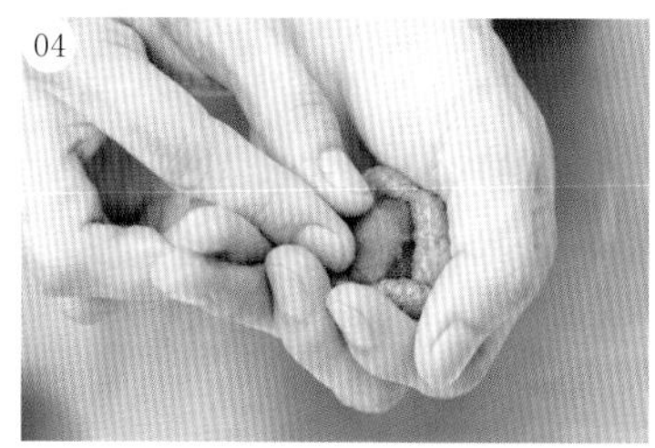

做法

（外皮）

01 道明寺粉泡水约2分钟。（水量淹过道明寺粉即可）

02 将做法01沥水后，倒于布巾上，布巾反折覆盖，并以大火蒸15分钟。

03 出锅后趁温度下降前，将砂糖、盐、肉桂粉加入搅拌。

04 搅拌均匀后，蘸艳天进行分割、包馅。

T 艳天做法请参阅第56页。

05 上下放上椿叶即完成。

果子典故

《源氏物语》的其中一卷《若菜》中提到，年轻人于蹴鞠（类似现代足球，是贵族之间的游戏）之后，就会食用椿饼。但由于当时没有红豆馅，只能在外皮加入甘葛（表现甜味，植物的主茎与汁液熬煮而成），与现在的口味大为不同。

2月
寒梅
かんばい

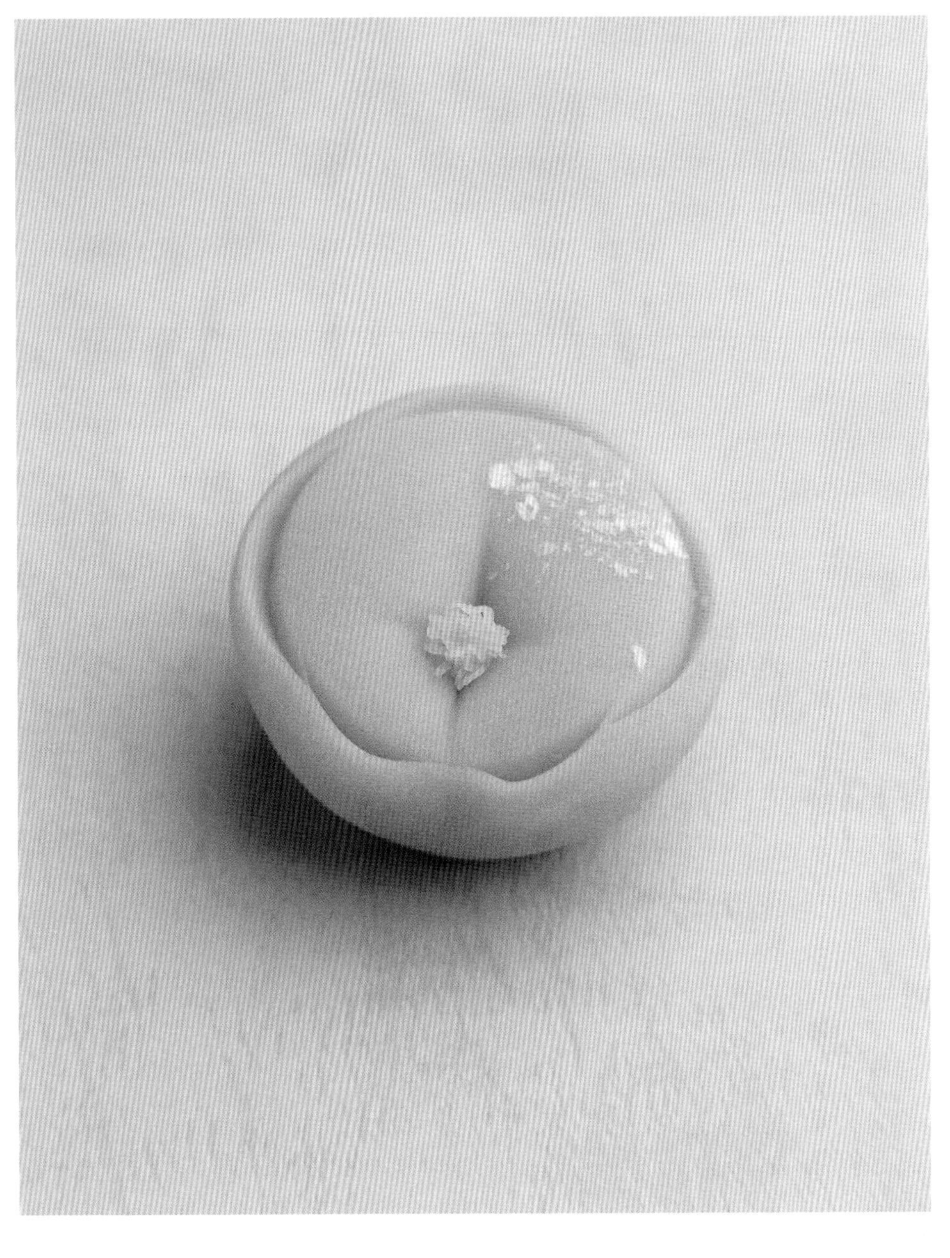

梅花被称为『百花之魁』。当梅花花开时，便是告知人们，寒冬即将结束，暖春即将到来。

材料（1个）

粉色练切 12克
白色练切 12克
黄色练切 适量
冰饼 适量
红豆沙 18克

工具

平板
绢布
竹签
汤匙
滤网

使用技法

包馅（第34页）

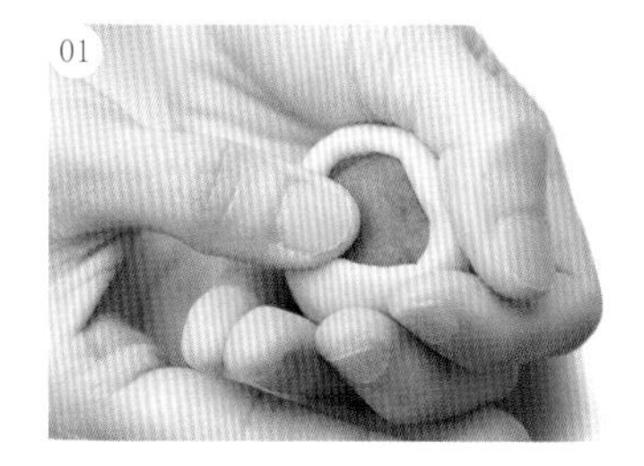

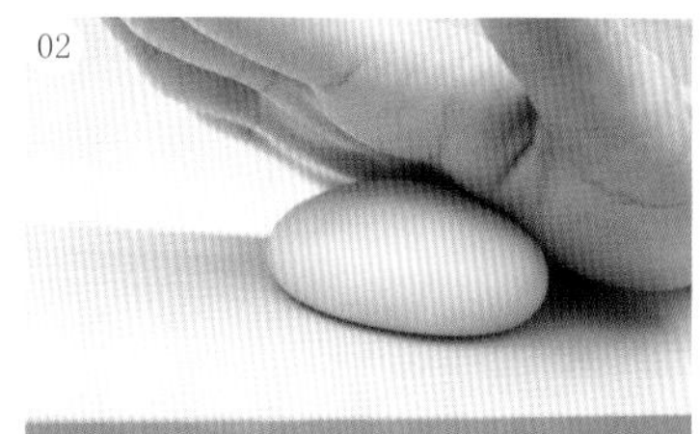

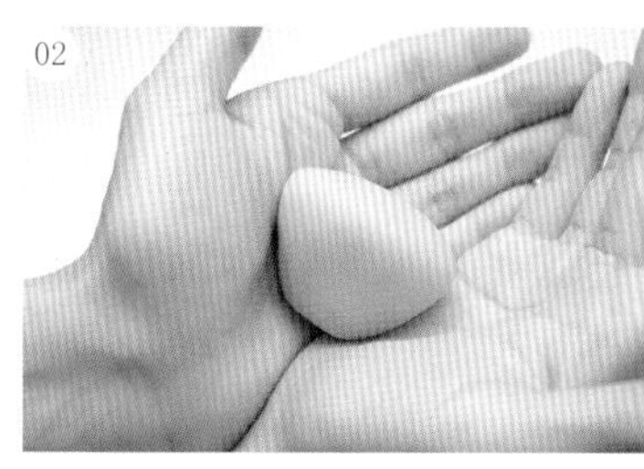

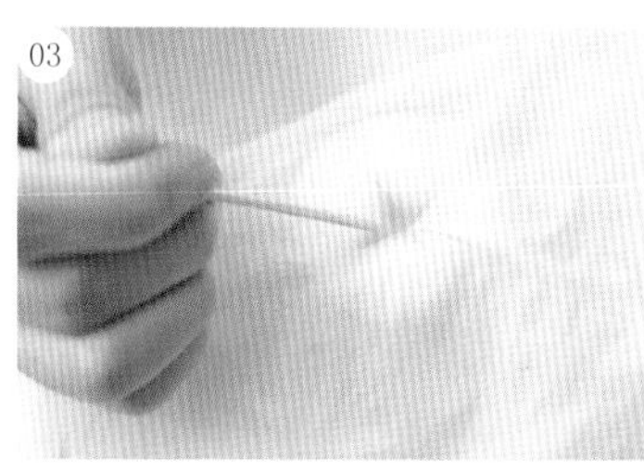

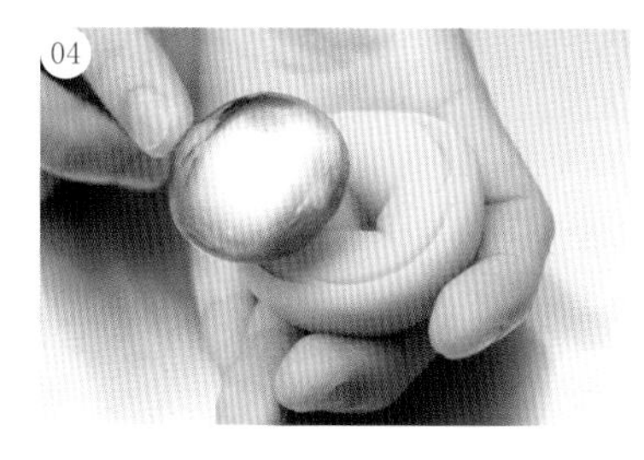

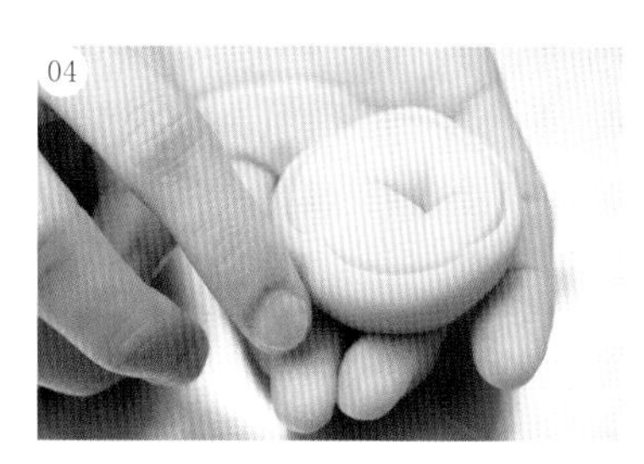

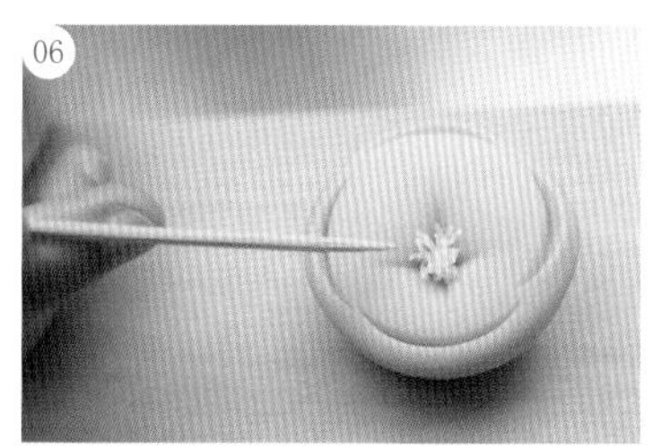

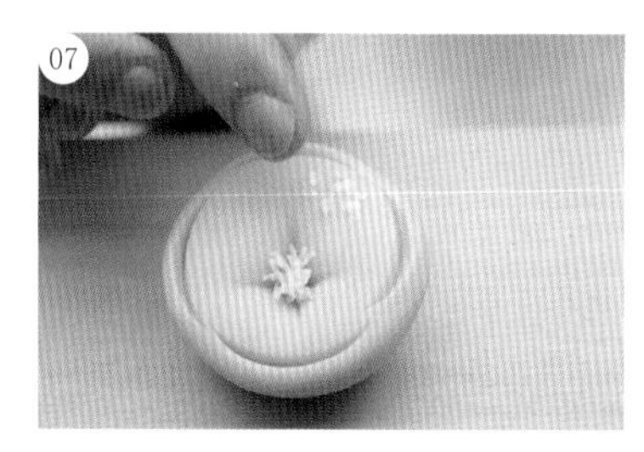

做法

01 粉色练切与白色练切压平相叠，粉色在外、白色在内，包馅。

02 将练切贴于平板上，再用手推成陀螺形。

03 将练切放在绢布下，以竹签压出十字线。

04 使用汤匙划出上下左右四道割线，于割线交会的边缘，以食指向内轻推，表现四片花瓣，再于下方花瓣中央轻推塑形，完成五瓣梅花。

05 用滤网将黄色练切推出。

06 以竹签取适量，贴上练切中心，表现花蕊。

07 撒上适量冰饼装饰即完成。

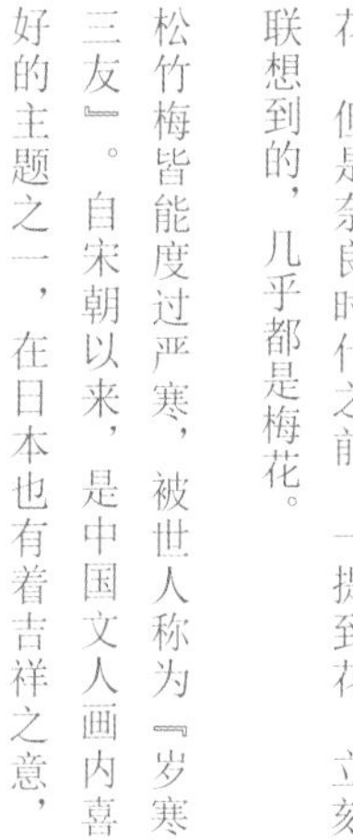

果子典故

虽然江户时代之后的赏花，赏的都是樱花，但是奈良时代之前，一提到花，立刻联想到的，几乎都是梅花。

松竹梅皆能度过严寒，被世人称为『岁寒三友』。自宋朝以来，是中国文人画内喜好的主题之一，在日本也有着吉祥之意，常在祝贺时使用。

2月

黄莺饼 うぐいすもち

黄莺，也被称为『春告鸟』。于果子两端稍微捏塑，仿造鸟类的姿态而成。

材料（8个）

白玉粉 50克
水 约48克
砂糖 75克
水麦芽 26克
红豆沙 200克
青大豆粉 适量

工具

番重
木勺子

分割

外皮 20克
红豆沙 25克

准备

红豆沙分割备用。
番重先撒青大豆粉手粉备用。

使用技法

分割（第34页）
包馅（第34页）

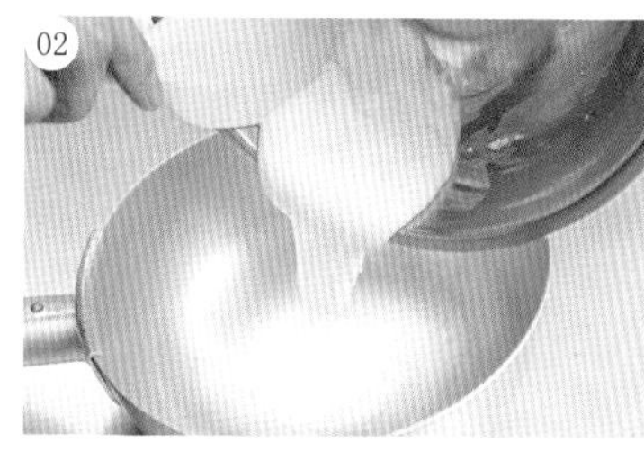

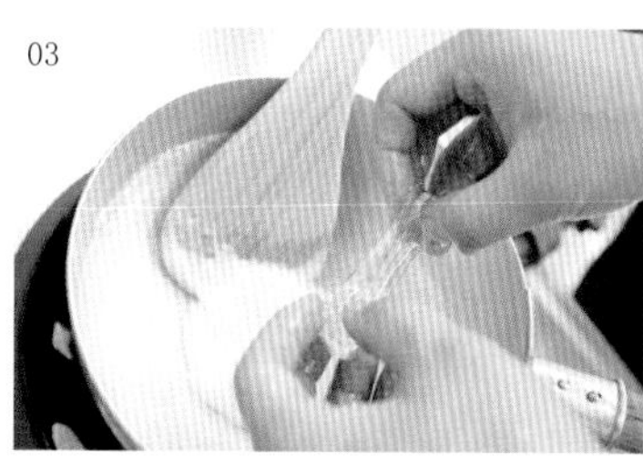

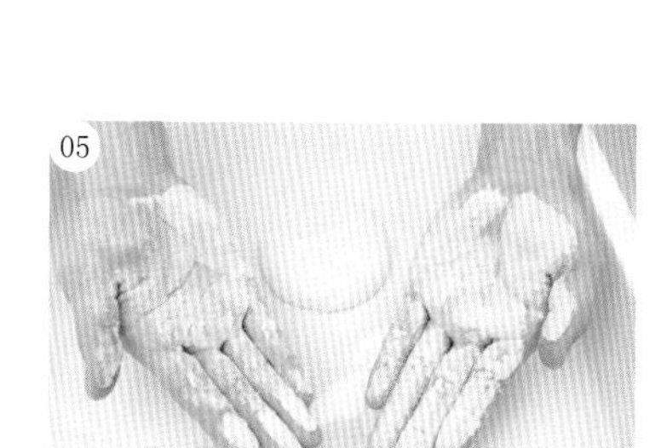

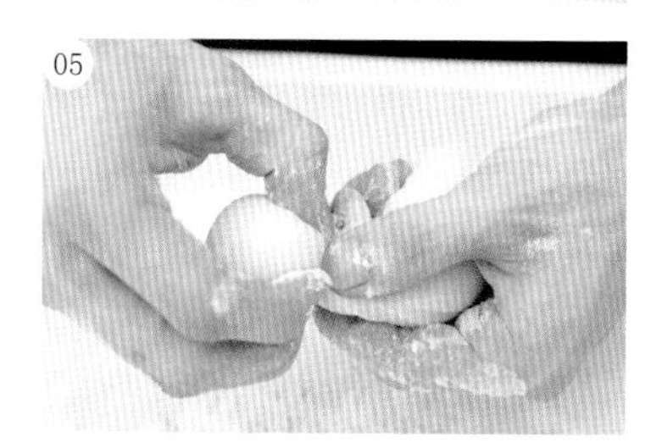

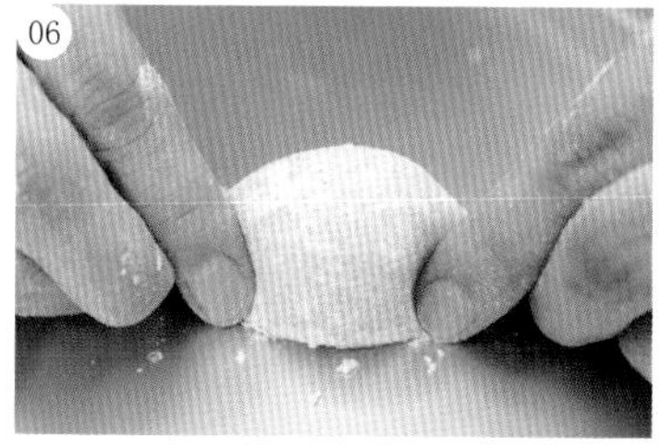

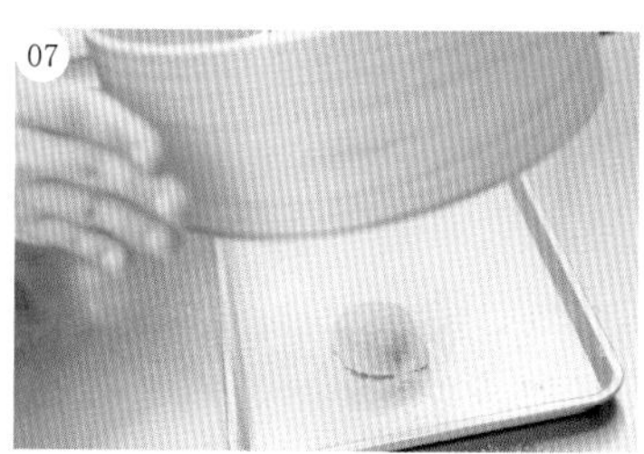

做法

01 水慢慢加入白玉粉混合，以手揉匀。

02 加热拌炒至呈现光亮浓稠状后，砂糖分三次加入，再次拌炒。

03 水麦芽加入后，以木勺子搅拌均匀。

04 用木勺子挖起，呈现流动倒三角形，即可起锅。

05 移至番重，蘸青大豆粉进行分割、包馅。

06 使用手指于左右两侧轻捏，塑形。

07 表面再次撒上青大豆粉，即完成。

果子典故

黄莺饼出现于天正年间（约公元一五八〇年），在郡山城城主丰臣秀长的茶会上，专任的和果子职人菊屋治兵卫被下令制作稀少罕见的果子。研发献上后，城主丰臣秀长的哥哥丰臣秀吉非常中意，将其取名为『黄莺饼』。

2月

水仙 すいせん

水仙这个名字，是由中国古书『仙人在天上，称天仙；仙人在地上，称地仙；仙人在水上，称水仙』而来。

材料（8个）

（外皮）

上用粉 35克

糯米粉 15克

砂糖 84克

葛粉 5克

水 76克

手蜜 适量

（黄味馅）

白豆沙 180克

水煮蛋黄 1颗

水麦芽 15克

工具

刮勺、布巾、滤网、木勺子、烘焙纸、毛刷、小丸棒、方形模具、细工竹刀

分割

外皮 25克

黄味馅 20克

准备

水煮蛋黄（请参阅第112页）准备。

片栗粉手粉适量备用。

使用技法

分割（第34页）

包馅（第34页）

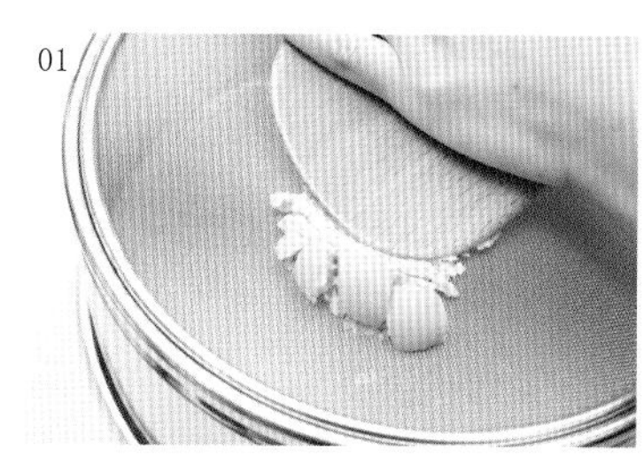
01

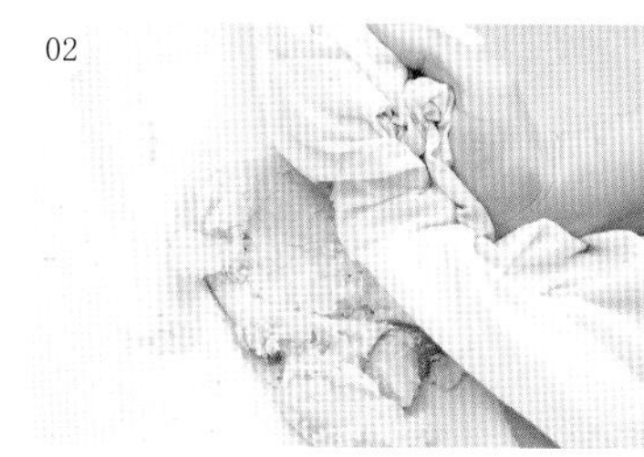
02

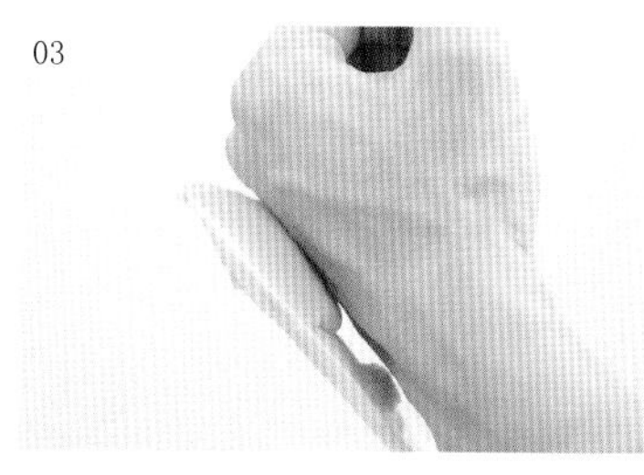
03

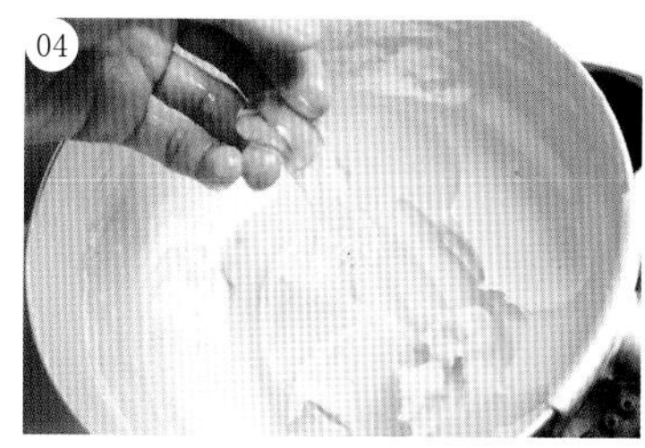
04

05

06

06

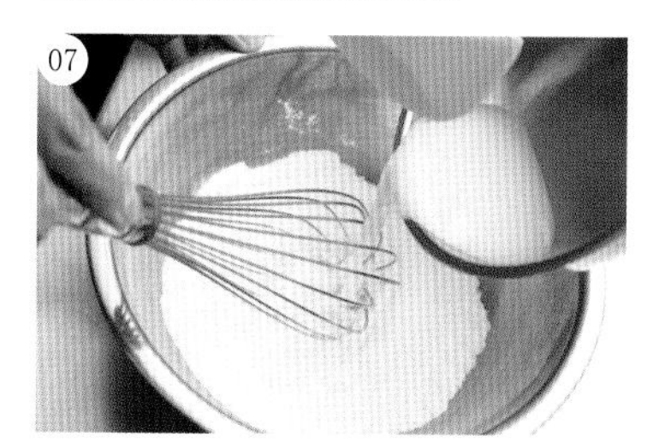
07

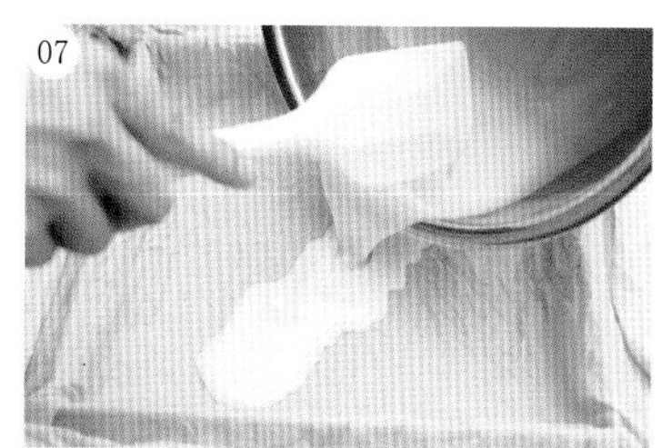
07

08

做法

（黄味馅）

01 使用木勺子轻压水煮蛋黄，过滤。

02 将做法01倒入布巾上与白豆沙揉合均匀。

03 放入锅中，以刮勺拌炒至不粘手背硬度。

04 加入水麦芽，再度炒至不粘手背度，即可起锅。

（外皮）

05 上用粉、糯米粉、砂糖粉混合搅拌。

06 加入溶解于水的葛粉后，进行过滤。

07 做法05与做法06混合，倒入铺有布巾的方形模具。

08 盖上烘焙纸并固定，以大火蒸25分钟。

T 先将铺有布巾的方形模具空蒸3分钟，以防渗漏。

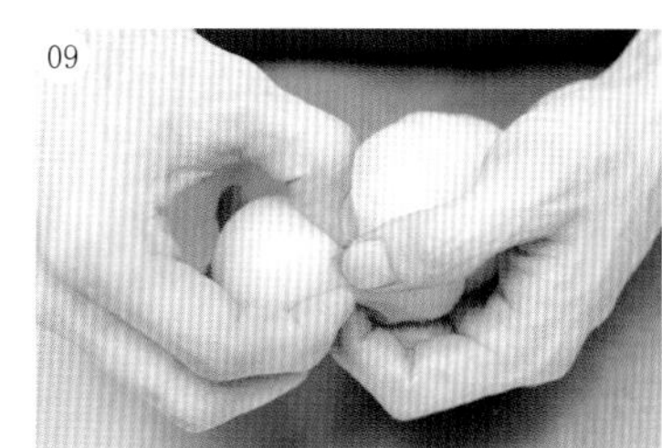

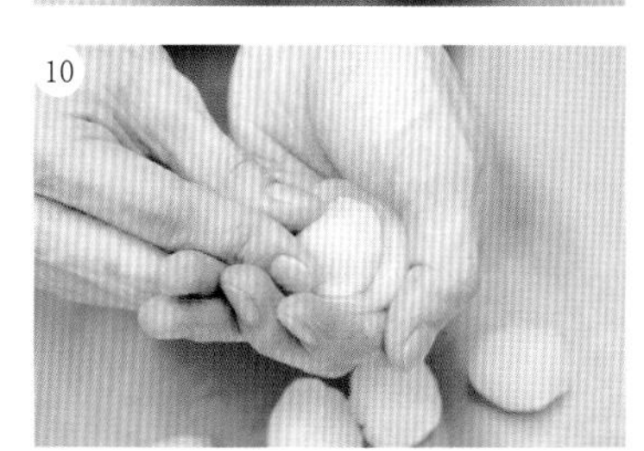

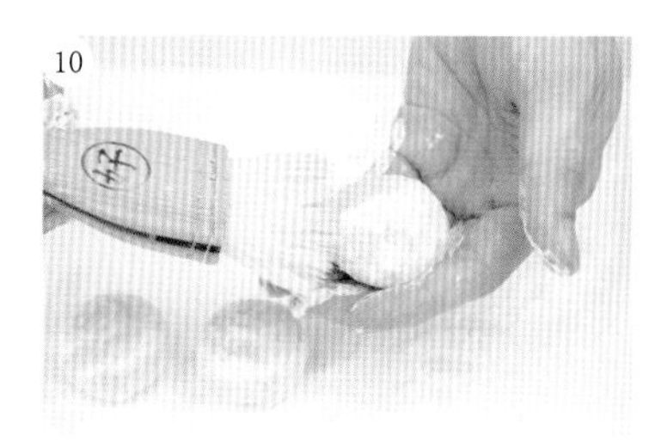

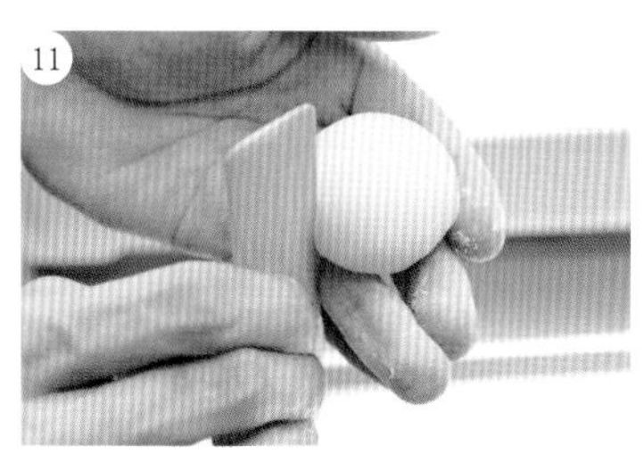

09 出锅后揉匀，稍待冷却，一边蘸手蜜、一边分割外皮。

Ⓣ 手蜜即是将砂糖与水依2：5的比例混合煮至溶化，多使用于揉匀、分割和果子。

10 包馅后，用毛刷刷上片栗粉手粉。

11 以细工竹刀划分六等份。

12 用食指与拇指轻推出花瓣。

13 以小丸棒压出中心点，取适量黄色练切制作花蕊，置于中心。

果子典故

水仙在水边绽放的姿态，仿佛仙人一样，因此水仙的花语有着尊敬神秘之意。除此之外，水仙也能在雪中开花，也被称为『雪中花』。

美手和果子

和果子的由来

和果子的起源

和，意指大和民族；对食物不充足的古代人来说，果实、水果统称为『果子』。

古时候，人类打猎钓鱼的同时，也采食路边自然的果实来充饥，这就是果子的源头。

水果在当时是很珍贵的食物。一开始是直接食用，但为了方便保存，也开始利用太阳进行干燥，例如柿子制成柿干；有些果实的味道较苦涩，就将果实捣碎、浸泡、研磨，使其成粉末状、粥状，再加工处理，而此加工过程，是将其搓圆水煮，就形成了现在团子做法的雏形。而和果子的甜味，多取自于甘葛（植物的主茎与汁液熬煮）或发芽的米，使其淀粉转化成糖。

最古老的加工食品是麻糬，用当时非常神圣珍贵的主原料『米』来制作，而麻糬也是现代和果子最经典的一种。

【和果子之神】

传说中，田道间守奉了垂仁天皇之命令，花了十年的时间，远到常世国寻找『非时香具果』。这种果实据说有长生不老的效果，而这个非时香具果指的就是橘子，可惜当田道间守找到橘子归国时，天皇已经驾崩。尔后，田道间守就被后人誉为『果祖神』，也就是果子之神。

■此为『御手洗团子』，以上新粉制作，上新粉则是以粳米干燥后研磨制成；通常以四颗为一串，表面火烤后，蘸上酱油食用。

和果子的千年历史文化与人民的生活密切相关

为了向唐朝文化学习，日本遣唐使多次造访唐朝，自六三〇年至八三八年，就有十九次之多，当时的果子称为唐果子。唐果子最常用于祭神拜佛，多为揉捏米、麦、豆等谷物粉末，再加入盐调味后油炸，形状与制法至今仍深深影响着和果子。

镰仓时代，荣西禅师从中国把茶带到日本栽培种植，吃茶风俗此时开始流行。由于茶道的流行，点心也随之兴盛，和果子被人细心地研发，技术上更为进步，此时为和果子的基础时代。

室町时代，茶席用和果子，名为『点心』，意为可留在心底。点心为定食以外的轻食，例如羹类、面类、馒头。而羊肉汤因为佛教传入，禅僧不吃肉的习惯，便改为用红豆、小麦粉拌炒，仿羊肉制作，久而久之便形成蒸羊羹。

战国时代，从葡萄牙、西班牙传来以小麦粉、砂糖、蛋为主原料的『南蛮果子』，例如长崎蛋糕、金平糖、饼干、面包、有平糖等。此时砂糖开始渐渐取代甘葛及发芽的米。但由于砂糖十分珍贵，所以大部分还是贵族才能消费起，一般平民制作茶点仍然没有使用。

江户时代，天下统一，战乱停止。安定的社会，使得饮食文化蓬勃发展，此时和果子的制法与技法也大为跃进。京都有『京果子』，江户有『上果子』，两派互相竞争比较，更

■发现寒天后，约于一八〇〇年出现炼羊羹的新技术。

■『花菖蒲』为上生果子，其做工细腻，特别在庆祝传统节日时被使用；在端午节时人们会泡菖蒲澡、喝菖蒲酒等，具有避邪、保持健康的意象。

为进步。京都的京果子被寺庙、茶道、花道的家元（一个流派的主导者）所需要，因此色形味更被钻研。江户的上果子则多被供奉于宫中、神社、茶家，特别在庆祝节日时被使用，做工也十分细致。和果子在江户时代被更确切制作、广泛运用，也成为现在大多和果子的雏形。

明治时代，西洋文化传入日本，和果子也融入了洋果子的技法，运用洋果子的食材，例如奶油、鲜奶油、起司等，新的和果子就此开始发展。同时，随着烤箱的传入，栗馒头等烧果子也被研究开发。由于此时西洋的点心被称为『洋果子』，为区分，故『和果子』之名就此诞生。

现代的和果子，包含了中国的唐果子，西班牙、葡萄牙的南蛮果子以及西洋文化的融入，吸收外来制法、技法及味道，但同时也保留了日本独特的风俗文化。

【和果子之日】

平安中期的承和年间，日本传染病蔓延，仁明天皇将年号改为嘉祥，并在公元八四八年的六月十六日这一天，以十六个点心或麻糬供奉神明，祈求健康福气。以此为起源，每年的六月十六日便有了为消除厄运、招来福气而吃点心的习俗。

镰仓时代，取十六为吉祥数字，使用十六枚货币购买和果子献给天皇，象征吉祥。

江户幕府时，则将六月十六日设定为『嘉祥之日』，大名、旗本（少数可以见将军的高阶官层）在大广间分发和果子，这个活动被称为『嘉祥顶戴』。

在民间，『嘉祥喰』，指吃使用十六枚货币购买的和果子或购买十六个麻糬。但是并非一般百姓都如此富有，所以改为使用一升六合的米交换和果子或麻糬。『嘉祥缝』，指六月十六日的夜晚，把满十六岁女子的振袖剪短修改，象征已长大成人。『嘉祥梅』，指将在六月十六日采收的梅子腌渍成梅干，在出远门前食用，便可以躲过灾难、保佑平安归来。

如上述，由古至明治时代，嘉祥之日是祈愿祈福的日子。嘉祥之日复活，演变成现今的和果子之日。

■关于味噌松风的由来，说法有很多种。说法一，和织田信长攻打本愿寺有关；说法二，由京都大德寺的住持所发想的；说法三，战乱时被发明的食粮。在江户时期的嘉祥喰时，常被广泛运用。

和果子的种类

和果子的分类十分复杂，大部分是依水含量分类，包括生果子、半生果子、干果子。而同一种果子，也有可能同时被归类为生果子或半生果子等。

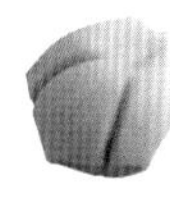

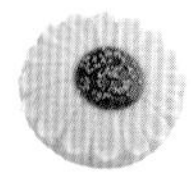

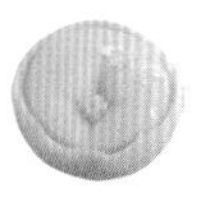

生果子 水含量30%以上，是水含量较多的点心，因此无法久放

制法分类	代表性和果子
饼果子	大福、樱饼、赤饭
蒸果子	馒头、外郎
烧果子	桃山、铜锣烧、金锷
流果子	羊羹、水羊羹、锦玉羹
炸果子	花林糖馒头、红豆甜甜圈
练果子	求肥、雪平、大福

半生果子 水含量10%～30%

制法分类	代表性和果子
冈果子	最中、鹿之子
馅果子	石衣
烧果子	桃山
流果子	羊羹、锦玉羹
练果子	求肥
砂糖渍果子	甜纳豆

干果子 水含量10%以下

制法分类	代表性和果子
打果子	和三盆、落雁、云锦
押果子	塩釜、村雨
挂果子	米香
烧果子	米果
炸果子	煎饼、花林糖
糖果子	有平糖、金平糖、千岁饴

上生果子

从字面上来看，『上』意味上等、高级；『生』意指新鲜、水分饱满。透过传承的技术，和果子职人的双手利用各种木工具，将四季表情、花鸟风月的变化表现在和果子上。

在制作过程中，为了容易造型、容易着色，会在白豆沙中加入增加黏性使其不容易裂开的食材『つなぎ』（音同TSUNAGI）。

关东地区称为『练切』：将蒸煮过的白玉粉或糯米粉，混合加入白豆沙中拌炒后，再加入糖液调整甜度、硬度。

关西地区称为『こなし』（音同KONASHI）：将小麦粉或山药混合揉进白豆沙中蒸煮，再加入糖液调整甜度、硬度。

和果子的四季五感

冬天越寒冷，越会憧憬着春天的到来；新芽的初发、蝴蝶的舞动、黄莺的鸣叫，使人更加感动。夏天越炎热，越会盼望着秋天的凉意；果实的丰收，凉风的沐浴，转黄的枫叶，让人益发珍惜 。和果子在四季分明的环境中成长，下个季节来临前，先做出下个季节的和果子，让人了解下个季节即将到来。

和果子在季节方面的表现手法

一、季节限定的和果子，例如正月的花瓣饼、樱花季的樱饼及夏季的水羊羹。

二、使用练切（或こなし）呈现。在直径大约五厘米的和果子的表面，表现出四季风景。原料大多相同，只是改变表现不同季节的方法。例如冬春之际有梅花，春天有樱花，夏天有紫阳花、向日葵，秋天有菊花、枫叶，冬天有枯叶、雪花，季节的转变使和果子的造型也跟着变化。

日本的季节变化是细微的，不只是春夏秋冬，各自又可分为六等份，总共二十四份，称之为二十四节气。每个节气又可再细分为三等份，称七十二候，一候约五天。除了依四季来变化和果子之外，依二十四节气的转变更为细密，也有依七十二候改变，可是非常稀少。

■小巧精致的和果子，展现多变的四季风情，被称为『吃的艺术』。

在和果子里呈现季节感，表现出四季风景，是非常重要的一环，特别是练切（或こなし）最为明显，这些和果子被称为吃的艺术。

和果子职人的双手拥有着技术及情感，有的表现得非常写实，连花蕊都表现得栩栩如生；相反，某些自然万物也可表现得很抽象。在那小小的和果子中，呈现出季节的转变，反映周围的事物，让食用的人都感受到，这就是和果子的魅力之一。

和果子不仅仅是食物，还是一种五感艺术

视觉：和所有的食物一样，和果子摆在眼前，最先感受到的是食物的颜色、形状、材质。上生果子的优美线条，鲜艳外表，看起来让人很有食欲，这都是由视觉感受的印象。这也不只是局限于美丽的上生果子，樱花大福的粉嫩外表，水馒头的透明清凉，也是一样用视觉来引发诱人的食欲的。

■和果子除了表现季节感之外，也能呈现日本当地风俗，如夏季『破西瓜』的游戏活动。

听觉：吃食物的声音，例如煎饼，咬下的瞬间，『喀滋』的声响，这种声音引起味觉的反应，使和果子『听』起来很美味。但是食用上生果子，咬下或咀嚼附带的并非是美丽的声音。此时的听觉是一个个附在和果子上的『果铭』（果子的名称，可能来自短歌和俳句、花鸟风月、历史等），知道果铭，了解其情境历史，对和果子能有更深刻的感触。

嗅觉：对和果子而言，不会有强烈的香气，香味大多来自于米、豆子等原材料，香气比较浓郁的也只有柚子、肉桂、山椒而已，相较于洋果子，香气非常平淡。这和茶道是密切相关，感受茶香的同时，也让和果子有存在感，不盖过茶香的和果子，不是干扰，而是要与茶品共存。

触觉：用手触摸、用牙齿咬、使用果子切切开，感受和果子的软硬度，放入口中咀嚼的触感等。其中，放入口中后立即化开，这种清爽的感觉被称为化口性，也是触觉的一种。

味觉：是享受食物最重要的要素。

用五感享受，就是感受和果子的魅力。同时也是透过超过千年历史的和果子与人类的文化演变一起成长。因为和果子的由来和传统，它被誉为日本食文化的代表之一。

四时物语

跟着日式甜点职人，
领略春夏秋冬幸福滋味

Chapter 1
春之和果子

Chapter 2
夏之和果子

Chapter 3
秋之和果子

Chapter 4
冬之和果子

豫著许可备字-2018-A-0013

项目合作：锐拓传媒copyright@rightol.com

图书在版编目（CIP）数据

和果子·四时物语：跟着日式甜点职人，领略春夏秋冬幸福滋味/（日）渡部弘树，傅君竹著；杨志雄摄影. —郑州：河南科学技术出版社, 2018.5

ISBN 978-7-5349-7625-4

Ⅰ.①和… Ⅱ.①渡… ②傅… ③杨… Ⅲ.①糕点－制作－日本－图集 Ⅳ.①TS213.23-64

中国版本图书馆CIP数据核字(2018)第072915号

出版发行： 河南科学技术出版社
地址：郑州市经五路66号　　邮编：450002
电话：（0371）65737028　65788613
网址：www.hnstp.cn

责任编辑： 冯　英
责任校对： 李晓娅
责任印制： 朱　飞
印　　刷： 河南新达彩印有限公司
经　　销： 全国新华书店
幅面尺寸： 190mm×260mm　**印张：** 12　**字数：** 270千字
版　　次： 2018年5月第1版　2018年5月第1次印刷
印　　数： 1—4000
定　　价： 88.00元

如发现印、装质量问题，影响阅读，请与出版社联系。

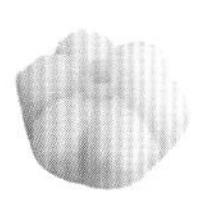